Konrad Reif

Herausgeber

Basiswissen Ottomotor-Management

Einspritzung, Zündung, elektronische Steuerung und Regelung

Herausgeber
Prof. Dr.-Ing. Konrad Reif
Duale Hochschule Baden-Württemberg
Ravensburg, Campus Friedrichshafen
Friedrichshafen, Deutschland
editor@reif.re

Grundlagen Kraftfahrzeugtechnik lernen

ISBN 978-3-658-18094-2

Die Deutsche Nationalbibliothek verzeichnet diese Publikation in der Deutschen Nationalbibliographie; detaillierte bibliographische Daten sind im Internet über http://dnb.d-nb.de abrufbar.

Springer Vieweg
© Springer Fachmedien Wiesbaden GmbH 2018

Springer Vieweg ist Teil von Springer Nature
Die eingetragene Gesellschaft ist Springer Fachmedien Wiesbaden GmbH
Die Anschrift der Gesellschaft ist: Abraham-Lincoln-Str. 46, 65189 Wiesbaden, Germany

Vorwort

Die beständige, jahrzehntelange Vorwärtsentwicklung der Fahrzeugtechnik zwingt den Fachmann dazu, mit dieser Entwicklung Schritt zu halten. Dies gilt nicht nur für junge Leute in der Ausbildung und die Ausbilder selbst, sondern auch für jeden, der schon länger auf dem Gebiet der Fahrzeugtechnik und -elektronik arbeitet. Dabei nimmt neben den klassischen Gebieten Fahrzeug- und Motorentechnik die Elektronik eine immer wichtigere Rolle ein. Die Aus- und Weiterbildungsangebote müssen dem Rechnung tragen, genauso wie die Studienangebote.

Der Fachlehrgang „Grundlagen Kraftfahrzeugtechnik lernen" nimmt auf diesen Bedarf Bezug und bietet mit zehn Einzelthemen einen leichten Einstieg in das wichtige und umfangreiche Gebiet der Kraftfahrzeugtechnik. Eine fachlich fundierte und anwendungsorientierte Darstellung garantiert eine direkte Verwertbarkeit des Fachlehrgangs in der Praxis. Die leichte Verständlichkeit machen diesen für das Selbststudium besonders geeignet.

Der hier vorliegende Teil des Fachlehrgangs mit dem Titel „Ottomotor-Management Basiswissen" behandelt die Steuerung und Regelung von Ottomotoren in einer kompakten und übersichtlichen Form. Dabei wird auf die grundsätzliche Funktion des Motors, die Kraftstoffversorgung und vor allem auf die Einspritzung, die Zündung und die Regelung des Ottomotors eingegangen. Dieses Heft ist eine Auskopplung aus dem gebundenen Buch „Ottomotor-Management" aus der Reihe Bosch Fachinformation Automobil und wurde für den hier vorliegenden Fachlehrgang zusammengestellt. Bis auf eine ausführliche Behandlung der elektronischen Steuerung und Regelung entspricht es dem Band „Ottomotor-Management kompakt" aus dem Fachlehrgang „Motorsteuerung lernen".

Friedrichshafen, im Oktober 2017   Konrad Reif

Inhaltsverzeichnis

Herausgeber

Prof. Dr.-Ing. Konrad Reif

Autoren

Dipl.-Ing. Andreas Posselt,
Dr.-Ing. Jens Wolber,
Ing.-grad. Peter Schelhas,
Dipl.-Ing. Manfred Franz,
Dipl.-Ing. (FH) Horst Kirschner,
Dipl.-Ing. Andreas Pape,
Dr. rer. nat. Winfried Langer,
Dipl.-Ing. Peter Kolb,
Dr. rer. nat. Jörg Ullmann,
Günther Straub,
Prof. Dr.-Ing. Konrad Reif,
    Duale Hochschule Baden-Württemberg.
(Kraftstoffversorgung)

Dipl.-Ing. Andreas Posselt,
Dipl.-Ing. Markus Gesk,
Dipl.-Ing. Anja Melsheimer,
Dipl.-Ing. (BA) Ferdinand Reiter,
Dipl.-Ing. (FH) Klaus Joos,
Dipl.-Ing. Peter Schenk,
Dr.-Ing. Andreas Kufferath,
Dr.-Ing. Wolfgang Samenfink,
Dipl.-Ing. Andreas Glaser,
Dr.-Ing. Tilo Landenfeld,
Dipl.-Ing. Uwe Müller,
Prof. Dr.-Ing. Konrad Reif,
    Duale Hochschule Baden-Württemberg.
(Einspritzung)

Dipl.-Ing. Walter Gollin,
Dipl.-Ing. (FH) Klaus Lerchenmüller,
Dr.-Ing. Grit Vogt,
Prof. Dr.-Ing. Konrad Reif,
    Duale Hochschule Baden-Württemberg.
(Zündung)

Dipl.-Ing. Stefan Schneider,
Dipl.-Ing. Andreas Blumenstock,
Dipl.-Ing. Oliver Pertler,
Prof. Dr.-Ing. Konrad Reif,
    Duale Hochschule Baden-Württemberg.
(Elektronische Steuerung und Regelung)

Soweit nicht anders angegeben,
handelt es sich um Mitarbeiter der
Robert Bosch GmbH.

Kraftstoffversorgung

Überblick

Aufgabe des Kraftstoffversorgungssystems ist es, den Kraftstoff vom Tank in definierter Menge mit einem spezifizierten Druck zum Verbrennungsmotor im Motorraum zu fördern. Die jeweilige Schnittstelle bildet beim Motor mit Saugrohreinspritzung (SRE) der Kraftstoffverteiler mit den Saugrohr-Einspritzventilen und beim Motor mit Benzin-Direkteinspritzung (BDE) die Hochdruckpumpe.

Der grundsätzliche Aufbau der Kraftstoffversorgungssysteme ist für beide Einspritzarten ähnlich: der Kraftstoff wird aus dem Tank (dem Kraftstoffspeicher) mittels einer Elektrokraftstoffpumpe durch Kraftstoffleitungen aus Stahl oder Kunststoff zum Motor gefördert. Unterschiedliche Anforderungen führen aber zum Teil zu abweichenden Systemauslegungen und einer Vielfalt an Varianten.

Bei der Saugrohreinspritzung fördert eine Elektrokraftstoffpumpe den Kraftstoff aus dem Tank über die Leitungen und den Kraftstoffverteiler (auch Kraftstoff-Rail genannt) direkt zu den Einspritzventilen. Bei der Benzin-Direkteinspritzung wird der Kraftstoff ebenfalls mit einer Elektrokraftstoffpumpe aus dem Tank gefördert, anschließend wird er jedoch durch eine Hochdruckpumpe zunächst auf einen höheren Druck verdichtet und danach den Hochdruck-Einspritzventilen zugeführt.

Kraftstoffförderung bei Saugrohreinspritzung

Eine Elektrokraftstoffpumpe (EKP) fördert den Kraftstoff und erzeugt den Einspritzdruck, der bei der Saugrohreinspritzung typischerweise etwa 0,3...0,4 MPa (3...4 bar) beträgt. Der aufgebaute Kraftstoffdruck verhindert weitgehend die Bildung von Dampfblasen im Kraftstoffsystem. Ein in die Pumpe integriertes Rückschlagventil unterbindet das Rückströmen von Kraftstoff durch die Pumpe zurück zum Kraftstoffbehälter und erhält so den Systemdruck abhängig vom Abkühlverlauf des Kraftstoffsystems und von internen Leckagen auch nach Abschalten der Elektrokraftstoffpumpe noch einige Zeit aufrecht. So wird die Bildung von Dampfblasen im Kraftstoffsystem bei erhöhten Kraftstofftemperaturen auch nach Abstellen des Motors verhindert.

Es existieren unterschiedliche Arten von Kraftstoffversorgungssystemen. Prinzipiell unterscheidet man vollfördernde und bedarfsgeregelte Systeme. Bei den vollfördernden Systemen wird zwischen Systemen mit Rücklauf vom Motor und rücklauffreien Systemen unterschieden.

System mit Rücklauf

Der Kraftstoff wird von der Kraftstoffpumpe (**Bild 1**, Pos. 2) aus dem Kraftstoffbehälter (1) angesaugt und durch den Kraftstofffilter (3) und die Druckleitung (4) zum am Motor montierten Kraftstoffverteiler (5) gefördert. Über den Kraftstoffverteiler werden die Einspritzventile (7) mit Kraftstoff versorgt. Ein am Rail angebrachter mechanischer Druckregler (6) hält durch seine direkte Referenz zum Saugrohr den Differenzdruck zwischen Einspritzventilen und Saugrohr konstant – unabhängig vom absoluten Saugrohrdruck, d. h. von der Motorlast.

Der vom Motor nicht benötigte Kraftstoff strömt durch das Rail über eine am Druckregler angeschlossene Rücklaufleitung (8) zurück in den Kraftstoffbehälter. Der überschüssige, im Motorraum erwärmte Kraftstoff führt zu einem Anstieg der Kraftstofftemperatur im Tank. Abhängig von dieser Temperatur entstehen Kraftstoffdämpfe. Diese werden umweltschonend über ein Tankentlüftungssystem in einem Aktivkohlefilter zwischengespeichert und über das

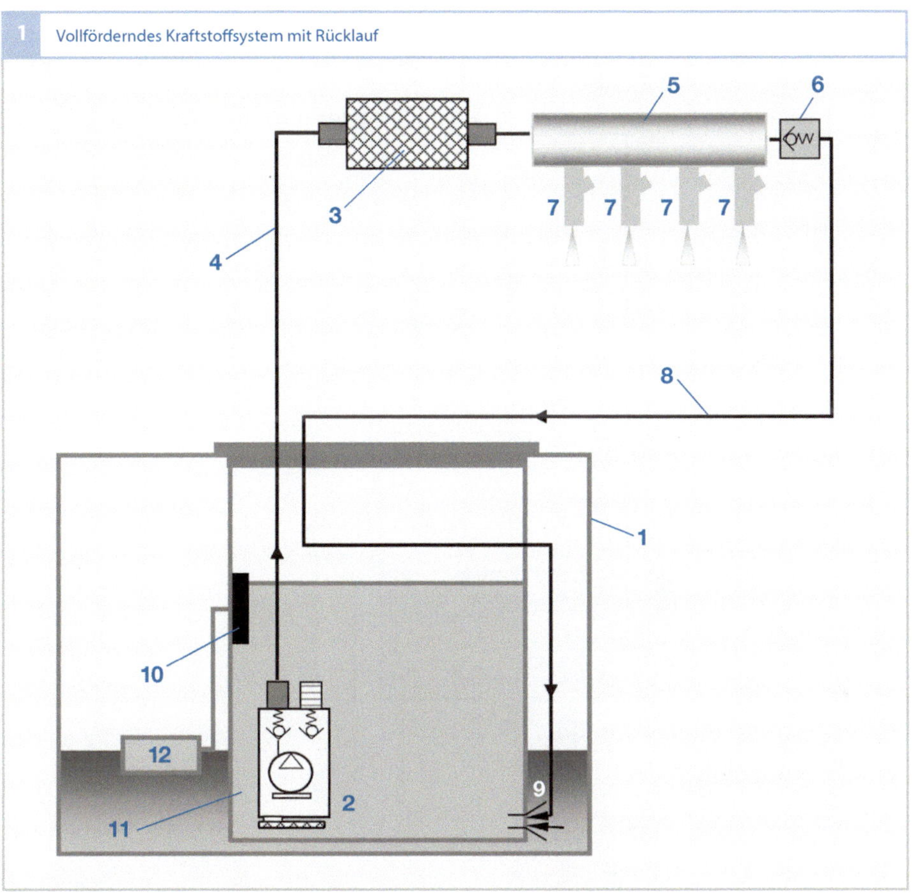

Bild 1
1 Kraftstoffbehälter
2 Elektrokraftstoff-
   pumpe
3 Kraftstofffilter
4 Kraftstoffleitung
5 Kraftstoffverteiler
6 Druckregler
7 Einspritzventile
8 Rücklaufleitung
9 Saugstrahlpumpe
10 Tankfüllstandsgeber
11 Reservoir
12 Schwimmer

Saugrohr der angesaugten Luft und somit dem Motor zugeführt. Mit dem vom motornahen Druckregler (6) zurückströmenden Kraftstoff wird am Tankeinbaumodul eine Saugstrahlpumpe (9, auch Saugstrahl-Düse genannt) angetrieben, mit deren Treibmenge ein Kraftstoff-Förderstrom in ein Reservoir gefördert wird, um der Elektrokraftstoffpumpe (2) unter allen Bedingungen immer ein sicheres Ansaugen zu ermöglichen.

Rücklauffreies System

Beim rücklauffreien Kraftstoffversorgungssystem (Bild 2) befindet sich der Druckregler (6) im Kraftstoffbehälter und ist Bestandteil des Tankeinbaumoduls. Dadurch entfällt die Rücklaufleitung vom Motor zum Kraftstoffbehälter. Da der Druckregler aufgrund seines Anbauorts keine Referenz zum Saugrohrdruck hat, hängt der relative Einspritzdruck, der über dem Einspritzventil abfällt, hier von der Motorlast ab. Dies wird bei der Berechnung der Einspritzzeit im Motorsteuergerät berücksichtigt.

Dem Kraftstoffverteiler (5) wird nur die Kraftstoffmenge zugeführt, die auch einge-

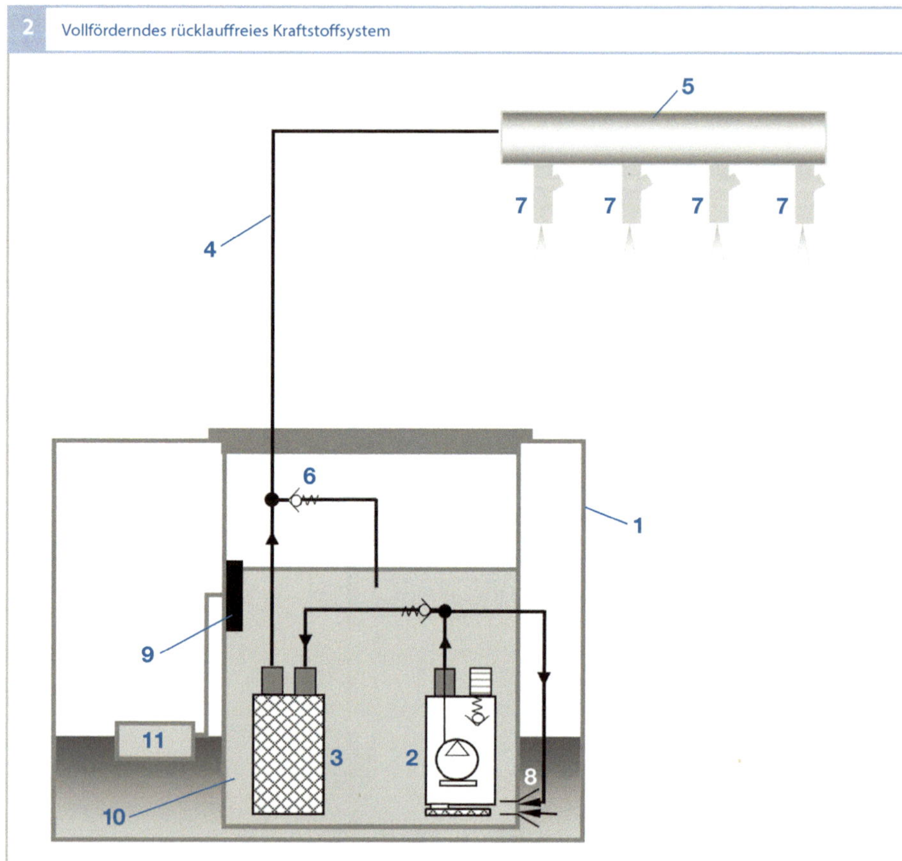

Bild 2

1 Kraftstoffbehälter
2 Elektrokraftstoff-
  pumpe
3 Kraftstofffilter
4 Kraftstoffleitung
5 Kraftstoffverteiler
  (Rail)
6 Druckregler
7 Einspritzventile
8 Saugstrahlpumpe
9 Tankfüllstandsgeber
10 Reservoir
11 Schwimmer

spritzt wird. Die von der vollfördernden Elektrokraftstoffpumpe (2) geförderte Mehrmenge wird direkt vom tanknahen Druckregler (6) in den Kraftstoffbehälter geleitet, ohne den Umweg über den Motorraum zu nehmen. Daher ist die Erwärmung des Kraftstoffs im Kraftstoffbehälter und damit auch die Kraftstoffverdunstung deutlich geringer als beim System mit Rücklauf. Aufgrund dieser Vorteile werden heute überwiegend rücklauffreie Systeme eingesetzt. Die Saugstrahlpumpe (8) wird in diesem System direkt im Fördermodul aus dem Vorlauf der Elektrokraftstoffpumpe betrieben.

Bedarfsgeregeltes System

Beim bedarfsgeregelten System (Bild 3) wird von der Kraftstoffpumpe nur die aktuell vom Motor verbrauchte und zur Einstellung des gewünschten Drucks notwendige Kraftstoffmenge gefördert. Die Druckeinstellung erfolgt über eine modellbasierte Vorsteuerung und einen geschlossenen Regelkreis, wobei der aktuelle Kraftstoffdruck über einen Niederdrucksensor erfasst wird. Der mechanische Druckregler entfällt und wird durch ein Druckbegrenzungsventil ersetzt (Pressure Relief Valve PRV), damit sich auch bei Schubabschaltung oder nach Abstellen des

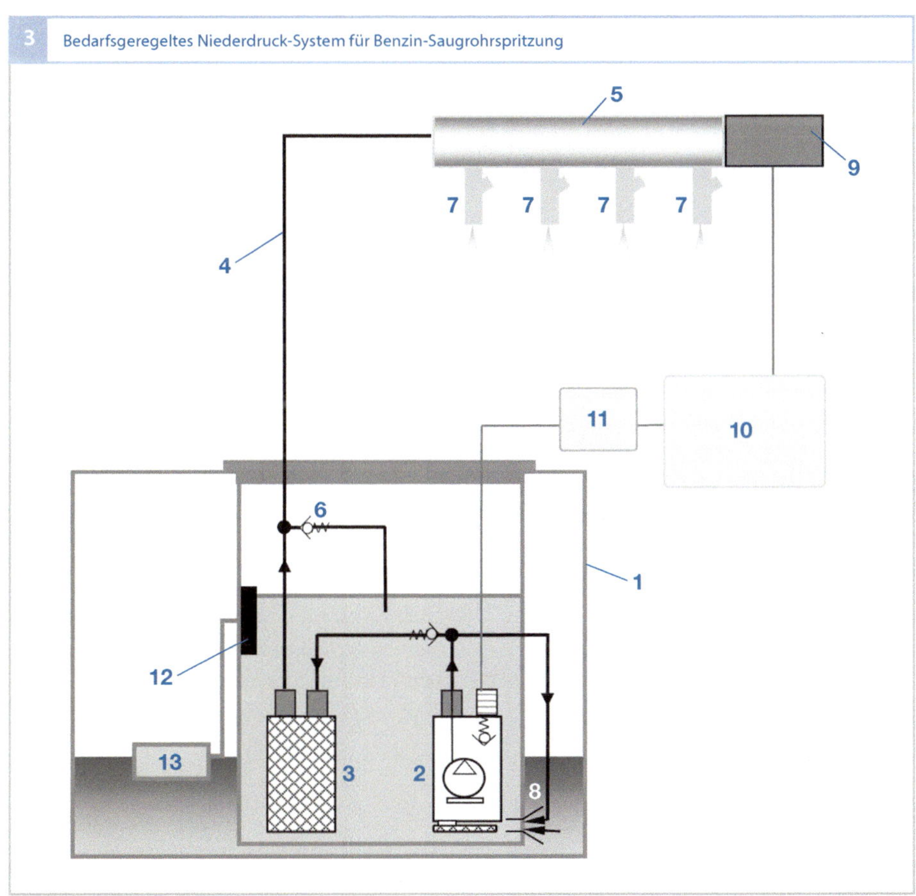

Bild 3
1 Kraftstoffbehälter
2 Elektrokraftstoffpumpe
3 Kraftstofffilter
4 Kraftstoffleitung
5 Kraftstoffverteiler
6 Druckbegrenzungsventil
7 Einspritzventile
8 Saugstrahlpumpe
9 Kraftstoff-Drucksensor (für Niederdruck)
10 Motorsteuergerät
11 Pumpenelektronikmodul
12 Tankfüllstandsgeber
13 Schwimmer

Motors kein zu hoher Druck aufbauen kann. Zur Einstellung der Fördermenge wird die Betriebsspannung der Kraftstoffpumpe über ein vom Motorsteuergerät angesteuertes Pumpelektronikmodul eingestellt. Der Druck variiert in diesem System zwischen 250 und 600 kPa relativ zur Umgebung, kann aber auch auf einen konstanten Wert eingestellt werden.

Aufgrund der Bedarfsregelung wird kein überschüssiger Kraftstoff komprimiert und somit die Pumpenleistung auf das gerade erforderliche Maß minimiert. Dies führt gegenüber Systemen mit vollfördernder Pumpe zu einer Senkung des Kraftstoffverbrauchs. So kann auch die Kraftstofftemperatur im Tank gegenüber dem rücklauffreien System noch weiter reduziert werden.

Weitere Vorteile des bedarfsgeregelten Systems ergeben sich aus dem variabel einstellbaren Kraftstoffdruck. Zum einen kann der Druck beim Heißstart erhöht werden, um die Bildung von Dampfblasen zu vermeiden. Zum anderen kann vor allem bei Turbomotoren der Zumessbereich der Einspritzventile erweitert werden (durch Einspritzmengenspreizung), indem bei Volllast eine Druckanhebung und bei sehr kleinen

Einspritzart	Saugrohreinspritzung		Benzindirekteinspritzung
Variante	Konstanter Druck	Variabler Druck	Variabler Druck
Druck in kPa	≈ 350	250 … 600	200 … 600
Vorteile gegenüber konstanter Fördermenge		– Erweiterter Zumessbereich – Bessere Gemischaufbereitung im Kaltstart	Besserer Heißstart

Lasten eine Druckabsenkung realisiert wird. Eine zunehmend genutzte Möglichkeit besteht auch darin, den Einspritzdruck beim Kaltstart zu erhöhen, um damit die Zerstäubung und Gemischaufbereitung der Einspritzventile zu verbessern.

Des Weiteren ergeben sich mithilfe des gemessenen Kraftstoffdrucks verbesserte Diagnosemöglichkeiten des Kraftstoffsystems gegenüber bisherigen Systemen. Darüber hinaus führt die Berücksichtigung des aktuellen Kraftstoffdrucks bei der Berechnung der Einspritzzeit zu einer präziseren Kraftstoffzumessung.

Kraftstoffförderung bei Benzin-Direkteinspritzung

Bei der direkten Einspritzung von Kraftstoff in den Brennraum steht im Vergleich zur Einspritzung in das Saugrohr nur ein verkürztes Zeitfenster zur Verfügung. Auch kommt der Gemischaufbereitung eine erhöhte Bedeutung zu. Daher muss der Kraftstoff bei der Direkteinspritzung mit deutlich höherem Druck eingespritzt werden als bei der Saugrohreinspritzung. Das Kraftstoffsystem unterteilt sich in Niederdruckkreislauf und Hochdruckkreislauf.

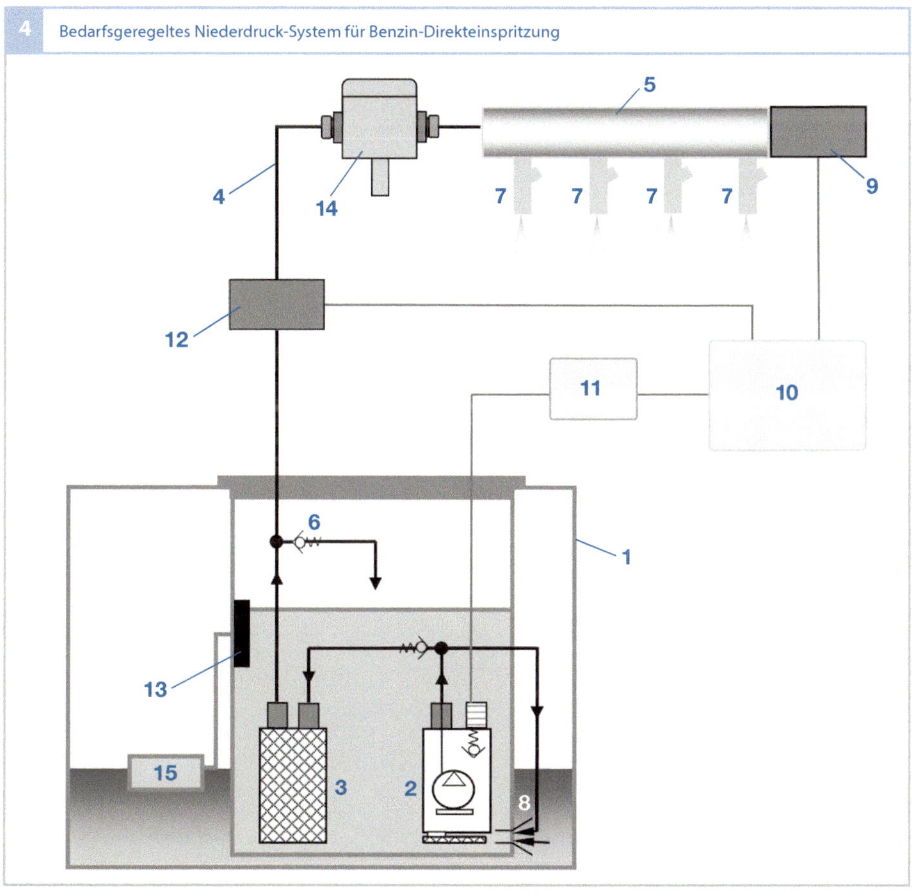

Bild 4
1   Kraftstoffbehälter
2   Elektrokraftstoff-
    pumpe
3   Kraftstofffilter (in-
    tern)
4   Kraftstoffleitung
5   Kraftstoffverteiler
    (Rail)
6   Druckbegrenzungs-
    ventil
7   Hochdruck-Ein-
    spritzventile
8   Saugstrahlpumpe
9   Drucksensor (für
    Hochdruck)
10 Motorsteuergerät
11 Pumpenelektronik-
    modul
12 Drucksensor (für
    Niederdruck)
13 Tankfüllstandsgeber
14 Hochdruckpumpe
15 Schwimmer

Niederdruckkreis

Für den Niederdruckkreislauf eines Systems zur Benzin-Direkteinspritzung kommen im Prinzip die aus der Saugrohreinspritzung bekannten Kraftstoffsysteme und Komponenten zum Einsatz. Da die im Hochdruckkreislauf eingesetzten Hochdruckpumpen zur Vermeidung von Dampfblasenbildung im Heißstart und Heißbetrieb einen erhöhten Vorförderdruck (Vordruck) benötigen, ist es vorteilhaft, Systeme mit variablem Niederdruck einzusetzen. Bedarfsgeregelte Niederdrucksysteme eignen sich hier besonders

gut, da sich für jeden Betriebszustand des Motors der jeweils optimale Vordruck für die Hochdruckpumpe einstellen lässt. Die entsprechenden Anforderungen sind in Tabelle 1 dargestellt, eine Realisierung in Bild 4.

Es kommen aber auch noch rücklauffreie Systeme mit umschaltbarem Vordruck – gesteuert über ein Absperrventil – oder Systeme mit konstant hohem Vordruck zum Einsatz, die aber energetisch als nicht optimal zu bewerten sind.

Ottokraftstoffe

Überblick

Seit der Erfindung des Ottomotors haben sich die Anforderungen an Ottokraftstoffe, die umgangssprachlich auch als Benzin bezeichnet werden, erheblich geändert. Die kontinuierliche Weiterentwicklung der Motorentechnik und der Schutz der Umwelt erfordern qualitativ hochwertige Kraftstoffe, damit ein störungsfreier Fahrbetrieb und niedrige Abgasemissionen gewährleistet sind. Anforderungen an die Zusammensetzung und die Eigenschaften des Kraftstoffs sind in Kraftstoffspezifikationen festgelegt, auf die bei der Gesetzgebung referenziert werden kann.

Historische Entwicklung

Die ersten Raffinerien, die im 19. Jahrhundert entstanden, stellten aus Erdöl durch Destillation Petroleum her, welches als Lampenöl Verwendung fand. Ein Abfallprodukt war dabei eine Flüssigkeit, die sich schon bei relativ niedrigen Temperaturen verflüchtigte. Diese Flüssigkeit war in Deutschland unter dem Namen Benzin bekannt. Ebenfalls zu den Benzinen zählt Ligroin, welches bei der Leuchtgasgewinnung durch Kohlevergasung entsteht. Es wurde früher als Waschbenzin eingesetzt.

Der erste Viertakt-Ottomotor aus dem Jahr 1876 lief noch mit Leuchtgas und war bei geringer Leistung relativ schwer. Die in der Folgezeit entwickelten kleinen, schnell laufenden Viertakter für den Einsatz im Automobil wurden für flüssige Kraftstoffe ent-

5 Molekülstrukturen von Kraftstoffkomponenten

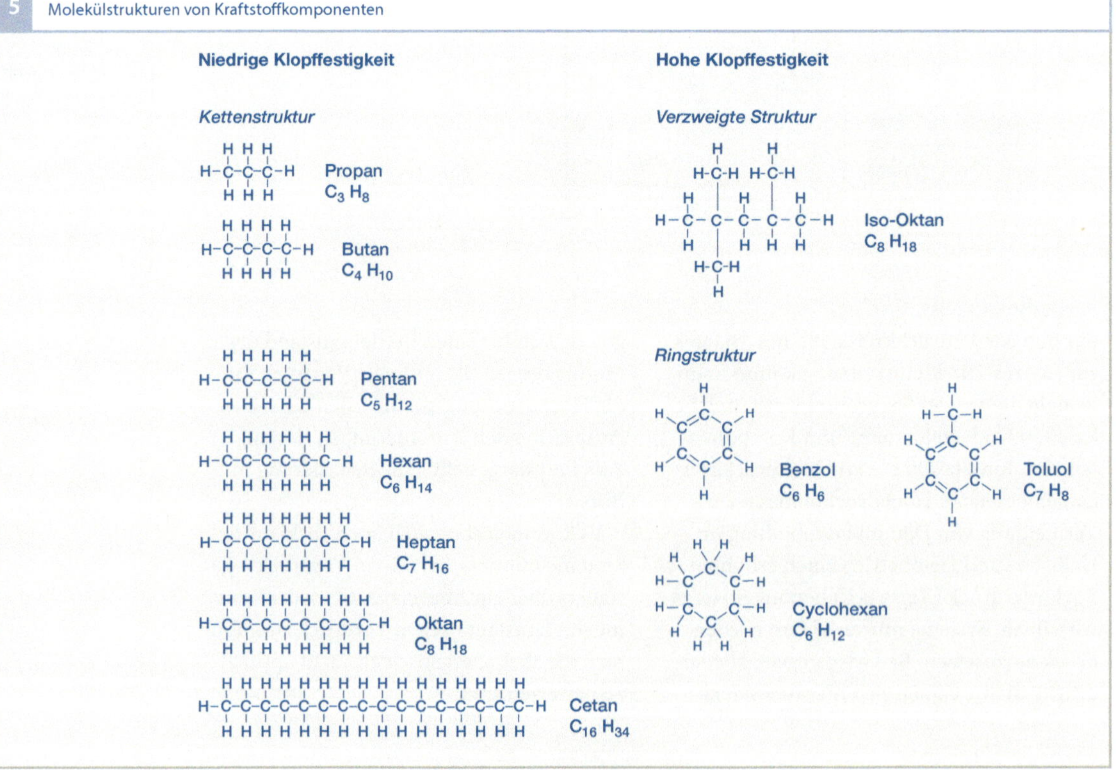

wickelt und mit Leichtbenzin, z. B. dem oben genannten Ligroin, betrieben. Erhältlich war Ligroin in der Apotheke. Mit Einführung des Spritzdüsenvergasers war man auch in der Lage, die Motoren mit schwerflüchtigerem Benzin zu betreiben, was die Verfügbarkeit von geeigneten Kraftstoffen bedeutend verbesserte.

Erste Raffinerien speziell für Benzin entstanden ab 1913. Zur Ausbeuteverbesserung bei der Benzinerzeugung wurden chemische Verfahren entwickelt, welche die chemische Zusammensetzung und Eigenschaften des Benzins veränderten. Bereits zu dieser Zeit wurden auch die ersten Additive oder „Qualitätsverbesserer" eingeführt. In den folgenden Jahrzehnten wurden weitere Nachbearbeitungsverfahren zur Erhöhung der Benzinausbeute und der Kraftstoffqualität entwickelt, um den Anforderungen der Umweltgesetzgebung und der Weiterentwicklung der Ottomotoren Rechnung zu tragen.

Kraftstoffsorten und Zusammensetzung

In Deutschland werden zwei Super-Kraftstoffe mit 95 Oktan angeboten, die sich im Ethanolgehalt unterscheiden und maximal 5 Volumenprozent Ethanol (für Super) beziehungsweise 10 Volumenprozent Ethanol (für Super E10) enthalten dürfen. Außerdem ist ein Super-Plus-Kraftstoff mit 98 Oktan erhältlich. Einzelne Anbieter haben ihre Super-Plus-Kraftstoffe durch 100-Oktan-Kraftstoffe (V-Power 100, Ultimate 100, Super 100) ersetzt, die in Grundqualität und durch Zusatz von Additiven verändert sind. Additive sind Wirksubstanzen, die zur Verbesserung von Fahrverhalten und Verbrennung zugesetzt werden.

In den USA wird zwischen Regular (92 Oktan), Premium (94 Oktan) und Premium Plus (98 Oktan) unterschieden; die Kraftstoffe in den USA enthalten in der Regel 10 Volumenprozent Ethanol. Durch den Zusatz sauerstoffhaltiger Komponenten wird die Oktanzahl erhöht und den Anforderungen moderner, immer höher verdichtender Motoren nach besserer Klopffestigkeit Rechnung getragen.

Ottokraftstoffe bestehen zum Großteil aus Paraffinen und Aromaten (Bild 5). Paraffine mit einem rein kettenförmigen Aufbau (n-Paraffine) zeigen zwar eine sehr gute Zündwilligkeit, allerdings auch eine geringe Klopffestigkeit. Iso-Paraffine und Aromaten sind Kraftstoffkomponenten mit hoher Klopffestigkeit. Die meisten Ottokraftstoffe, die heute angeboten werden, enthalten sauerstoffhaltige Komponenten (Oxygenates). Dabei ist insbesondere Ethanol von Bedeutung, da die „EU-Biofuels Directive" Mindestgehalte an erneuerbaren Kraftstoffen vorgibt, die in vielen Staaten mit Bioethanol realisiert werden. Länder wie China, die vorhaben, ihren hohen Kraftstoffbedarf aus Kohle zu decken, werden zukünftig verstärkt auf Methanol setzen. Aber auch die aus Methanol oder Ethanol herstellbaren Ether MTBE (Methyltertiärbutylether) bzw. ETBE (Ethyltertiärbutylether) werden eingesetzt, von denen in Europa derzeit bis zu 22 Volumenprozent zugegeben werden dürfen.

Reformulated Gasoline bezeichnet Ottokraftstoff, der durch eine veränderte Zusammensetzung niedrigere Verdampfungs- und Schadstoffemissionen verursacht als herkömmliches Benzin. Die Anforderungen an Reformulated Gasoline sind in den USA im Clean Air Act von 1990 festgelegt. Es sind z. B. niedrigere Grenzwerte für Dampfdruck, Aromaten- und Benzolgehalt sowie für das Siedeende vorgegeben. Die Zugabe von Additiven zur Reinhaltung des Einlasssystems ist ebenfalls vorgeschrieben.

Herstellung

Bei der Produktion von Kraftstoffen wird zwischen fossilen und regenerativen Verfahren unterschieden (siehe Bild 6). Kraftstoffe werden überwiegend aus fossilem Erdöl hergestellt. Erdgas als zweiter fossiler Energieträger spielt eine untergeordnete Rolle – sowohl in der Direktnutzung als gasförmiger Kraftstoff, als auch als Ausgangsprodukt für die Herstellung von synthetischen paraffinischen Kraftstoffen. Das für die Herstellung synthetischer Kraftstoffe benötigte Synthesegas kann auch aus Kohle erzeugt werden. Kohle als Rohstoff wird allerdings nur unter besonderen politischen und regionalen Randbedingungen eingesetzt. Die Verwendung von Biomasse zur Synthesegaserzeugung befindet sich noch im Versuchsstadium. Aus dem Synthesegas werden an Katalysatoren in der Fischer-Tropsch-Synthese paraffinische Kohlenwasserstoffmoleküle verschiedener Kettenlänge aufgebaut, die für die Zumischung zu Kraftstoffen oder für den direkten motorischen Einsatz chemisch noch weiter modifiziert werden müssen.

Die Herstellung von Biokraftstoffen gewinnt zunehmend an Bedeutung, wobei im Wesentlichen drei Verfahren genutzt werden. Die direkte Vergärung von Biomasse führt zu Biogas. Bioethanol erhält man durch Vergärung zucker- oder stärkehaltiger Agrarfrüchte. Pflanzliche Öle oder tierische Fette können entweder zu Biodiesel umgeestert oder durch Hydrierung in paraffinische Kraftstoffe (hydriertes Pflanzenöl, Hydro-Treated Vegetable Oil HVO) umgewandelt werden.

Konventionelle Kraftstoffe

Erdöl ist ein Gemisch aus einer Vielzahl von Kohlenwasserstoffen und wird in Raffinerien verarbeitet. Benzin, Kerosin, Dieselkraftstoff und Schweröle sind typische Raffinerieprodukte, deren Mengenverhältnis durch die technische Ausstattung der Raffinerie bestimmt wird und nur eingeschränkt einer sich ändernden Marktnachfrage angepasst werden kann. Bei der Destillation des Erdöls wird das Gemisch an Kohlenwasserstoffen in Gruppen (Fraktionen) ähnlicher Molekülgröße aufgetrennt. Bei der Destillation unter Atmosphärendruck werden die leicht siedenden Anteile wie Gase, Benzine und Mitteldestillat abgetrennt. Eine Vakuumdestillation des Rückstandes liefert leichtes und schweres Vakuumgasöl, die die Grundlage für Diesel und leichtes Heizöl bilden. Der bei der „Vakuumdestillation" verbleibende

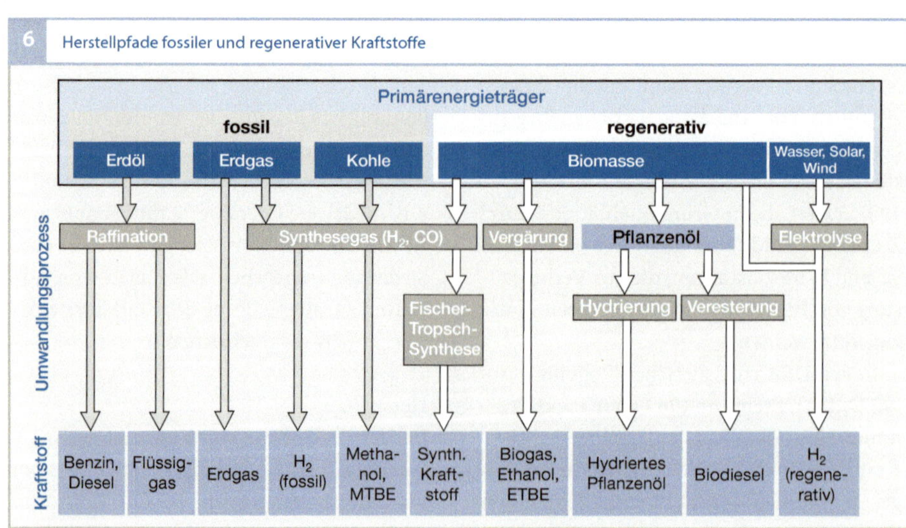

Bild 6
ETBE Ethyltertiär-
       butylether
MTBE Methyltertiär-
       butylether

Anforderungen	Einheit	Spezifikationswert	
Klopffestigkeit		Minimalwert	Maximalwert
Research-Oktanzahl Super	–	95	–
Motor-Oktanzahl Super	–	85	–
Research-Oktanzahl Super Plus (für Deutschland)	–	98	–
Motor-Oktanzahl Super Plus (für Deutschland)	–	88	–
Dichte (bei 15 °C)	kg/m³	720	775
Ethanolgehalt für E5	Volumenprozent	–	5,0
Ethanolgehalt für E10	Volumenprozent	–	10,0
Methanolgehalt	Volumenprozent	–	3,0
Sauerstoffgehalt für E5	Massenprozent	–	2,7
Sauerstoffgehalt für E10	Massenprozent	–	3,7
Benzol	Volumenprozent	–	1,0
Schwefelgehalt	mg/kg	–	10,0
Blei	mg/l	–	5,0
Mangangehalt bis 2013	mg/l	–	6,0
Mangangehalt ab 2014	mg/l	–	2,0
Flüchtigkeit			
Dampfdruck im Sommer	kPa	45	60
Dampfdruck im Winter (für Deutschland)	kPa	60	90
Verdampfte Menge bei 70 °C im Sommer	Volumenprozent	20 (22 für E10)	48 (50 für E10)
Verdampfte Menge bei 70 °C im Winter	Volumenprozent	22 (24 für E10)	50 (52 für E10)
Verdampfte Menge bei 100 °C	Volumenprozent	46	71 (72 für E10)
Verdampfte Menge bei 150 °C	Volumenprozent	75	–
Siedeende	°C	–	210

Tabelle 2
Ausgewählte Anforderungen an Ottokraftstoffe gemäß DIN EN 228

Rückstand wird zu schwerem Heizöl und Bitumen verarbeitet.

Die aus der Destillation hervorgehenden Mengen an unterschiedlichen Produktfraktionen entsprechen weder den Markterfordernissen, noch wird die erforderliche Produktqualität erreicht. Größere Kohlenwasserstoffmoleküle können durch Cracken mit Wasserstoff (Hydrocracken) oder in Gegenwart von Katalysatoren weiter aufgespalten werden. Bei Umwandlungen im Reformer entstehen aus linearen Kohlenwasserstoffen verzweigte Moleküle, die bei

Ottokraftstoffen zur Erhöhung der Oktanzahl beitragen. Bei der Raffination im Hydrofiner wird im Wesentlichen der Schwefel entfernt. Alkohole und viele Additive werden dem Kraftstoff erst am Ende der Raffinerieprozesse zugesetzt.

Alkohole und Ether
Herstellung aus Zucker und Stärke
Bioethanol kann aus allen zucker- und stärkehaltigen Produkten gewonnen werden und ist der weltweit am meisten produzierte Biokraftstoff. Zuckerhaltige Pflanzen (Zucker-

rohr, Zuckerrüben) werden mit Hefe fermentiert, der Zucker wird dabei zu Ethanol vergoren. Bei der Bioethanolgewinnung aus Stärke werden Getreide wie Mais, Weizen oder Roggen mit Enzymen vorbehandelt, um die langkettigen Stärkemoleküle teilzuspalten. Bei der anschließenden Verzuckerung erfolgt eine Spaltung in Dextrosemoleküle mit Hilfe von Glucoamylase. Durch Fermentation mit Hefe wird in einem weiteren Prozessschritt Bioethanol erzeugt.

Herstellung aus Lignocellulose
Die Verfahren, die Bioethanol aus Lignocellulose herstellen, stehen großtechnisch noch nicht zur Verfügung, haben aber den Vorteil, dass die ganze Pflanze verwendet werden kann und nicht nur der zucker- oder stärkehaltige Anteil. Lignocellulose, die das Strukturgerüst der pflanzlichen Zellwand bildet und als Hauptbestandteile Lignin, Hemicellulosen und Cellulose enthält, muss chemisch oder enzymatisch aufgespalten werden. Wegen des neuartigen Ansatzes spricht man auch von Bioethanol der 2. Generation.

Herstellung aus Synthesegas
Methanol wird in katalytischen Verfahren aus Synthesegas, einem Gemisch von Kohlenmonoxid und Wasserstoff, hergestellt. Das zur Produktion erforderliche Synthesegas wird im Wesentlichen nicht regenerativ, sondern aus fossilen Energieträgern wie Kohle und Erdgas erzeugt und leistet keinen Beitrag zur Reduzierung der CO_2-Emissionen. Wird Synthesegas hingegen aus Biomasse gewonnen, kann daraus „Biomethanol" hergestellt werden.

Herstellung der Ether
Methyltertiärbutylether (MTBE) und Ethyltertiärbutylether (ETBE) werden durch säurekatalysierte Addition von Methanol bzw. Ethanol an Isobuten hergestellt. Die Ether, die einen niedrigeren Dampfdruck, einen höheren Heizwert und eine höhere Oktanzahl als Ethanol haben, sind chemisch stabile Komponenten mit guter Materialverträglichkeit. Sie haben daher sowohl aus logistischer als auch motorischer Sicht Vorteile gegenüber der Verwendung von Alkoholen als Blendkomponente. Aus Gründen der Nachhaltigkeit wird überwiegend ETBE aus Bioethanol eingesetzt.

Normung
Die europäische Norm EN 228 (Tabelle 2) definiert die Anforderungen für bleifreies Benzin zur Verwendung in Ottomotoren. In den nationalen Anhängen sind weitere, länderspezifische Kennwerte festgelegt. Verbleite Ottokraftstoffe sind in Europa nicht zugelassen. In den USA sind Ottokraftstoffe in der Norm ASTM D 4814 (American Society for Testing and Materials) spezifiziert.

Bioethanol ist aufgrund seiner Eigenschaften sehr gut zur Beimischung in Ottokraftstoffen geeignet, insbesondere, um die Oktanzahl von reinem mineralölbasiertem Ottokraftstoff anzuheben.

Nachdem der Ethanolgehalt in der europäischen Ottokraftstoffnorm EN 228 lange auf 5 Volumenprozent (E5) begrenzt war, enthält die Ausgabe von 2013 an erster Stelle eine Spezifikation für 10 Volumenprozent Ethanol (E10). Im europäischen Markt sind derzeit noch nicht alle Fahrzeuge mit Materialien ausgerüstet, die einen Betrieb mit E10 erlauben. Als zweite Qualität wird deshalb eine Bestandschutzsorte mit einem maximalen Ethanolgehalt von 5 Volumenprozent beibehalten.

Nahezu alle Ottokraftstoffnormen erlauben die Zugabe von Ethanol als Blendkomponente. In den USA enthält der überwiegende Anteil der Ottokraftstoffe 10 Volumenprozent Ethanol (E10).

Bioethanol kann in Ottomotoren von Flexible-Fuel-Fahrzeugen (FFV, Flexible Fuel Vehicles) auch als Reinkraftstoff (z. B. in Brasilien) verwendet werden. Diese Fahrzeuge können sowohl mit Ottokraftstoff als auch mit jeder Mischung aus Ottokraftstoff und Ethanol betrieben werden. Um einen Kaltstart bei tiefen Temperaturen zu gewährleisten, wird die maximale Ethanolkonzentration (von 85 % im Sommer) im Winter entsprechend der Anforderungen auf 50–85 % reduziert. Die Qualität von E85 ist für Europa in der technischen Spezifikation CEN/TS 15293 und in den USA in der ASTM D 5798 definiert.

In Brasilien werden Ottokraftstoffe grundsätzlich nur als Ethanolkraftstoffe angeboten, überwiegend mit einem Ethanolanteil von 18…26 Volumenprozent, aber auch als reines Ethanol (E100, das etwa 7 % Wasser enthält). In China kommt neben E10 auch Methanol-Kraftstoff zum Einsatz. Für konventionelle Ottomotoren liegt die Obergrenze bei 15 % Methanol (M15). Aufgrund negativer Erfahrungen mit Methanolkraftstoffen während der Ölkrise 1973 und auch wegen der Toxizität ist man in Deutschland von der Verwendung von Methanol als Blendkomponente wieder abgekommen. Weltweit betrachtet werden derzeit nur vereinzelt Methanolbeimengungen durchgeführt, dann meist mit einem Anteil von maximal 3 % (M3).

Physikalisch-chemische Eigenschaften
Schwefelgehalt
Zur Minderung der SO_2-Emissionen und zum Schutz der Katalysatoren zur Abgasnachbehandlung wurde der Schwefelgehalt von Ottokraftstoffen ab 2009 europaweit auf 10 mg/kg begrenzt. Kraftstoffe, die diesen Grenzwert einhalten, werden als „schwefelfreie Kraftstoffe" bezeichnet. Damit ist die letzte Stufe der Entschwefelung von Kraftstoffen erreicht. Vor 2009 war in Europa nur noch schwefelarmer Kraftstoff (Schwefelgehalt unter 50 mg/kg) zugelassen, der Anfang 2005 eingeführt wurde. Deutschland hat bei der Entschwefelung eine Vorreiterrolle übernommen und bereits 2003 durch steuerliche Maßnahmen schwefelfreie Kraftstoffe etabliert. In den USA liegt seit 2006 der Grenzwert für den Schwefelgehalt von kommerziell für den Endverbraucher erhältlichen Ottokraftstoffen bei max. 80 mg/kg, wobei zusätzlich ein Durchschnittswert von 30 mg/kg für die Gesamtmenge des verkauften und importierten Kraftstoffs nicht überschritten werden darf. Einzelne Bundesstaaten, z. B. Kalifornien, haben niedrigere Grenzwerte festgelegt.

Heizwert
Für den Energieinhalt von Kraftstoffen wird üblicherweise der spezifische Heizwert H_u (früher als unterer Heizwert bezeichnet) angegeben; er entspricht der bei vollständiger Verbrennung freigesetzten nutzbaren Wärmemenge. Der spezifische Brennwert H_o (früher als oberer Heizwertbezeichnet) hingegen gibt die gesamte freigesetzte Reaktionswärme an und umfasst damit neben der nutzbaren Wärme auch die im entstehenden Wasserdampf gebundene Wärme (latente Wärme). Dieser Anteil wird jedoch im Fahrzeug nicht genutzt. Der spezifische Heizwert H_u von Ottokraftstoff beträgt 40,1…41,8 MJ/kg. Sauerstoffhaltige Kraftstoffe oder Kraftstoffkomponenten (Oxygenates) wie Alkohole und Ether haben einen geringeren Heizwert als reine Kohlenwasserstoffe, weil der in ihnen gebundene Sauerstoff nicht an der Verbrennung teilnimmt. Eine mit üblichen Kraftstoffen vergleichbare Motorleistung führt daher zu einem höheren Kraftstoffverbrauch.

Gemischheizwert
Der Heizwert des brennbaren Luft-Kraftstoff-Gemischs bestimmt die Leistung des Motors. Der Gemischheizwert liegt bei stöchiometrischem Luft-Kraftstoff-Verhältnis für alle flüssigen Kraftstoffe und Flüssiggase bei ca. 3,5…3,7 MJ/m^3.

Dichte

Die Dichte von Ottokraftstoffen ist in der Norm EN 228 auf 720...775 kg/m^3 begrenzt.

Klopffestigkeit

Die Oktanzahl kennzeichnet die Klopffestigkeit eines Ottokraftstoffs. Je höher die Oktanzahl ist, desto klopffester ist der Kraftstoff. Dem sehr klopffesten Iso-Oktan (Trimethylpentan) wird die Oktanzahl 100, dem sehr klopffreudigen n-Heptan die Oktanzahl 0 zugeordnet. Die Oktanzahl eines Kraftstoffs wird in einem genormten Prüfmotor bestimmt: Der Zahlenwert entspricht dem Anteil (in Volumenprozent) an Iso-Oktan in einem Gemisch aus Iso-Oktan und n-Heptan mit dem gleichen Klopfverhalten wie der zu prüfende Kraftstoff.

Die Research-Oktanzahl (ROZ) nennt man die nach der Research-Methode [3] bestimmte Oktanzahl. Sie kann als maßgeblich für das Beschleunigungsklopfen angesehen werden. Die Motor-Oktanzahl (MOZ) nennt man die nach der Motor-Methode [2] bestimmte Oktanzahl. Sie beschreibt vorwiegend die Eigenschaften hinsichtlich des Hochgeschwindigkeitsklopfens. Die Motor-Methode unterscheidet sich von der Research-Methode durch Gemischvorwärmung, höhere Drehzahl und variable Zündzeitpunkteinstellung, wodurch sich eine höhere thermische Beanspruchung des zu untersuchenden Kraftstoffs ergibt. Die MOZ-Werte sind niedriger als die ROZ-Werte.

Erhöhen der Klopffestigkeit

Normales Destillat-Benzin hat eine niedrige Klopffestigkeit. Erst durch Vermischen mit verschiedenen klopffesten Raffineriekomponenten (katalytische Reformate, Isomerisate) ergeben sich für moderne Motoren geeignete Kraftstoffe mit hoher Oktanzahl. Durch Zusatz von sauerstoffhaltigen Komponenten wie Alkoholen und Ethern kann die Klopffestigkeit erhöht werden. Metallhaltige Additve zur Erhöhung der Oktanzahl, z.B. MMT (Methylcyclopentadienyl Mangan Tricarbonyl) bilden Asche während der Verbrennung. Die Zugabe von MMT wird deshalb in der EN 228 durch einen Grenzwert für Mangan im Spurenbereich ausgeschlossen.

Flüchtigkeit

Die Flüchtigkeit von Ottokraftstoff ist nach oben und nach unten begrenzt. Auf der einen Seite sollen genügend leichtflüchtige Komponenten enthalten sein, um einen sicheren Kaltstart zu gewährleisten. Auf der anderen Seite darf die Flüchtigkeit nicht so hoch sein, dass es bei höheren Temperaturen zur Unterbrechung der Kraftstoffzufuhr durch Gasblasenbildung (Vapour-Lock) und in der Folge zu Problemen beim Fahren oder beim Heißstart kommt. Darüber hinaus sollen die Verdampfungsverluste zum Schutz der Umwelt gering gehalten werden.

Die Flüchtigkeit des Kraftstoffs wird durch verschiedene Kenngrößen beschrieben. In der Norm EN 228 sind für E5 und E10 jeweils zehn verschiedene Flüchtigkeitsklassen spezifiziert, die sich in Siedeverlauf, Dampfdruck und dem Vapour-Lock-Index (VLI) unterscheiden. Die einzelnen Nationen können, je nach den spezifischen klimatischen Gegebenheiten, einzelne dieser Klassen in ihren nationalen Anhang übernehmen. Für Sommer und Winter werden unterschiedliche Werte in der Norm festgelegt.

Siedeverlauf

Für die Beurteilung des Kraftstoffs im Fahrzeugbetrieb sind die einzelnen Bereiche der Siedekurve getrennt zu betrachten. In der Norm EN 228 sind deshalb Grenzwerte für den verdampften Anteil bei 70 °C, bei 100 °C und bei 150 °C festgelegt. Der bis 70 °C verdampfte Kraftstoff muss einen Mindestanteil erreichen, um ein leichtes Starten des kalten

Motors zu gewährleisten (das war vor allem früher wichtig für Vergaserfahrzeuge). Der verdampfte Anteil darf aber auch nicht zu groß sein, weil es sonst im heißen Zustand zu Dampfblasenbildung kommen kann. Der bei 100 °C verdampfte Kraftstoffanteil bestimmt neben dem Anwärmverhalten v. a. Betriebsbereitschaft und Beschleunigungsverhalten des warmen Motors. Das bis 150 °C verdampfte Volumen soll nicht zu niedrig liegen, um eine Motorölverdünnung zu vermeiden. Besonders bei kaltem Motor verdampfen die schwerflüchtigen Komponenten des Ottokraftstoffs schlecht und können aus dem Brennraum über die Zylinderwände ins Motoröl gelangen.

Dampfdruck
Der bei 37,8 °C (100 °F) nach EN 13016-1 gemessene Dampfdruck von Kraftstoffen ist in erster Linie eine Kenngröße, mit der die sicherheitstechnischen Anforderungen im Fahrzeugtank definiert werden. Der Dampfdruck wird in allen Spezifikationen nach unten und oben limitiert. Er beträgt z. B. für Deutschland im Sommer maximal 60 kPa und im Winter maximal 90 kPa. Für die Auslegung einer Einspritzanlage ist die Kenntnis des Dampfdrucks auch bei höheren Temperaturen (80...100 °C) wichtig, da sich ein Anstieg des Dampfdrucks durch Alkoholzumischung insbesondere bei höheren Temperaturen zeigt. Steigt der Dampfdruck des Kraftstoffs z. B. während des Fahrzeugbetriebs durch Einfluss der Motortemperatur über den Systemdruck der Einspritzanlage, kann es zu Funktionsstörungen durch Dampfblasenbildung kommen.

Dampf-Flüssigkeits-Verhältnis
Das Dampf-Flüssigkeits-Verhältnis (DFV) ist ein Maß für die Neigung eines Kraftstoffs zur Dampfbildung. Als Dampf-Flüssigkeits-Verhältnis wird das aus einer Kraftstoffeinheit entstandene Dampfvolumen bei

definiertem Gegendruck und definierter Temperatur bezeichnet. Sinkt der Gegendruck (z. B. bei Bergfahrten) oder erhöht sich die Temperatur, so steigt das Dampf-Flüssigkeits-Verhältnis, wodurch Fahrstörungen verursacht werden können. In der Norm ASTM D 4814 wird z. B. für jede Flüchtigkeitsklasse eine Temperatur definiert, bei der ein Dampf-Flüssigkeits-Verhältnis von 20 nicht überschritten werden darf.

Vapor-Lock-Index
Der Vapour-Lock-Index (VLI) ist die rechnerisch ermittelte Summe des zehnfachen Dampfdrucks (in kPa bei 37,8 °C) und der siebenfachen Menge des bis 70 °C verdampften Volumenanteils des Kraftstoffs. Mit diesem zusätzlichen Grenzwert kann die Flüchtigkeit des Kraftstoffes weiter eingeschränkt werden, mit der Folge, dass bei dessen Herstellung nicht beide Maximalwerte von Dampfdruck und Siedekennwerten gleichzeitig realisiert werden können.

Besonderheiten bei Alkoholkraftstoffen
Der Zusatz von Alkoholen ist mit einer Erhöhung der Flüchtigkeit insbesondere bei höheren Temperaturen verbunden. Außerdem kann Alkohol Materialien im Kraftstoffsystem schädigen, z. B. zu Elastomerquellung führen und Alkoholatkorrosion an Aluminiumteilen auslösen. In Abhängigkeit vom Alkoholgehalt und von der Temperatur kann es selbst bei Zutritt von nur geringen Mengen an Wasser zur Entmischung kommen. Bei der Phasentrennung geht Alkohol aus dem Kraftstoff in eine zweite wässrige Alkoholphase über. Das Problem der Entmischung besteht bei den Ethern nicht.

Additive
Additive können zur Verbesserung der Kraftstoffqualität zugesetzt werden, um Verschlechterungen im Fahrverhalten und in

der Abgaszusammensetzung während des Fahrzeugbetriebs entgegenzuwirken. Eingesetzt werden meist Pakete aus Einzelkomponenten mit verschiedenen Wirkungen. Sie müssen in ihrer Zusammensetzung und Konzentration sorgfältig abgestimmt und erprobt sein und dürfen keine negativen Nebenwirkungen haben.

In der Raffinerie erfolgt eine Basisadditivierung zum Schutz der Anlagen und zur Sicherstellung einer Mindestqualität der Kraftstoffe. An den Abfüllstationen der Raffinerie können beim Befüllen der Tankwagen markenspezifische Multifunktionsadditive zur weiteren Qualitätsverbesserung zugegeben werden (Endpunktdosierung). Eine nachträgliche Zugabe von Additiven in den Fahrzeugtank birgt bei Unverträglichkeit das Risiko von technischen Störungen.

Detergentien

Die Reinhaltung des gesamten Einlasssystems (Einspritzventile, Einlassventile) ist eine wichtige Voraussetzung für den Erhalt der im Neuzustand optimierten Gemischeinstellung und -aufbereitung und somit grundlegend für einen störungsfreien Fahrbetrieb und die Schadstoffminimierung im Abgas. Aus diesem Grund sollten dem Kraftstoff wirksame Reinigungsadditive (Detergentien) zugesetzt sein.

Korrosionsinhibitoren

Der Eintrag von Wasser kann zu Korrosion im Kraftstoffsystem führen. Durch den Zusatz von Korrosionsinhibitoren, die sich als dünner Film auf der Metalloberfläche anlagern, kann Korrosion wirksam unterbunden werden.

Oxidationsstabilisatoren

Die den Kraftstoffen zugesetzten Alterungsschutzmittel (Antioxidantien) erhöhen die Lagerstabilität. Sie verhindern eine rasche Oxidation durch Luftsauerstoff.

Metalldesaktivatoren

Einzelne Additive haben auch die Eigenschaft, durch Bildung stabiler Komplexe die katalytische Wirkung von Metallionen zu deaktivieren.

Gasförmige Kraftstoffe

Erdgas

Der Hauptbestandteil von Erdgas ist Methan (CH_4) mit einem Mindestanteil von 80 %. Weitere Bestandteile sind Inertgase wie Kohlendioxid oder Stickstoff und kurzkettige Kohlenwasserstoffe. Auch Sauerstoff und Wasserstoff sind enthalten. Erdgas ist weltweit verfügbar und erfordert nach der Förderung nur einen relativ geringen Aufwand zur Aufbereitung. Je nach Herkunft variiert jedoch die Zusammensetzung des Erdgases, wodurch sich Schwankungen bei Dichte, Heizwert und Klopffestigkeit ergeben. Die Eigenschaften von Erdgas als Kraftstoff sind für Deutschland in der Norm DIN 51624 festgelegt. Ein europäischer Standard für Erdgas, der auch die Qualitätsanforderungen an Biomethan berücksichtigt, ist in Bearbeitung.

Biomethan lässt sich aus Biomasse, z. B. aus Jauche, Grünschnitt oder Abfällen gewinnen und weist bei der Verbrennung im Vergleich zu fossilem Erdgas deutlich reduzierte CO_2-Gesamtemissionen auf. Für die Erzeugung von Methan durch Elektrolyse von Wasser mit Strom aus erneuerbaren Energien und Umsetzung des erzeugten Wasserstoffs H_2 mit Kohlendioxid CO_2 gibt es erste Pilotanlagen.

Erdgas wird entweder gasförmig komprimiert (CNG, Compressed Natural Gas) bei einem Druck von 200 bar gespeichert oder es befindet sich als verflüssigtes Gas (LNG, Liquid Natural Gas) bei –162 °C in einem kältefesten Tank. Verflüssigtes Gas benötigt nur ein Drittel des Speichervolumens von komprimiertem Erdgas, die Speicherung erfordert jedoch einen hohen Energieaufwand zur Verflüssigung. Deshalb wird Erdgas an den Erdgas-Tankstellen in Deutschland fast ausschließlich in komprimierter Form angeboten. Erdgasfahrzeuge zeichnen sich durch niedrige CO_2-Emissionen aus, bedingt durch den geringeren Kohlenstoffanteil des Erdgases im Vergleich zum flüssigen Ottokraftstoff. Das Wasserstoff-Kohlenstoff-Verhältnis von Erdgas beträgt ca. 4 : 1, das von Benzin hingegen 2,3 : 1. Bedingt durch den geringeren Kohlenstoffanteil des Erdgases entsteht bei seiner Verbrennung weniger CO_2 und mehr H_2O als bei Benzin. Ein auf Erdgas eingestellter Ottomotor erzeugt schon ohne weitere Optimierung ca. 25 % weniger CO_2-Emissionen als ein Benzinmotor (bei vergleichbarer Leistung). Durch die sehr hohe Klopffestigkeit des Erdgases von bis zu 130 ROZ (im Vergleich dazu liegt Benzin bei 91…100 ROZ) eignet sich der Erdgasmotor ideal zur Turboaufladung und lässt eine Erhöhung des Verdichtungsverhältnisses zu.

Flüssiggas

Flüssiggas (LPG, Liquid Petroleum Gas, auch als Autogas bezeichnet) fällt bei der Gewinnung von Rohöl an und entsteht bei verschiedenen Raffinerieprozessen. Es ist ein Gemisch aus den Hauptkomponenten Propan und Butan. Es lässt sich bei Raumtemperatur unter vergleichsweise niedrigem Druck verflüssigen. Durch den geringeren Kohlenstoffanteil gegenüber Benzin entstehen bei der Verbrennung ca. 10 % weniger CO_2. Die Oktanzahl beträgt ca. 100…110 ROZ. Die Anforderungen an Flüssiggas für den Einsatz in Kraftfahrzeugen sind in der europäischen Norm EN 589 festgelegt.

Wasserstoff

Wasserstoff kann durch chemische Verfahren aus Erdgas, Kohle, Erdöl oder aus Biomasse sowie durch Elektrolyse von Wasser erzeugt werden. Heute wird Wasserstoff überwiegend großindustriell durch Dampfreformierung aus Erdgas gewonnen. Bei diesem Verfahren wird CO_2 freigesetzt, sodass sich insgesamt nicht zwangsläufig ein CO_2-Vorteil gegenüber Benzin, Diesel oder der direkten Verwendung von Erdgas im Verbrennungsmotor ergibt. Eine Verringerung der CO_2-Emissionen ergibt sich dann, wenn der Wasserstoff regenerativ aus Biomasse oder durch Elektrolyse aus Wasser hergestellt wird, sofern dafür regenerativ erzeugter Strom eingesetzt wird. Lokal treten bei der Verbrennung von Wasserstoff im Motor keine CO_2-Emissionen auf.

Speicherung
Wasserstoff hat zwar eine sehr hohe gewichtsbezogene Energiedichte (ca. 120 MJ/kg, sie ist damit fast dreimal so hoch wie die von Benzin), die volumenbezogene Energiedichte ist jedoch wegen der geringen spezifischen Dichte sehr gering. Für die Speicherung bedeutet dies, dass der Wasserstoff entweder unter Druck (bei 350…700 bar) oder durch Verflüssigung (Kryogenspeicherung bei −253 °C) komprimiert werden muss, um ein akzeptables Tankvolumen zu erzielen. Eine weitere Möglichkeit ist die Speicherung als Hydrid.

Einsatz im Kfz
Wasserstoff kann sowohl in Brennstoffzellenantrieben als auch direkt in Verbrennungsmotoren eingesetzt werden. Langfristig wird der Schwerpunkt bei der Nutzung in Brennstoffzellen erwartet. Hier wird ein besserer Wirkungsgrad als beim H_2-Verbrennungsmotor erreicht.

Literatur

[1]   DIN EN 228: Januar 2013, Unverbleite Ottokraftstoffe – Anforderungen und Prüfverfahren

[2]   EN ISO 5163:2005, Bestimmung der Klopffestigkeit von Otto und Flugkraftstoffen – Motor-Verfahren

[3]   EN ISO 5164:2005, Bestimmung der Klopffestigkeit von Ottokraftstoffen – Research-Verfahren

Einspritzung

Aufgabe der Einspritzsysteme ist es, den vom Kraftstoffversorgungssystem aus dem Tank zum Motorraum geförderten Kraftstoff auf die einzelnen Zylinder des Ottomotors zu verteilen und den Kraftstoff entsprechend der Anforderungen aufzubereiten.

Moderne Ottomotoren benötigen zur Einhaltung strenger Abgas- und Verbrauchsvorschriften eine bezüglich Menge und zeitlicher Abfolge hoch präzise Zumessung des Kraftstoffs sowie eine optimale Aufbereitung des Kraftstoff-Luft-Gemisches. Die hoch dynamischen und sehr komplexen Vorgänge der Gemischbildung stellen hohe Anforderungen an das Gemischaufberei-

tungssystem, weshalb sich die elektronisch gesteuerte Kraftstoffeinspritzung gegenüber dem Vergaser als das dominierende System durchgesetzt hat.

Man unterscheidet grundsätzlich zwei Arten von Einspritzsystemen: das System mit äußerer Gemischbildung – die Saugrohreinspritzung (SRE), und das System mit innerer Gemischbildung – die Benzindirekteinspritzung (BDE). Bei der Saugrohreinspritzung findet die Gemischbildung überwiegend außerhalb des Brennraums im Saugkanal statt, während bei der Benzindirekteinspritzung die Gemischbildung ausschließlich im Zylinder stattfindet. In Bild 1 sind die wesentlichen Unterschiede beider Systeme dargestellt. Die Unterschiede in den Gemisch-

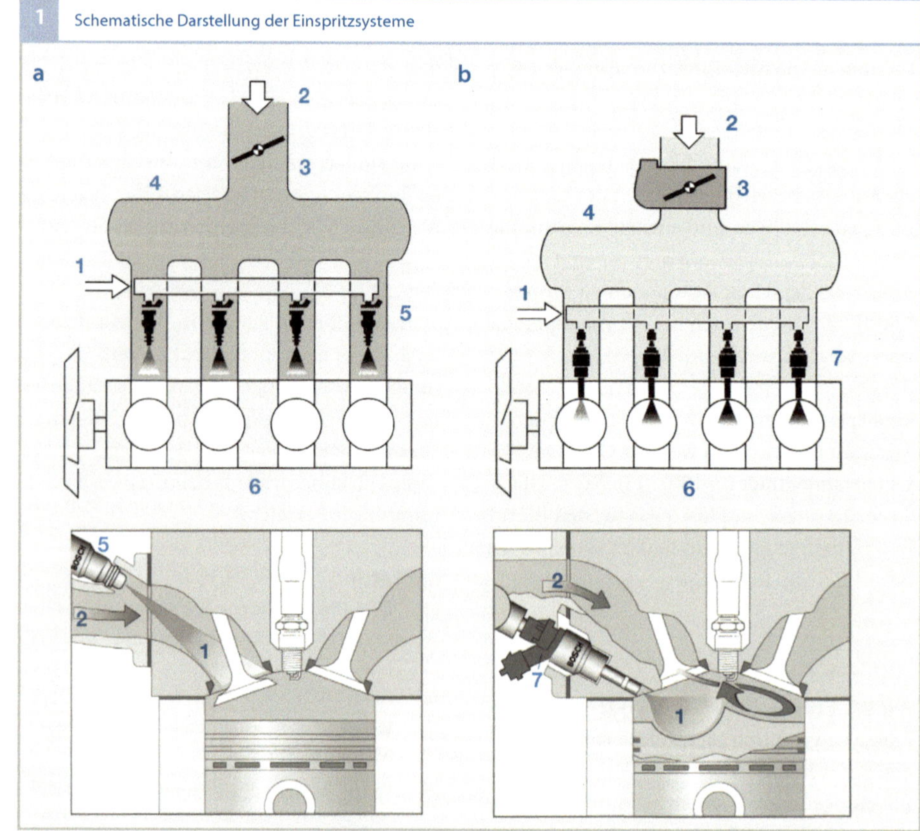

bildungsmechanismen und in der Systemgestaltung führen auch zu unterschiedlichen Anforderungen an die Einspritzkomponenten, die in den nachfolgenden Abschnitten näher beschrieben werden.

Durch den zunehmenden Einsatz von alternativen Kraftstoffen ergeben sich erweiterte Anforderungen an die Subsysteme und Komponenten des Gemischbildungssystems hinsichtlich der Qualität der Gemischaufbereitung, der Zumessbereiche und auch der Medienverträglichkeit der Komponenten.

Saugrohreinspritzung

Bei Ottomotoren mit Saugrohreinspritzung (SRE) beginnt die Bildung des Luft-Kraftstoff-Gemischs außerhalb des Brennraums im Saugrohr. Diese Motoren sowie deren Steuerungssysteme wurden im Lauf der Zeit immer weiter verbessert.

Übersicht
Aufbau
An Kraftfahrzeuge werden hohe Ansprüche hinsichtlich des Abgasverhaltens, des Verbrauchs und der Laufkultur gestellt. Daraus ergeben sich komplexe Anforderungen an die Bildung des Luft-Kraftstoff-Gemischs. Neben der genauen Dosierung der eingespritzten Kraftstoffmasse – abgestimmt auf die vom Motor angesaugte Luftmasse – ist auch der genaue Zeitpunkt der Einspritzung (das Einspritz-Timing) sowie die Ausrichtung des Sprays relativ zum Saugkanal und zum Brennraum (das Spray-Targeting) von Bedeutung. Diese Anforderungen treten – bedingt durch die fortwährende Verschärfung der Abgasgesetzgebung – immer stärker in den Vordergrund. Auch der Beitrag des Brennverfahrens zur Verbrauchsreduzierung gewinnt immer mehr an Bedeutung.

Dementsprechend bedarf es einer stetigen Weiterentwicklung der Einspritzsysteme.

Stand der Technik bei der Saugrohreinspritzung ist die elektronisch gesteuerte Einzeleinspritzanlage, bei der der Kraftstoff für jeden Zylinder einzeln intermittierend (d.h. zeitweilig aussetzend) direkt vor die Einlassventile eingespritzt wird. Die elektronische Steuerung ist im Steuergerät des Motormanagementsystems integriert. Eine Übersicht über ein System mit Saugrohreinspritzung gibt Bild 2.

Keine Bedeutung mehr für Neuentwicklungen haben die mechanischen, kontinuierlich einspritzenden Einzeleinspritzsysteme sowie die Systeme mit Zentraleinspritzung. Bei der Zentraleinspritzung wird der Kraftstoff intermittierend, aber nur über ein einziges Einspritzventil vor der Drosselklappe in das Saugrohr eingespritzt.

Weiterentwicklungen finden im Bereich der Einspritzkomponenten bezüglich des Zumessbereichs (durch den Trend zu Turbo-Motoren und ethanolhaltigen Kraftstoffen), der Ventilsitzdichtheit (zur Verringerung der Verdunstungsemissionen) und der Optimierung der Baugröße statt. Im Bereich der Einspritzsysteme werden neuartige Ansätze, wie z. B. die Verwendung von zwei Einspritzventilen je Saugkanal (Twin-Injection) betrachtet.

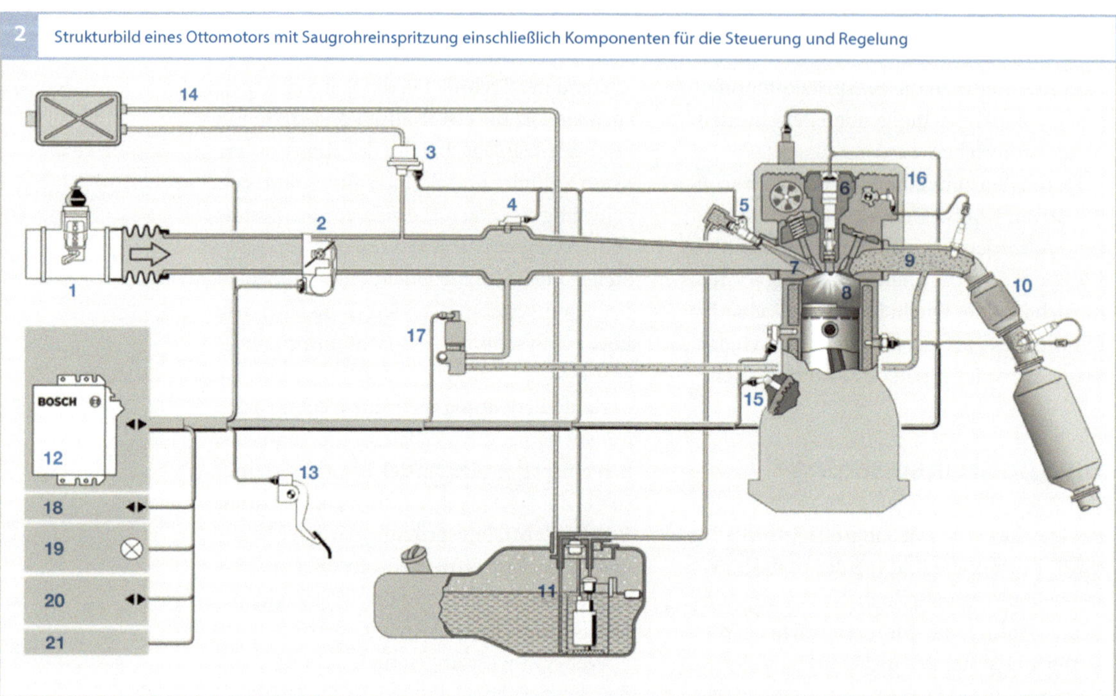

Bild 2

1	Luftmassenmesser	12	Motorsteuergerät
2	Drosselklappensteller	13	Fahrpedalmodul
3	Tankentlüftungsventil	14	Tankentlüftungssystem
4	Saugrohrdrucksensor	15	Drehzahlsensor
5	Einspritzventil mit Rail	16	Phasensensor für die Nockenwelle
6	Zündspule mit Zündkerze	17	Abgasrückführventil
7	Einlasskanal	18	CAN-Schnittstelle
8	Brennraum	19	Motorkontrollleuchte
9	Auslasstrakt	20	Diagnoseschnittstelle
10	Abgassystem	21	Schnittstelle zur Wegfahrsperre
11	Tank mit Fördermodul		

Arbeitsweise

Erzeugen des Luft-Kraftstoff-Gemischs

Bei Benzineinspritzsystemen mit Saugrohreinspritzung wird der Kraftstoff in das
Saugrohr oder in den Einlasskanal eingespritzt. Hierzu fördert die Elektrokraftstoffpumpe den Kraftstoff zu den Einspritzventilen. Dort steht der Kraftstoff mit dem
Systemdruck an. Bei Einzeleinspritzanlagen
ist jedem Zylinder ein Einspritzventil zugeordnet (**Bild 3**, Pos. 5), das den Kraftstoff intermittierend in das Saugrohr (6) oder in
den Einlasskanal vor die Einlassventile (4)
einspritzt.

Die Gemischbildung beginnt außerhalb
des Brennraums im Einlasskanal mit der
Einspritzung des Kraftstoffsprays (7). Nach
der Einspritzung strömt im darauf folgenden
Ansaugtakt das entstandene Luft-Kraftstoff-
Gemisch durch die geöffneten Einlassventile
in den Zylinder, wo die Gemischbildung
vollendet wird. Dieser Vorgang wird entscheidend vom Spray-Targeting und auch
vom Einspritz-Timing beeinflusst. Die Luftmasse wird dabei über die Drosselklappe
(**Bild 2**, Pos. 2) dosiert. Je nach Motortyp
werden manchmal ein, überwiegend aber
zwei Einlassventile pro Zylinder eingesetzt.

Die Kraftstoffzumessung der Einspritzventile ist so ausgelegt, dass der Kraftstoffbedarf für alle Motorzustände abgedeckt ist.
Dies bedeutet einerseits, dass bei hohen

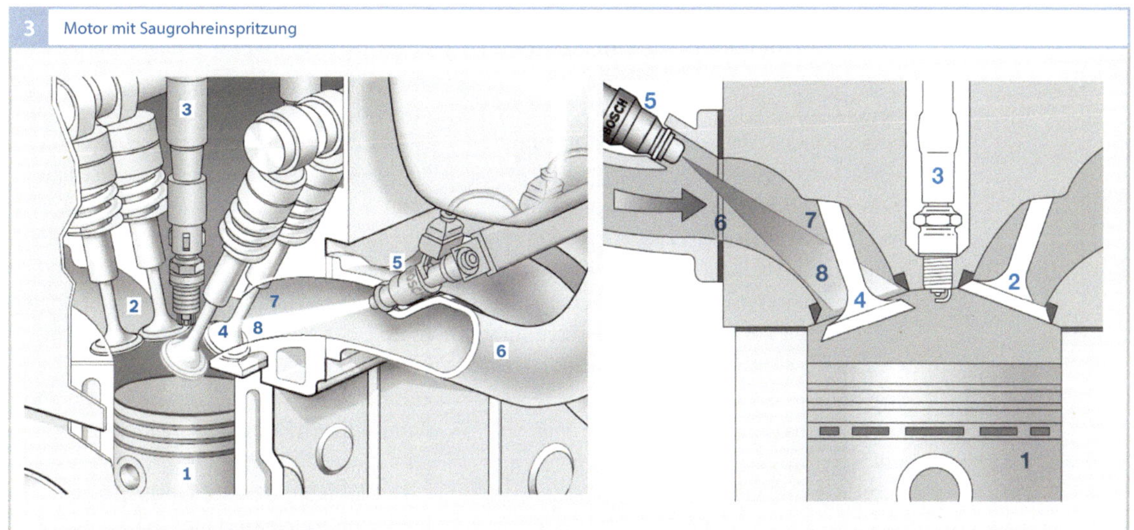

Drehzahlen und Lasten in der zur Verfügung stehenden Zeit ausreichend Kraftstoff einspritzt werden muss (bei maximalem Durchfluss, eventuell zusätzlich erweitert durch Turboaufladung). Andererseits ist auch sicherzustellen, dass für den Leerlaufbetrieb eine ausreichende Kleinsteinspritzmenge unter Berücksichtigung von zusätzlichen Bedingungen (z. B. der Tankentlüftung) darstellbar ist, um den stöchiometrischen Betrieb (mit $\lambda = 1$) des Motors zu gewährleisten.

Messen der Luftmasse
Damit das Luft-Kraftstoff-Gemisch genau eingestellt werden kann, kommt der Erfassung der an der Verbrennung beteiligten Luftmasse eine große Bedeutung zu. Der Luftmassenmesser (Bild 2, Pos. 1), der vor der Drosselklappe sitzt, misst den Luftmassenstrom, der durch das Saugrohr strömt und gibt ein elektrisches Signal an das Motorsteuergerät (12) weiter. Alternativ dazu gibt es auch Systeme, die mit einem Drucksensor (4) den Saugrohrdruck messen und daraus in Verbindung mit der Drosselklap-

penstellung und der Drehzahl die angesaugte Luftmasse berechnen. Das Motorsteuergerät berechnet aus der angesaugten Luftmasse und dem aktuellen Betriebszustand des Motors die erforderliche Kraftstoffmasse.

Einspritzzeit
Die Einspritzzeit, die notwendig ist, um die berechnete Kraftstoffmasse einzuspritzen, ergibt sich aus der Abhängigkeit vom engsten Querschnitt im Einspritzventil, dessen Öffnungs- und Schließverhalten, sowie dem Differenzdruck zwischen Saugrohr und Kraftstoffdruck.

Schadstoffminderung
Die Weiterentwicklung in der Motortechnik führte in den vergangenen Jahren zu verbesserten Verbrennungsprozessen und damit zu geringeren Rohemissionen. Elektronische Motorsteuerungssysteme ermöglichen die exakte Einspritzung der benötigten Kraftstoffmenge entsprechend der angesaugten Luftmasse, die genaue Einstellung des Zündzeitpunkts sowie die betriebspunktabhängige Optimierung der Ansteuerung aller vorhan-

Bild 3
1 Kolben
2 Auslassventil
3 Zündspule mit
   Zündkerze
4 Einlassventil
5 Einspritzventil
6 Saugrohr
7 Einlasskanal
8 Spray

denen Komponenten (z. B. der elektrischen Drosselvorrichtung, Bild 2, Pos. 2). Diese Punkte führen neben der Leistungssteigerung der Motoren auch zur deutlichen Verbesserung der Abgasqualität und zu einer Verbrauchsreduzierung.

In Kombination mit dem Abgasnachbehandlungssystem (Bild 2, Pos. 10) ist es möglich, die marktspezifischen gesetzlichen Abgasgrenzwerte einzuhalten. Der Dreiwegekatalysator kann die bei der Verbrennung entstandenen Schadstoffe bei stöchiometrischem Luft-Kraftstoff-Gemisch ($\lambda = 1$) weitgehend abbauen. Deshalb werden Motoren mit Saugrohreinspritzung in den meisten Betriebspunkten mit dieser Gemischzusammensetzung betrieben.

Motorische Maßnahmen
Neben den nachfolgend diskutierten Maßnahmen im Einspritzsystem können auch motorische Maßnahmen die Rohemissionen verringern und die Verbrennungseffizienz steigern. Folgende Maßnahmen sind heute verbreitet:
- Optimierung der Brennraumgeometrie,
- Mehrventiltechnik,
- variabler Ventiltrieb,
- zentrale Zündkerzenlage,
- Erhöhung der Verdichtung,
- Abgasrückführung.

Im Betriebsbereich des Motorkaltstarts ist die Schadstoffminderung eine wichtige Aufgabe. Mit der Betätigung des Zündschlüssels oder des Startknopfes dreht der Starter und treibt den Motor mit Starterdrehzahl an. Die Signale von Drehzahl- und Phasensensor (Bild 2, Pos. 15 und 16) werden erfasst. Das Motorsteuergerät ermittelt daraus die Kolbenpositionen der einzelnen Zylinder. Entsprechend der im Steuergerät abgelegten Kennfelder werden die Einspritzmengen berechnet und über die Einspritzventile eingespritzt. Darauf abgestimmt wird die Zündung aktiviert. Mit der ersten Verbrennung erfolgt der Drehzahlanstieg.

Der Kaltstart wird durch verschiedene Phasen charakterisiert (Bild 4):
- Startphase,
- Nachstartphase,
- Warmlauf,
- Katalysator-Heizen.

Startphase
Der Bereich von der ersten Verbrennung bis zum erstmaligen Überschreiten der definierten Startende-Drehzahl wird als Startphase bezeichnet. Für den Motorstart ist eine erhöhte Kraftstoffmenge notwendig (z. B. bei 20 °C ca. die 3- bis 4-fache Volllastmenge).

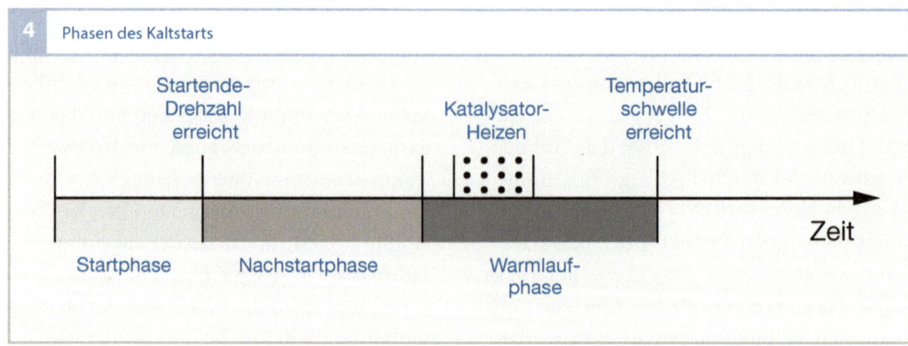

4   Phasen des Kaltstarts

Nachstartphase
In der anschließenden Nachstartphase werden die Füllung und die Einspritzmenge abhängig von der Motortemperatur und der bereits seit Startende vergangenen Zeit sukzessive reduziert.

Warmlaufphase
Die Warmlaufphase schließt sich der Nachstartphase an. Aufgrund der noch niedrigen Motortemperatur (und der daraus resultierenden erhöhten Reibmomente) besteht ein erhöhter Drehmomentbedarf. Dies bedeutet, dass weiterhin ein größerer Kraftstoffbedarf im Vergleich zum Bedarf bei warmem Motor gegeben ist. Dieser Mehrbedarf ist im Gegensatz zur Nachstartphase nur von der Motortemperatur abhängig und bis zu einer bestimmten Temperaturschwelle erforderlich.

Katalysator-Heizphase
Mit der Katalysator-Heizphase wird der Bereich des Kaltstarts bezeichnet, in dem durch Zusatzmaßnahmen ein schnelleres Aufheizen des Katalysators erreicht wird. Die Grenzen der verschiedenen Phasen sind fließend. Die Katalysator-Heizphase kann dem Warmlauf überlagert sein. Abhängig vom jeweiligen Motorsystem kann die Warmlaufphase auch über die Katalysator-Heizphase hinausreichen.

Emissionen während des Kaltstarts
Kraftstoff, der sich im Start bei kaltem Motor an der kalten Zylinderwand niederschlägt, verdunstet nicht sofort und nimmt deshalb nicht an der folgenden Verbrennung teil. Er gelangt im Ausstoßtakt in das Abgassystem und leistet somit keinen Beitrag zum Drehmomentaufbau. Um einen stabilen Motorhochlauf zu gewährleisten, ist deshalb eine erhöhte Kraftstoffmenge in Start- und Nachstartphase erforderlich.

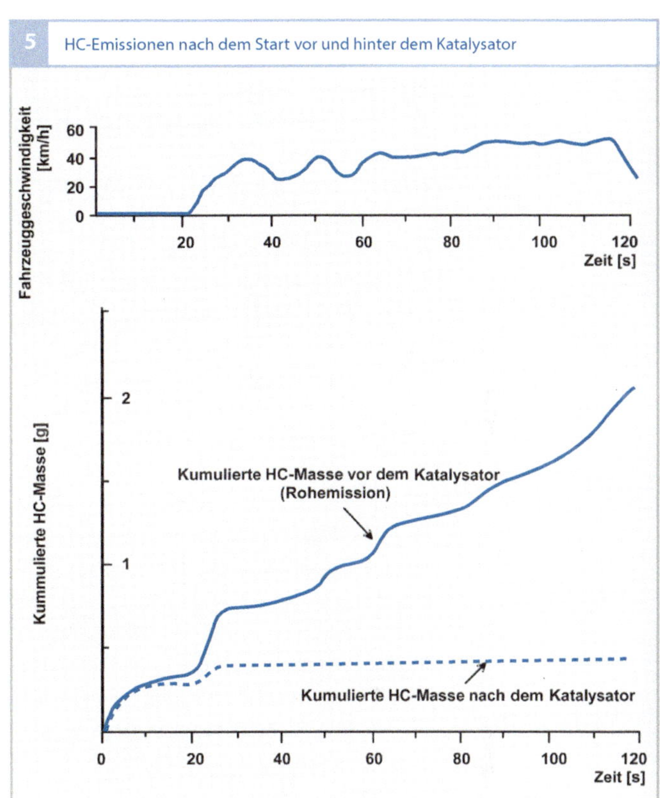

Die unverbrannt ausgestoßenen Kraftstoffbestandteile führen zu einem drastischen Anstieg der HC-Emissionen (Bild 5), aber auch der CO-Rohemissionen. Hinzu kommt, dass der Katalysator die Mindesttemperatur von etwa 300 °C erreicht haben muss, bevor er die Schadstoffe umsetzen kann. Damit der Katalysator schnell seine Betriebstemperatur erreicht, gibt es Maßnahmen, die ein schnelles Aufheizen des Katalysators ermöglichen. Zusätzlich gibt es Zusatzsysteme zur thermischen Nachbehandlung des Abgases, die in der Katalysator-Heizphase aktiviert werden.

Maßnahmen zur Aufheizung des Katalysators

Ein schnelles Aufheizen des Katalysators im Kaltstart kann durch folgende Maßnahmen erreicht werden:

- hohe Abgastemperaturen durch späte Zündwinkel und großen Gasmassenstrom,
- motornahe Katalysatoren,
- Erhöhung der Abgastemperatur durch thermische Nachbehandlung.

Die Auswahl und der Einsatz der Maßnahmen erfolgt je nach Zielmarkt und seinen entsprechenden Abgasvorschriften.

Thermische Nachbehandlung

Die unverbrannten Kohlenwasserstoffe werden im Abgastrakt durch thermische Nachbehandlung gemindert, indem sie bei hohen Temperaturen nachverbrennen. Bei fetter Motorabstimmung ist dazu eine Lufteinblasung (Sekundärlufteinblasung) erforderlich. Bei magerer Motorabstimmung erfolgt die Nachverbrennung durch den im Abgas vorhanden Restsauerstoff.

Sekundärlufteinblasung

Durch Sekundärlufteinblasung wird nach dem Startvorgang in der Warmlaufphase (mit $\lambda < 1$) zusätzlich Luft in den Abgastrakt eingebracht. Es kommt zur exothermen Reaktion mit den unverbrannten Kohlenwasserstoffen, die die hohen HC-und CO-Konzentrationen im Abgas reduzieren. Zusätzlich setzt dieser Oxidationsvorgang Wärme frei, sodass das Abgas heißer wird und den von ihm durchströmten Katalysator rasch aufheizt.

Einspritzlage

Neben der korrekten Einspritzdauer ist der Zeitpunkt der Einspritzung (die Einspritzlage) bezogen auf den Kurbelwellenwinkel ein weiterer Parameter zur Optimierung der Verbrauchs- und Abgaswerte. Für jeden einzelnen Zylinder wird zwischen vorgelagerter und saugsynchroner Einspritzung differenziert. Es handelt sich um eine vorgelagerte Einspritzung, wenn das Einspritzende für den betreffenden Zylinder zeitlich noch vor dem Öffnen des Einlassventils liegt und ein Großteil des Kraftstoffsprays auf den Kanal-

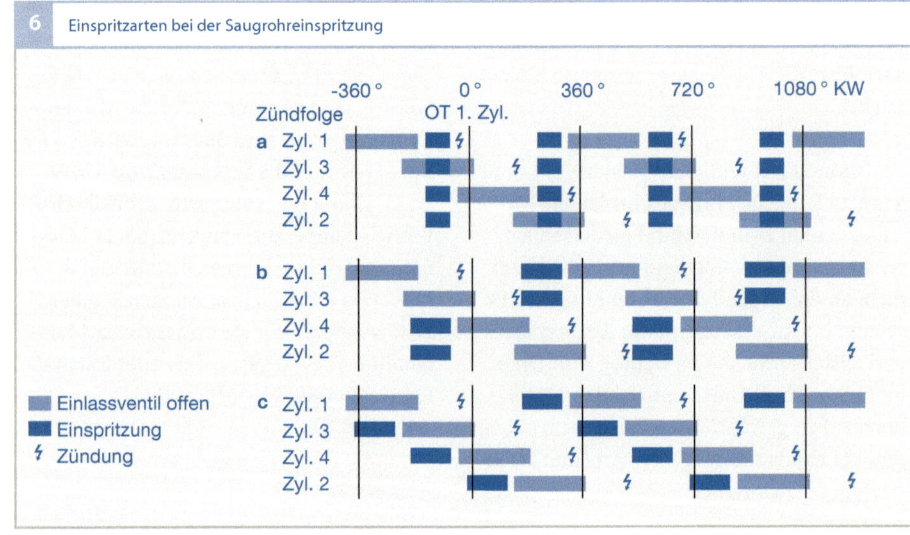

Bild 6
Der Kurbelwinkel (KW) ist auf den oberen Totpunkt des 1. Zylinders bezogen.
a   simultane Einspritzung
b   Gruppeneinspritzung
c   sequentielle Einspritzung und zylinderindividuelle Einspritzung

boden und die Einlassventile trifft. Im Gegensatz hierzu erfolgt die saugsynchrone Einspritzung bei geöffneten Einlassventilen.

Wird hingegen die Einspritzlage aller Zylinder zueinander betrachtet, so wird zwischen folgenden Einspritzlagen unterschieden (Bild 6):
- simultane Einspritzung,
- Gruppeneinspritzung,
- sequentielle Einspritzung,
- zylinderindividuelle Einspritzung.

Die Variationsmöglichkeiten sind hierbei von der verwendeten Einspritzlage abhängig. Heute kommt nahezu ausschließlich die sequentielle Einspritzung zum Einsatz. Nur im Kaltstart bei den ersten Verbrennungen wird vereinzelt noch die simultane Einspritzung oder die Gruppeneinspritzung angewandt.

Simultane Einspritzung
Bei der simultanen Einspritzung werden alle Einspritzventile zum gleichen Zeitpunkt betätigt. Die Zeit, die zum Verdunsten des Kraftstoffs zur Verfügung steht, ist für die Zylinder unterschiedlich. Um trotzdem eine gute Gemischbildung zu erreichen, wird die für die Verbrennung benötigte Kraftstoffmenge in zwei Hälften aufgeteilt und jeweils einmal pro Kurbelwellenumdrehung eingespritzt. Bei dieser Einspritzlage ist nicht für alle Zylinder eine vorgelagerte Einspritzung möglich. Teilweise muss in das offene Einlassventil eingespritzt werden, da der Einspritzbeginn fest vorgegeben ist. Nachteilig ist hier, dass die Gemischaufbereitung für die verschiedenen Zylinder sehr unterschiedlich ist.

Gruppeneinspritzung
Bei der Gruppeneinspritzung werden die Einspritzventile zu zwei Gruppen zusammengefasst. Die beiden Gruppen spritzen die gesamte Einspritzmenge im Wechsel ein-

mal pro Kurbelwellenumdrehung ein. Diese Anordnung ermöglicht bereits eine betriebspunktabhängige Wahl des Einspritztimings und vermeidet in bestimmten Kennfeldbereichen die dort unerwünschte Einspritzung in den offenen Einlasskanal. Die Zeit, die für die Verdunstung des Kraftstoffs zur Verfügung steht, ist aber auch hier für die verschiedenen Zylinder unterschiedlich.

Sequentielle Einspritzung
Bei der sequentiellen Einspritzung (Sequential Fuel Injection SEFI) wird der Kraftstoff für jeden Zylinder einzeln eingespritzt. Die Einspritzventile werden nacheinander in der Zündfolge betätigt. Die Einspritzzeit und die Einspritzlage bezogen auf den oberen Totpunkt des jeweiligen Zylinders ist für alle Zylinder identisch. Damit ist die Gemischaufbereitung für jeden Zylinder identisch. Der Einspritzbeginn ist frei programmierbar und kann an den Motorbetriebszustand angepasst werden.

Zylinderindividuelle Einspritzung
Die zylinderindividuelle Einspritzung (Cylinder Individual Fuel Injection) bietet die größten Freiheitsgrade. Gegenüber der sequentiellen Einspritzung bietet sie den Vorteil, dass hier für jeden Zylinder die Einspritzzeit individuell beeinflusst werden kann. Damit können Ungleichmäßigkeiten z. B. bei der Zylinderfüllung ausgeglichen werden, was besonders für den Motorhochlauf im Kaltstart von großer Bedeutung für die Emissionsreduzierung ist. Der stöchiometrische Betrieb jedes Zylinders setzt hier eine zylinderspezifische Erfassung des Luftverhältnisses λ voraus. Dies bedingt eine Optimierung der Krümmergeometrie, um die Abgasdurchmischung der einzelnen Zylinder möglichst zu vermeiden.

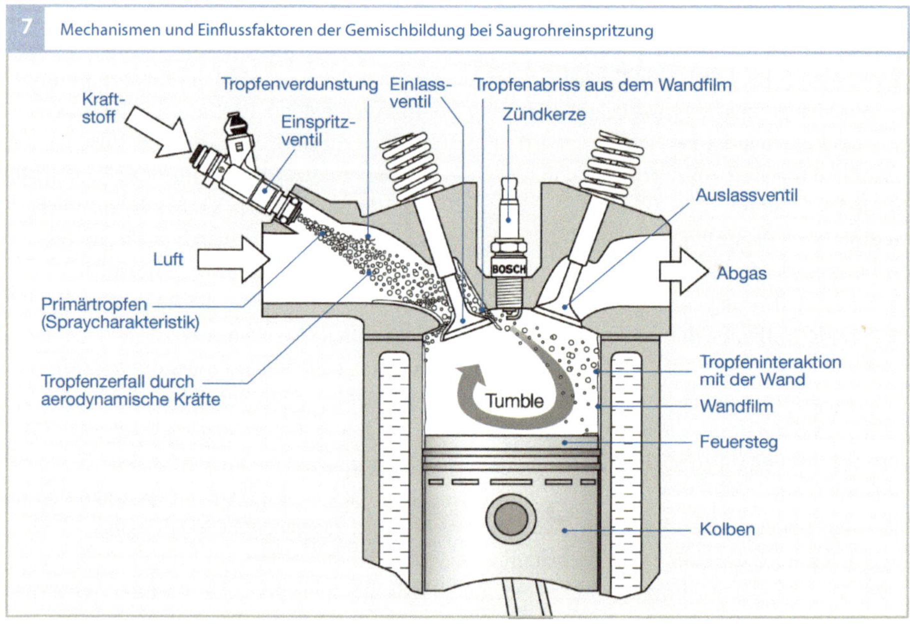

Gemischbildung

Die Gemischbildung beginnt mit der Kraftstoffeinspritzung in das Saugrohr und erstreckt sich über die Ansaugphase bis in die
Kompressionsphase des jeweiligen Zylinders.
Sie unterliegt vielen Forderungen wie z. B.
der Bereitstellung eines zündfähigen Gemischs an der Zündkerze zum Zündzeitpunkt, einer guten Homogenisierung des
Gemischs im Zylinder, einem guten dynamischen Verhalten im instationären Betrieb
und geringen HC-Emissionen im Kaltstart.

Die Gemischbildung bei Saugrohrein-
spritzsystemen ist komplex (**Bild 7**). Sie
erstreckt sich von der Charakteristik des pri-
mären Kraftstoffsprays über den Spray-
transport im Saugrohr, den Sprayeintrag in
den Brennraum bis zur Homogenisierung
des Gemischs zum Zündzeitpunkt. Eine optimale Abstimmung dieser Bereiche führt
letztlich zu einer guten Gemischaufbereitung. Sie unterscheidet sich teilweise für den
kalten und den warmen Motorbetrieb und
wird maßgeblich beeinflusst von:

- Motortemperatur,
- Primärtröpfchenspray,
- Einspritzlage,
- Spray-Targeting,
- Luftströmung.

Ziel ist es, zum Zündzeitpunkt des jeweiligen Zylinders ein homogenes Gemisch von
Kraftstoffdampf und Luft im Brennraum
vorliegen zu haben.

Primärtröpfchenspray

Als Primärtröpfchenspray bezeichnet man
das Kraftstoffspray direkt nach dem Austritt
aus dem Einspritzventil. Kleine Primärtröpf-
chen begünstigen tendenziell die Kraftstoffverdunstung. Allerdings ist hier zu berücksichtigen, dass bei kaltem Motor infolge
niedriger Temperatur nur ein sehr geringer
Anteil des eingespritzten Kraftstoffs im Saugrohr verdunstet. Der Großteil liegt als Wandfilm vor und wird in der Ansaugphase von
der Luftströmung mitgerissen. Die eigentliche Gemischaufbereitung findet im Zylinder

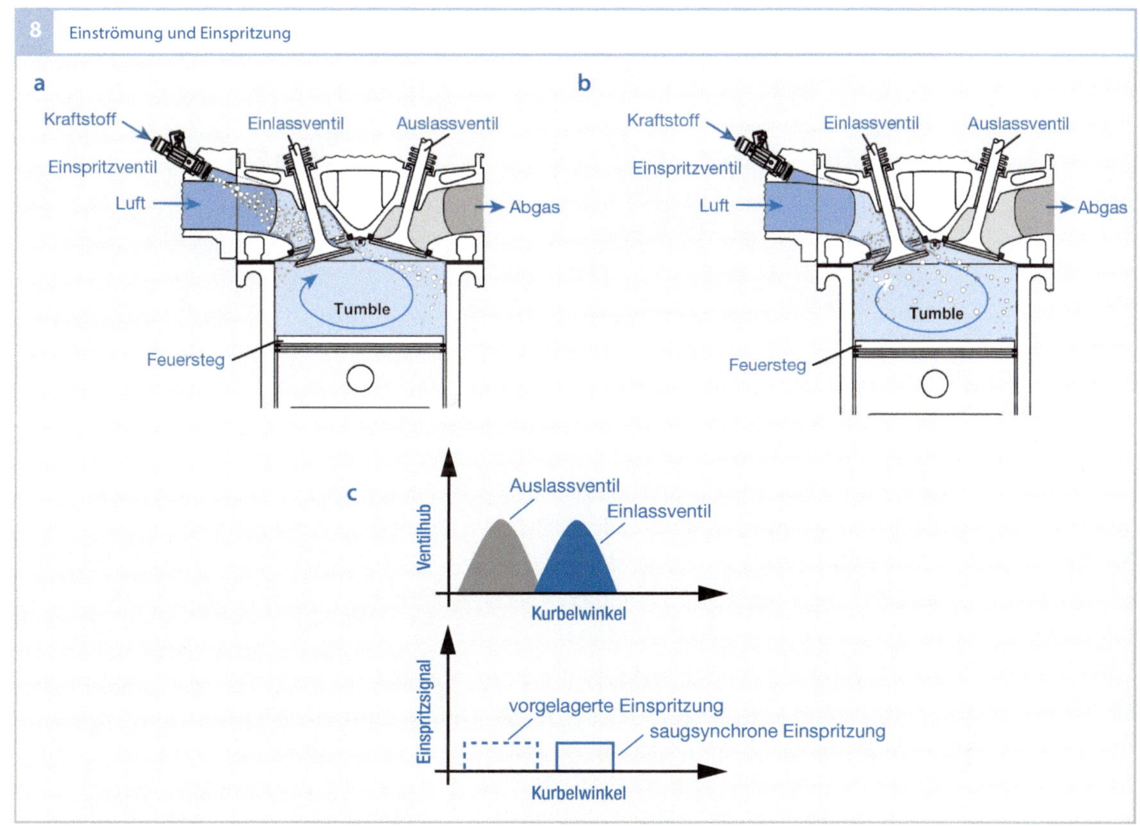

statt. Bei warmem Motor hingegen verdunstet bereits im Saugrohr ein Großteil des eingespritzten Kraftstoffsprays sowie ein Teil des vorhandenen Wandfilms.

Einspritzlage

Die Einspritzlage hat vor allem bei kaltem Motor einen großen Einfluss auf die Gemischbildung und die HC-Rohemissionen.

Saugsynchrone Einspritzung

Bei saugsynchroner Einspritzung wird ein Teil des Kraftstoffs durch die Luftströmung an die gegenüberliegende Zylinderwand Richtung Auslassventile transportiert (Bild 8a). Dieser Kraftstofffilm (Wandfilm) verdunstet an den kalten Zylinderwänden nicht, nimmt somit nicht an der Verbrennung teil und gelangt deshalb unverbrannt in den Auslasskanal. Dies führt zu erhöhten Rohemissionen. Die saugsynchrone Einspritzung wird heute im Kaltstart nur noch selten angewandt. Sie kommt im warmen Motorbetrieb an der Volllast zur Leistungssteigerung (zur Ladungskühlung und zur Klopfreduzierung) zum Einsatz. Neue Ansätze mit zwei Einspritzventilen je Zylinder bieten hier neue Freiheitsgrade. Da bei saugsynchroner Einspritzung die Kraftstoffverdunstung weitgehend im Brennraum stattfindet, kann die Frischluftfüllung gesteigert werden. Der Grund hierfür ist, dass die flüssigen Kraftstofftröpfchen im Saugrohr ein kleineres Volumen einnehmen als

Bild 8
a) Einströmung bei saugsynchroner Einspritzung
b) Einströmung bei vorgelagerter Einspritzung
c) Lage des Einspritzsignals

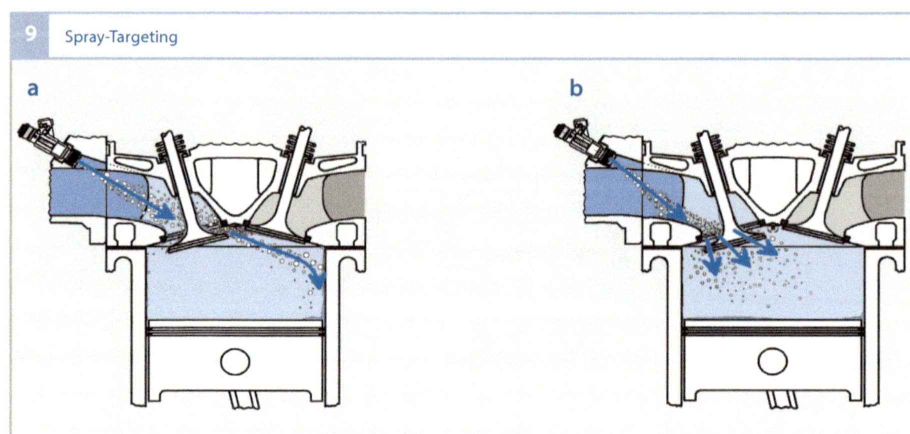

Dampf. Außerdem wird durch die Kraftstoffverdampfung im Brennraum die Zylinderladung abgekühlt, was sich positiv auf die Klopfneigung des Motors auswirkt.

Vorgelagerte Einspritzung
Durch eine vorgelagerte Einspritzung (Bild 8b) ist im Kaltstart eine deutliche Reduzierung der Schadstoffemissionen erreichbar. Der Kraftstoffeintrag wird in Richtung Brennraummitte verschoben und die unerwünschte Wandfilmbildung an der auslassseitigen Zylinderwand wird vermieden.

Spray-Targeting

Zusätzlich zur vorgelagerten Einspritzung können in Kombination mit optimalem Spray-Targeting (Sprayausrichtung relativ zum Saugkanal und Brennraum, Bild 9) die HC-Emissionen im Kaltstart weiter verringert werden. Bei Ausrichtung des Sprays in Richtung Kanalboden (Bild 9b) wird das angesaugte Spray verstärkt in Richtung Brennraummitte transportiert. Dadurch wird die Kraftstoffbenetzung der auslassseitigen Zylinderwand weiter reduziert, was sich in niedrigeren HC-Emissionen in der Startphase zeigt. Zudem verringert sich die Gefahr einer zu starken Benetzung der Zündkerze

mit Kraftstoff. Die Benetzung des Kanalbodens führt andererseits aber auch zu einer verstärkten Wandfilmbildung im Saugrohr. Hierbei ist der Applikationsaufwand für den Instationärbetrieb (beim Lastwechsel) etwas aufwendiger. Grundsätzlich ist immer ein Kompromiss zwischen den Anforderungen des Kaltstarts und denen des Instationärbetriebs zu suchen.

Bei Motoren mit Saugrohreinspritzung ist es notwendig, bei Laständerungen die gespeicherte Wandfilmmasse im Saugrohr zu berücksichtigen. Bei einer sprunghaften Lasterhöhung wird mehr Wandfilm aufgebaut. Es würde ein unerwünschter Luftüberschuss entstehen, falls bei der Berechnung der notwendigen Einspritzmenge die gespeicherte Wandfilmmenge und ihr verzögerter Eintrag in den Brennraum nicht berücksichtigt würde. Hierfür sind im Motorsteuergerät Wandfilm-Kompensationsfunktionen integriert, die bei der Applikation auf die jeweilige Motorgeometrie und das Spray-Targeting bedatet werden müssen, um weitgehend einen Betrieb bei $\lambda = 1$ auch im instationären Betriebszustand zu gewährleisten.

Luftströmung

Die Luftströmung wird maßgeblich durch die Motordrehzahl, die geometrische Gestaltung des Einlasskanals sowie durch die Öffnungszeiten und die Erhebungskurve der Einlassventile beeinflusst. Teilweise sind Ladungsbewegungsklappen im Einsatz, um zusätzlich auf die Strömungsrichtung (Tumble, Drall) betriebspunktabhängig Einfluss zu nehmen. Ziel ist es, die notwendige Luft in der zur Verfügung stehenden Zeit in den Brennraum zu bekommen und eine gute Homogenisierung des Luft-Kraftstoff-Gemischs im Brennraum bis zum Zündzeitpunkt zu erzielen.

Eine starke Zylinderinnenströmung begünstigt eine gute Homogenisierung und ermöglicht eine Erhöhung der AGR-Verträglichkeit (Abgasrückführrate), wodurch eine Verbrauchs- und NO_x-Reduzierung erzielt werden kann. Eine starke Zylinderinnenströmung verringert jedoch bei Volllast die Füllung, was eine Absenkung des maximalen Drehmoments und der maximalen Leistung zur Folge hat. Daher werden überwiegend variable Klappen eingesetzt, um eine hohe Ladungsbewegung in der Teillast und eine minimale Drosselung in der Volllast zu kombinieren (**Bild 18**, Pos. 8).

Sekundäre Gemischaufbereitung

Zusätzlich unterstützt die Luftströmung auch die Kraftstoffaufbereitung (durch sekundäre Gemischaufbereitung). Besteht zum Zeitpunkt des Öffnens der Einlassventile (EÖ) ein Differenzdruck zwischen Saugrohr und Brennraum, werden durch die entstehende Strömung die Kraftstoffaufbereitung und der Transport beeinflusst. Ist der Saugrohrdruck beim Öffnen des Einlassventils wesentlich größer als der Brennraumdruck, so werden das Luft-Kraftstoff-Gemisch und der Wandfilm im Ventilspalt beschleunigt in den Brennraum gesaugt.

Ist der Saugrohrdruck beim Öffnen der Einlassventile kleiner als im Brennraum, dann strömt warmes Abgas aus der vorhergehenden Verbrennung zurück in das Saugrohr. Hier wird zum einen die Aufbereitung des Wandfilms und der Kraftstofftröpfchen durch die Rückströmung begünstigt, zum anderen unterstützt das warme Abgas zusätzlich die Verdunstung. Dieser Vorgang ist besonders beim Kaltstart in der Warmlauf- und in der Katalysator-Heizphase wichtig.

Elektromagnetische Einspritzventile
Aufgabe

Elektrisch angesteuerte Einspritzventile spritzen den unter Systemdruck stehenden Kraftstoff in das Saugrohr ein. Dabei werden Einspritzzeitpunkt und -dauer individuell für jeden Zylinder vom Motorsteuergerät anhand der angesaugten Luftmasse und des aktuellen Betriebszustands des Motors berechnet und die Einspritzventile über Endstufen, die im Motorsteuergerät integriert sind, entsprechend angesteuert. Neben der exakten Dosierung der Einspritzmenge ist die Strahlaufbereitung unter Berücksichtigung der Saugrohrgeometrie und der Position der Einlassventile sowie die Zerstäubung des Kraftstoffs eine wichtige Funktion des Einspritzventils.

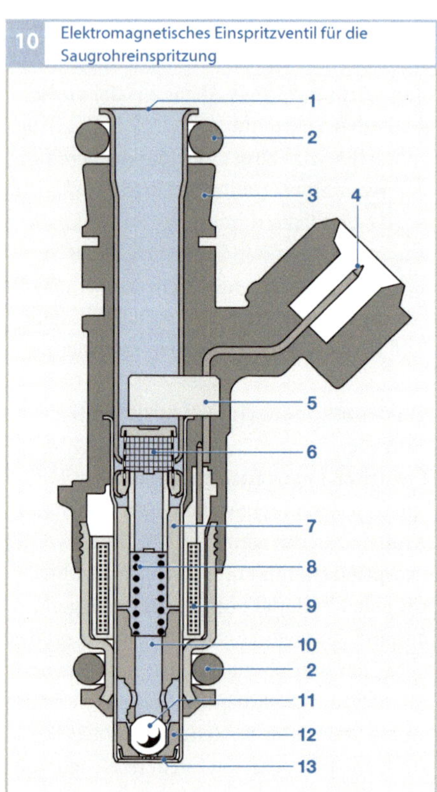

Bild 10
1 hydraulischer Anschluss
2 Dichtring (O-Ring)
3 Ventilgehäuse
4 elektrischer Anschluss
5 Plastikclip mit eingespritzten Pins
6 Filtersieb
7 Innenpol
8 Ventilfeder
9 Magnetspule
10 Ventilnadel mit Anker
11 Ventilkugel
12 Ventilsitz
13 Spritzlochscheibe

Aufbau und Arbeitsweise

Elektromagnetische Einspritzventile
(**Bild 10**) bestehen im Wesentlichen aus
- dem Ventilgehäuse (3) mit elektrischem (4) und hydraulischem Anschluss (1),
- der Spule des Elektromagneten (9),
- der beweglichen Ventilnadel (10) mit Magnetanker und Ventilkugel (11),
- dem Ventilsitz (12) mit der Spritzlochscheibe (13),
- der Ventilfeder (8).

Um einen störungsfreien Betrieb zu gewährleisten, ist das Einspritzventil im Kraftstoff führenden Bereich aus korrosionsbeständigem Stahl gefertigt. Ein Filtersieb (6) im Kraftstoffzulauf schützt das Einspritzventil vor Verschmutzung.

Anschlüsse

Bei den gegenwärtig verwendeten Einspritzventilen verläuft die Kraftstoffzuführung in axialer Richtung zum Einspritzventil von oben nach unten (Top Feed). Die Einspritzventile sind am hydraulischen Anschluss mit einer Klemm- oder Spannvorrichtung am Kraftstoffverteilerrohr (Fuel Rail) befestigt und mit einem Dichtring (O-Ring) abgedichtet. Halteklemmen sorgen für eine zuverlässige Fixierung. Am Saugrohr sind Öffnungen für die Einspritzventile vorgesehen, in welche diese eingeschoben werden. Die Abdichtung erfolgt durch den unteren Dichtring (O-Ring) am Einspritzventil. Der elektrische Anschluss des Einspritzventils ist mit dem Motorsteuergerät verbunden.

Funktion des Ventils

Bei stromloser Spule drücken die Federkraft und die aus dem Kraftstoffdruck resultierende Kraft die Ventilnadel mit der Ventilkugel in den kegelförmigen Ventilsitz. Hierdurch wird das Kraftstoffversorgungssystem gegen das Saugrohr abgedichtet. Wird die Spule bestromt, entsteht ein Magnetfeld, das den Magnetanker der Ventilnadel anzieht. Die Ventilkugel hebt vom Ventilsitz ab und der Kraftstoff wird eingespritzt. Wird der Erregerstrom abgeschaltet, schließt die Ventilnadel wieder durch die Federkraft.

Kraftstoffaustritt

Die Zerstäubung des Kraftstoffs geschieht mit einer Spritzlochscheibe. Mit den gestanzten Spritzlöchern wird eine hohe Konstanz der eingespritzten Kraftstoffmenge erzielt. Die Spritzlochscheibe ist auch unempfindlich gegenüber Kraftstoffablagerungen. Das Strahlbild des austretenden Kraftstoffs ergibt sich durch die Anordnung und die Anzahl der Spritzlöcher.

Die Kugel im kegelförmigen Ventilsitz gewährleistet eine gute Ventildichtheit. Die eingespritzte Kraftstoffmenge pro Zeiteinheit ist im Wesentlichen durch den Systemdruck im Kraftstoffversorgungssystem, den Gegendruck im Saugrohr und die Geometrie des Kraftstoffaustrittsbereichs bestimmt.

Elektrische Ansteuerung
Ein Endstufenbaustein im Motorsteuergerät steuert das Einspritzventil mit einem Schaltsignal an (Bild 11). Der Strom in der Magnetspule steigt (b) und bewirkt eine Anhebung der Ventilnadel (c). Nach Ablauf der Zeit t_{an} (Anzugszeit) ist der maximale Ventilhub erreicht. Sobald die Ventilkugel aus ihrem Sitz abhebt, wird Kraftstoff eingespritzt. In Bild 11d ist der prinzipielle Verlauf der während eines Einspritzimpulses insgesamt eingespritzten Menge dargestellt. Während der Ventilanzug- und -abfallzeiten treten Nichtlinearitäten auf, die nicht eingezeichnet sind.

Da sich das Magnetfeld nach Abschalten der Ansteuerung nicht schlagartig abbaut, schließt das Ventil verzögert. Nach Ablauf der Zeit t_{ab} (Abfallzeit) ist das Ventil wieder

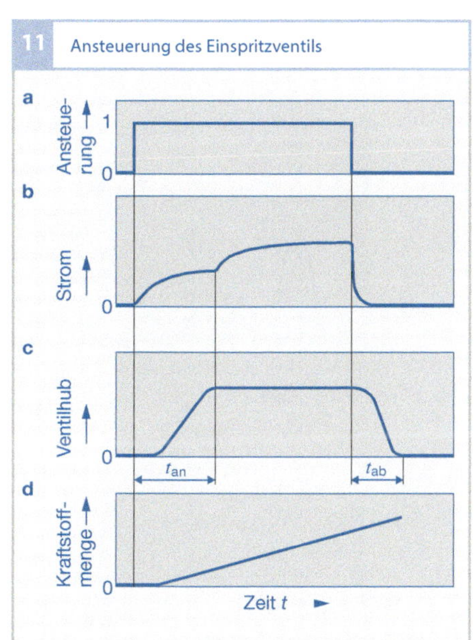

Bild 11
a   Ansteuerungssignal
b   Stromverlauf
c   Ventilhub
d   eingespritzte Kraftstoffmenge
    (prinzipieller Verlauf)
t_{an} Anzugszeit
t_{ab} Abfallzeit

vollständig geschlossen. Bei vollständig geöffnetem Ventil ist die Einspritzmenge proportional zur Zeit. Die Nichtlinearitäten während der Ventilanzugs- und Ventilabfallphase müssen über die Zeitdauer der An-

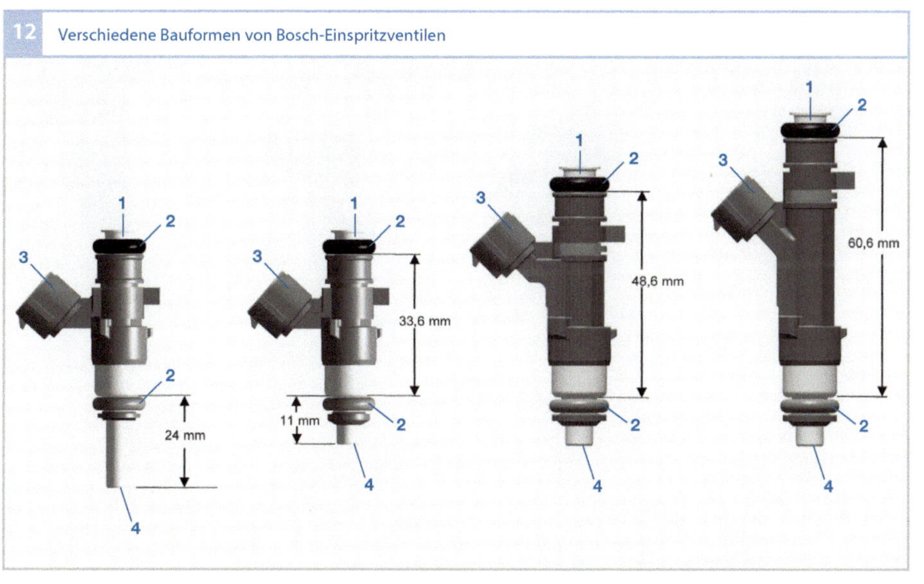

Bild 12
1   hydraulischer Anschluss
2   Dichtring (O-Ring)
3   elektrischer Anschluss
4   Kraftstoffaustritt

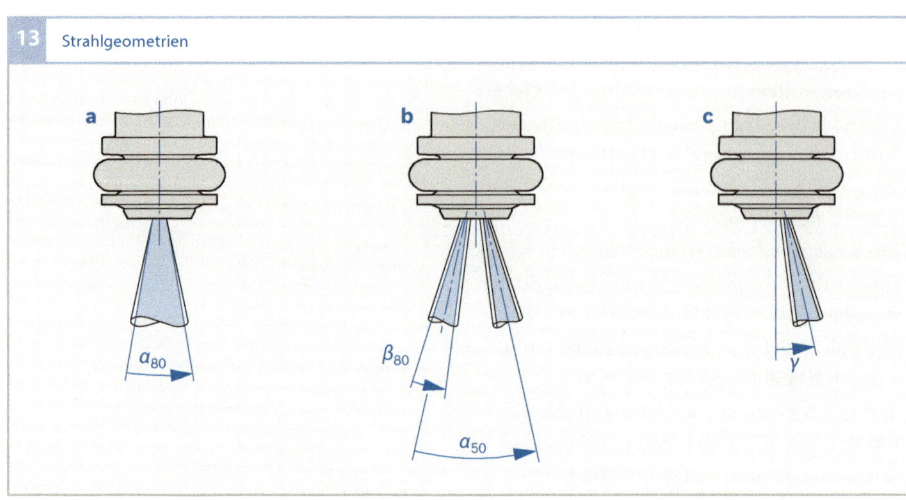

13 Strahlgeometrien

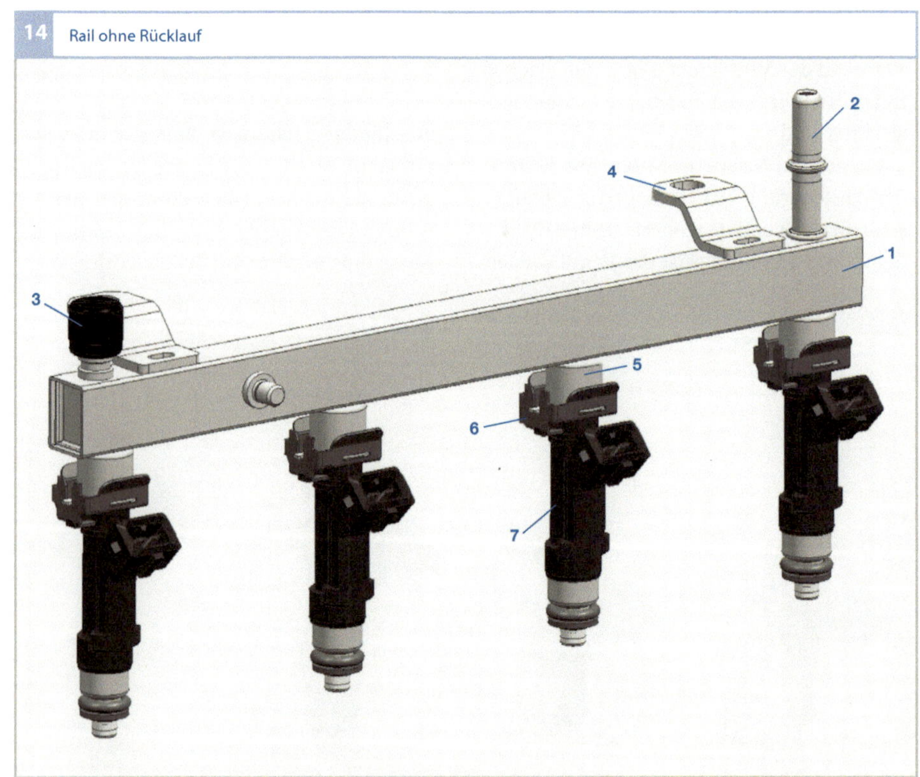

14 Rail ohne Rücklauf

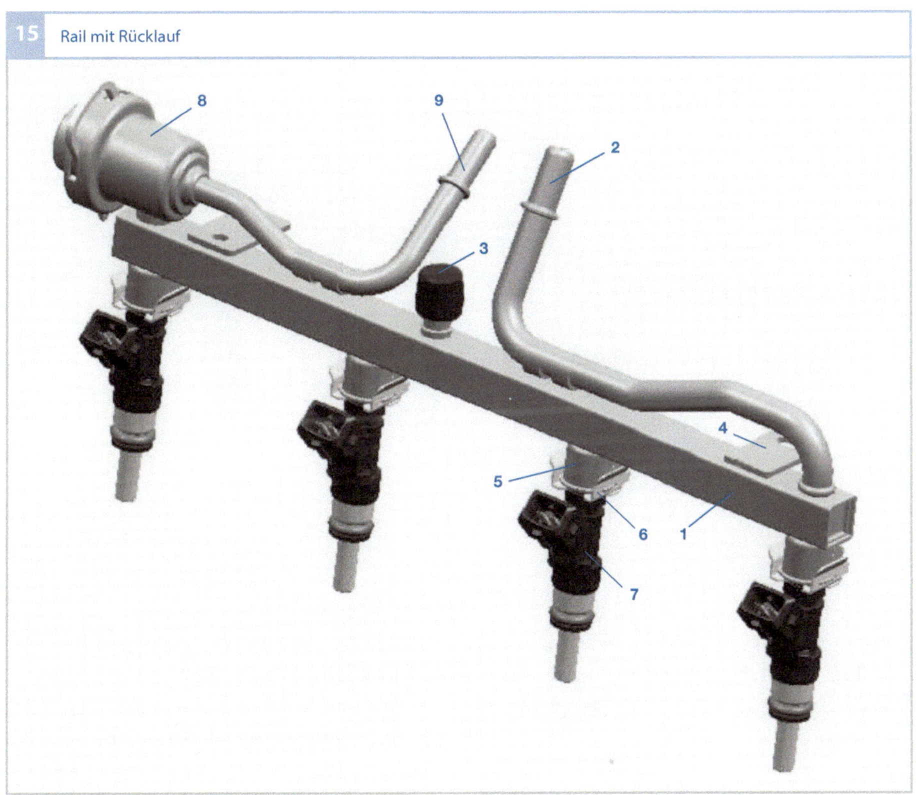

Bild 15
1   Kraftstoffverteiler
    (Rail)
2   Zulaufanschluss
3   Diagnoseventil
4   Rail-Montagehalter
5   Rail-Tasse
6   Montage-Clip
7   Einspritzventil
8   Druckregler
9   Rücklauf zum Tank

steuerung kompensiert werden. Die Geschwindigkeit, mit der die Ventilnadel von ihrem Sitz abhebt, ist zudem von der Batteriespannung abhängig. Eine batteriespannungsabhängige Einspritzzeitverlängerung korrigiert diese Einflüsse.

Einspritzventil
Die Bilder 10 und 12 zeigen Standardeinspritzventile für die aktuellen Einspritzanlagen. Eine geringe Neigung zur Dampfblasenbildung bei heißem Kraftstoff erleichtert den Einsatz rücklauffreier Kraftstoffversorgungssysteme, da dort die Kraftstofftemperatur im Einspritzventil gegenüber Systemen mit Rücklauf höher ist. Zur besseren Zerstäubung des Kraftstoffs werden die in der Regel verwendeten Spritzlochscheiben mit vier Löchern durch Mehrlochscheiben mit bis zu zwölf Spritzlöchern ersetzt. Dies führt zu einer bis zu 35 % reduzierten Tröpfchengröße und verringerten Abgasemissionen.

Strahlaufbereitung
Die Strahlaufbereitung der Einspritzventile, d. h. Strahlform, Strahlwinkel und Tröpfchengröße, beeinflusst die Bildung des Luft-Kraftstoff-Gemischs. Sie ist somit eine sehr wichtige Funktion des Einspritzventils. Individuelle Geometrien von Saugrohr und Zylinderkopf machen unterschiedliche Ausführungen der Strahlaufbereitung erforderlich. Dafür stehen verschiedene Varianten der Strahlaufbereitung zur Verfügung. Die in

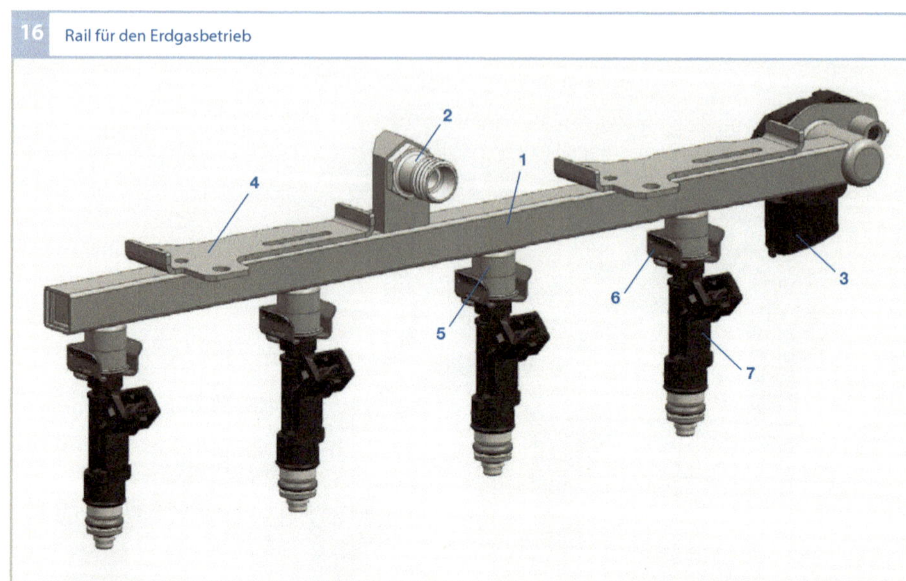

16   Rail für den Erdgasbetrieb

Bild 16
1   Kraftstoffverteiler
2   Zulaufanschluss
3   Gasdrucksensor
4   Rail-Montagehalter
5   Rail-Tasse
6   Montage-Clip
7   Erdgas-Injektor

Bild 13 gezeigten Strahlformen können sowohl als Vierloch- als auch als Mehrloch-Variante mit reduzierter Tröpfchengröße erzeugt werden.

Kegelstrahl (Einstrahl)
Durch die Öffnungen der Spritzlochscheibe treten einzelne Kraftstoffstrahlen aus. Die Summe der Kraftstoffstrahlen bildet einen Strahlkegel, dessen Winkel entsprechend der motorspezifischen Anforderungen variiert werden kann (Bild 13a). Typisches Einsatzgebiet der Kegelstrahlventile sind Motoren mit nur einem Einlassventil pro Zylinder, doch auch bei zwei Einlassventilen pro Zylinder ist der Kegelstrahl geeignet.

Zweistrahl
Die Zweistrahlaufbereitung wird bei Motoren mit zwei Einlassventilen pro Zylinder eingesetzt. Die Öffnungen der Spritzlochscheibe sind derart angeordnet, dass zwei Kraftstoffstrahlen (zwei Kegelstrahlen) – die jeweils aus mehreren Einzelstrahlen zusammengesetzt sein können – aus dem Einspritzventil austreten und vor die Einlassventile oder auf den Trennsteg zwischen den Einlassventilen spritzen (Bild 13b). Der Öffnungswinkel zwischen den beiden Kegelstrahlen kann entsprechend der motorspezifischen Anforderungen variiert werden.

Gekippter Strahl
Dieser Kraftstoffstrahl (Einstrahl und Zweistrahl) ist hier gegenüber der Hauptachse des Einspritzventils um einen bestimmten Winkel, den Strahlrichtungswinkel, gekippt (Bild 13c). Einspritzventile mit dieser Strahlform finden Anwendung bei schwierigen Einbauverhältnissen.

Kraftstoffverteiler

Die Aufgabe des Kraftstoffverteilers (Fuel Rail, Rail) ist, den für die Einspritzung benötigten Kraftstoff zu speichern, Pulsationen zu dämpfen und die Gleichverteilung auf alle Einspritzventile sicherzustellen. Man unterscheidet grundsätzlich durchströmte Rails (Return-System, mit Rücklauf, Bild 15) und nicht durchströmte Rails (Returnless System, ohne Rücklauf, Bild 14). Die Einspritzventile sind direkt am Kraftstoffverteilerrohr montiert. Neben den Einspritzventilen kann bei Systemen mit Rücklauf auch ein Kraftstoffdruckregler und eventuell im Kraftstoffverteilerrohr ein Druckdämpfer integriert werden.

Die gezielte Auslegung von Abmessungen des Kraftstoffverteilerrohrs verhindert örtliche Druckänderungen durch Resonanzen beim Öffnen und Schließen der Einspritzventile. Last- und drehzahlabhängige Unregelmäßigkeiten der Einspritzmengen werden dadurch vermieden. Abhängig von den Anforderungen der verschiedenen Fahrzeugtypen besteht das Kraftstoffverteilerrohr aus Edelstahl oder Kunststoff. Zu Prüfzwecken und zum Druckabbau im Service kann ein Diagnoseventil integriert sein.

Ergänzend zu den Benzin- und Ethanol-Kraftstoffverteilerrohren gibt es auch Kraftstoffverteilerrohre für den Erdgasbetrieb (siehe Bild 16). Hierbei kommen spezielle Gasventile zum Einsatz. Die Druck- und Temperaturüberwachung erfolgt über einen entsprechenden Sensor.

Benzin-Direkteinspritzung

Einleitung

Die Benzin-Direkteinspritzung ermöglicht eine effektive Weiterentwicklung von Ottomotoren hinsichtlich Verbrauch und Abgas, bei der auch die Fahrdynamik und der Fahrkomfort nicht zu kurz kommen muss. Sie ist der Schlüssel für effektives Downsizing von Ottomotoren und ermöglicht Verbrauchseinsparungen bis zu 20 %. Durch die Synergie von Benzin-Direkteinspritzung, Abgasturboaufladung und einer variablen Nockenwellensteuerung können Drehmomente und Motorleistungen realisiert werden, die bislang nur größeren Motorhubräumen und -zylinderzahlen vorbehalten waren.

Für den Fahrer äußert sich dies z. B. im hochdynamischen Ansprechverhalten des Fahrzeugs bei Geschwindigkeitsänderungen, was im heutigen Straßenverkehr einen Komfort- und einen Sicherheitsaspekt darstellt. Überdies lässt die Benzin-Direkteinspitzung eine Gesamtoptimierung des Antriebs zu, um kostengünstige Abgasnachbehandlungskonzepte für künftige Emissionsgrenzen, wie z. B. EU6 in Europa und SULEV in USA, darzustellen.

Übersicht

Die Forderung nach leistungsfähigen Ottomotoren bei gleichzeitig niedrigem Kraftstoffverbrauch und niedrigen Emissionen führte zur Wiederentdeckung der Benzin-Direkteinspritzung. Gegenüber Saugrohr-Einspritzsystemen bietet die Benzin-Direkteinspritzung zusätzliche Freiheitsgrade aufgrund der inneren Gemischbildung. Sie bietet die Grundlage moderner und leistungsfähiger Brennverfahren wie z. B. des Schichtmagerbetriebs oder der homogenen Kompressionszündung (HCCI). Bei Turbomotoren mit stöchiometrischer Verbrennung ergeben sich Vorteile im Drehmoment

im unteren Drehzahlbereich durch eine erhöhte Überschneidung der Ladungswechsel-
ventile und durch die geringere Klopfneigung aufgrund der Verdampfung des Kraftstoffs im Brennraum.

Das Prinzip ist nicht neu. Bereits 1937
kam ein Flugzeugmotor mit einer mechanischen Benzin-Direkteinspritzung zum Einsatz. 1951 wurde ein Zweitakt-Motor mit
einer mechanischen Benzin-Direkteinspritzung erstmals serienmäßig in einem Pkw,
dem Gutbrod, eingebaut. 1954 folgte der
Mercedes 300 SL mit einem Viertakt-Motor
und Direkteinspritzung.

Die Konstruktion eines direkteinspritzenden Motors war für die damalige Zeit sehr
aufwendig. Zudem stellte diese Technik hohe
Anforderungen an die benötigten Werkstoffe. Die Dauerhaltbarkeit des Motors war ein
weiteres Problem. All diese Probleme ver-
hinderten über eine lange Zeit den Durchbruch der Benzin-Direkteinspritzung.

Arbeitsweise

Benzin-Direkteinspritzsysteme sind durch
eine Hochdruckeinspritzung direkt in den
Brennraum gekennzeichnet (Bild 17). Das
Luft-Kraftstoff-Gemisch entsteht wie beim
Dieselmotor innerhalb des Brennraums
(durch innere Gemischbildung). Das Kraftstoffsystem besteht aus Elektrokraftstoffpumpe, Hochdruckpumpe, Rail, Hochdrucksensor und den Einspritzventilen
(Bild 18).

Hochdruckerzeugung

Die Elektrokraftstoffpumpe (Bild 18,
Pos. 10) fördert den Kraftstoff mit dem Vorförderdruck von 3...5 bar zur Hochdruckpumpe (11). Diese erzeugt abhängig vom
Betriebspunkt (gefordertes Drehmoment
und Drehzahl) den Systemdruck. Der unter
Hochdruck stehende Kraftstoff gelangt in
das Rail (12) und wird dort gespeichert. Der
Kraftstoffdruck wird mit dem Hochdrucksensor (13) gemessen und über das in der

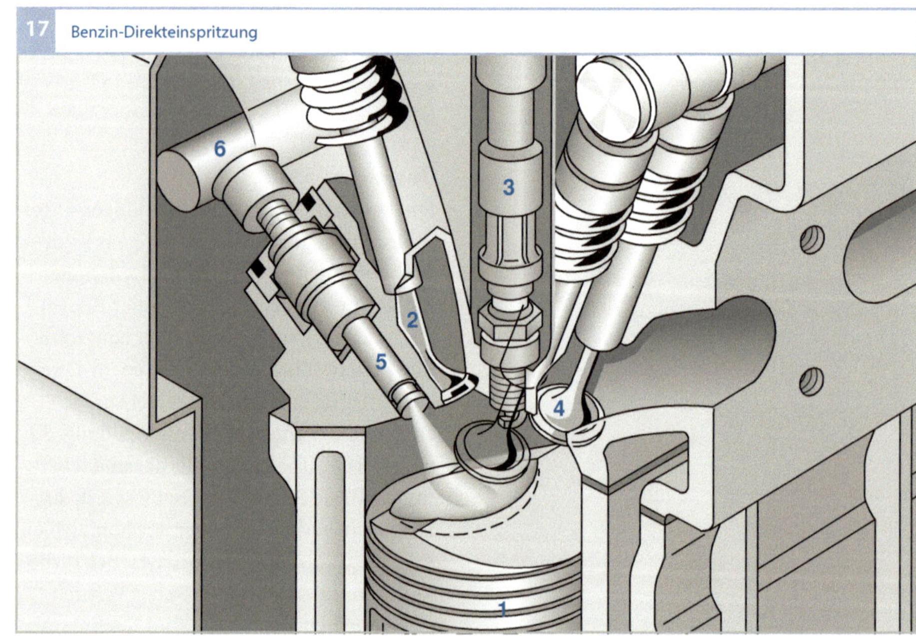

17   Benzin-Direkteinspritzung

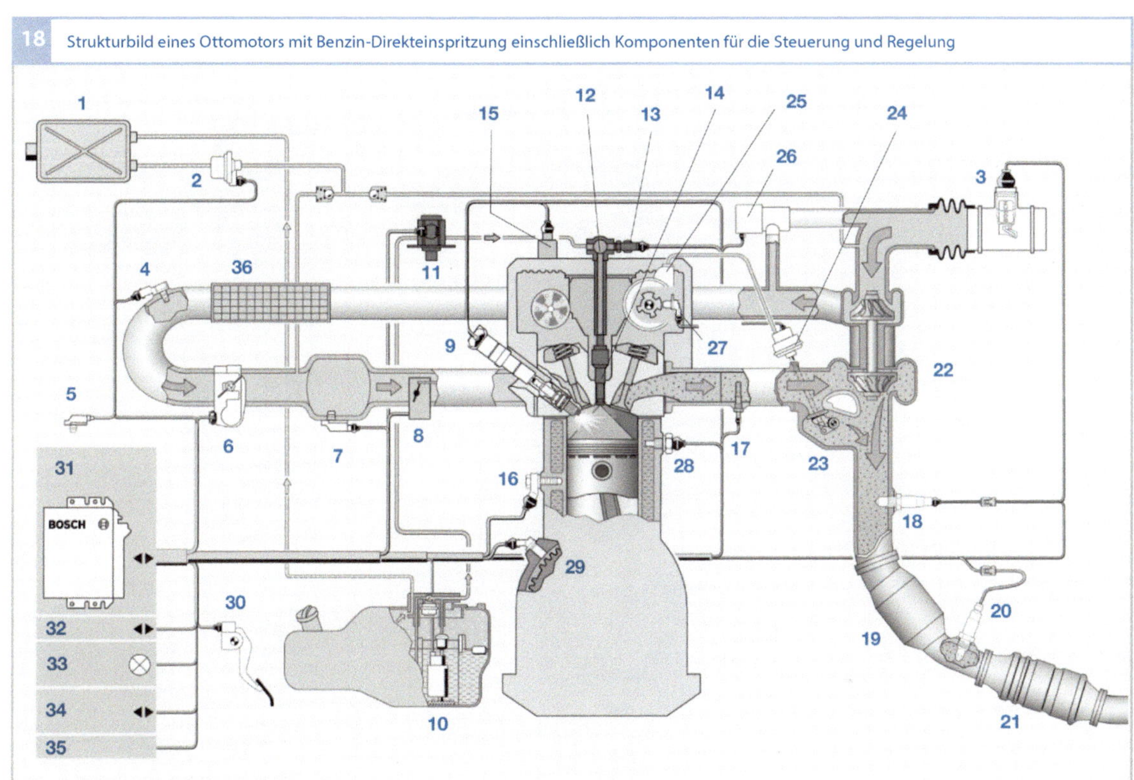

Hochdruckpumpe integrierte Mengensteuerventil auf Werte zwischen 50 und 200 bar eingestellt. Am Rail, auch als „Common Rail" bezeichnet, sind die Hochdruck-Einspritzventile (14) angeordnet. Sie werden vom Motorsteuergerät angesteuert und spritzen den Kraftstoff in den Brennraum des Zylinders ein. Die Komponenten der Bosch-Benzin-Direkteinspritzung sind aus Edelstahl gefertigt und somit robust im Einsatz mit unterschiedlichen Kraftstoffen. Die Medienverträglichkeit besteht für alle gängigen Kraftstoffe, E85 (85 % Ethanol und 15 % Benzin) und M15 (15 % Methanol und 85 % Benzin). Weitere Kraftstoffe können in Abstimmung mit dem Fahrzeughersteller freigegeben werden.

Bild 18

1 Aktivkohlebehälter
2 Tankentlüftungsventil
3 Heißfilm-Luftmassenmesser
4 kombinierter Ladedruck- und Ansauglufttemperatursensor
5 Umgebungsdrucksensor
6 Drosselvorrichtung (EGAS)
7 Saugrohrdrucksensor
8 Ladungsbewegungsklappe
9 Zündspule mit Zündkerze
10 Kraftstofffördermodul mit Elektrokraftstoffpumpe
11 Hochdruckpumpe
12 Kraftstoff-Verteilerrohr
13 Hochdrucksensor
14 Hochdruck-Einspritzventil
15 Nockenwellenversteller
16 Klopfsensor
17 Abgastemperatursensor
18 λ-Sonde

19 Vorkatalysator
20 λ-Sonde
21 Hauptkatalysator
22 Abgasturbolader
23 Waste-Gate
24 Waste-Gate-Steller
25 Vakuumpumpe
26 Schub-Umluftventil
27 Nockenwellenphasensensor
28 Motortemperatursensor
29 Drehzahlsensor
30 Fahrpedalmodul
31 Motorsteuergerät
32 CAN-Schnittstelle
33 Motorkontrollleuchte
34 Diagnoseschnittstelle
35 Schnittstelle zur Wegfahrsperre
36 Ladeluftkühler

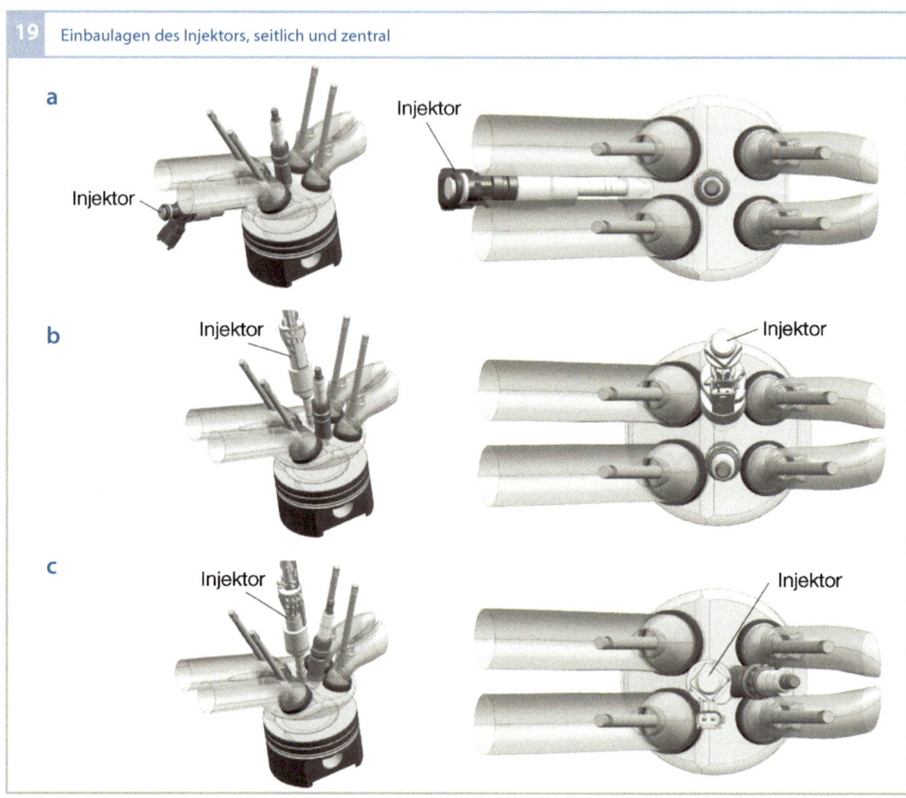

Bild 19
a   seitlicher Einbau
b   zentral longitudinal
c   zentral transversal

Brennverfahren und Betriebsarten

Brennverfahren

Als Brennverfahren wird die Art und Weise bezeichnet, wie das Gemisch im Brennraum gebildet und die Energie durch die Verbrennung freigesetzt wird. Hierbei werden die Abläufe durch viele Parameter beeinflusst. Wesentliche Parameter sind die Geometrie des Brennraums, die Brennraumströmung und die Ausrichtung des Kraftstoffsprays, aber auch die steuerbaren Größen wie der Einspritz- und der Zündungszeitpunkt. Die Optimierung all dieser Parameter ist die Grundvoraussetzung für ein robust ablaufendes Brennverfahren mit rascher und vollständiger Verbrennung und geringen Emissionen.

Die Kraftstoffverteilung im Brennraum wird stark durch die Einbaulage des Ein-

spritzventils beeinflusst. Heute haben sich bei den üblichen Vierventilmotoren die beiden Einbaulagen seitlich und zentral etabliert. Bei seitlicher Einbaulage wird der Injektor unterhalb des Einlasskanals positioniert (Bild 19a) . Der Kraftstoff wird zwischen den Einlassventilen in den Brennraum eingespritzt. Ein wesentlicher Vorteil dieser Einbaulage ist die relativ einfache Anpassung eines Zylinderkopfes einer bestehenden Saugrohreinspritzung, was den Umstieg auf die Direkteinspritzung für die Motorenhersteller deutlich erleichtert.

Bei zentraler Einbaulage haben sich in Serienmotoren zwei Positionierungsmöglichkeiten durchgesetzt, der longitudinale und der transversale Einbau (Bild 19b, c). Beim longitudinalen Einbau liegen Zündkerze und Injektor im Zylinderdach zwischen den Ein-

und Auslassventilen. Dadurch kann eine bessere Zylinderkopfkühlung erreicht werden. Es bleibt auch ein größerer Freiraum für die Einlass- und Auslasskanäle. Bei der transversalen Einbaulage liegt der Injektor zwischen den Einlassventilen, die Zündkerze zwischen den Auslassventilen. Bei dieser Positionierung bleibt die Injektorspitze vergleichsweise kühl. Die Robustheit gegen Ablagerungen an der Injektorspitze wird dadurch verbessert. Die zentrale Einbaulage erlaubt zudem, das volle Potential der Verbrauchsreduzierung durch Kraftstoffschichtung zu nutzen. Heutige Schichtbrennverfahren verwenden hierzu die transversale Einbaulage.

Ein Brennverfahren besteht oft aus mehreren verschiedenen Betriebsarten, auf die betriebspunktabhängig umgeschaltet wird. Prinzipiell teilen sich die Brennverfahren in zwei Klassen auf: in Homogen- und Schichtbrennverfahren.

Homogenbrennverfahren
Beim Homogenbrennverfahren wird in der Regel im gesamten Motorkennfeld ein im Mittel stöchiometrisches Gemisch im Brennraum gebildet (Bild 20). Das bedeutet, dass immer eine Luftzahl von $\lambda = 1$ vorliegt. Damit wird wie bei der Saugrohreinspritzung die Abgasnachbehandlung durch einen Drei-Wege-Katalysator ermöglicht. Dieses Brennverfahren wird in Verbindung mit einer Aufladung häufig beim Downsizing (Reduzierung des Hubraums bei gleichzeitiger Effizienzsteigerung) angewandt, um den Kraftstoffverbrauch zu senken.

Das Homogenbrennverfahren wird immer im Homogenmodus betrieben, allerdings kann es auch hier Sonderbetriebsarten geben, die motorindividuell unterschiedlich zu bestimmten Einsatzzwecken genutzt werden.

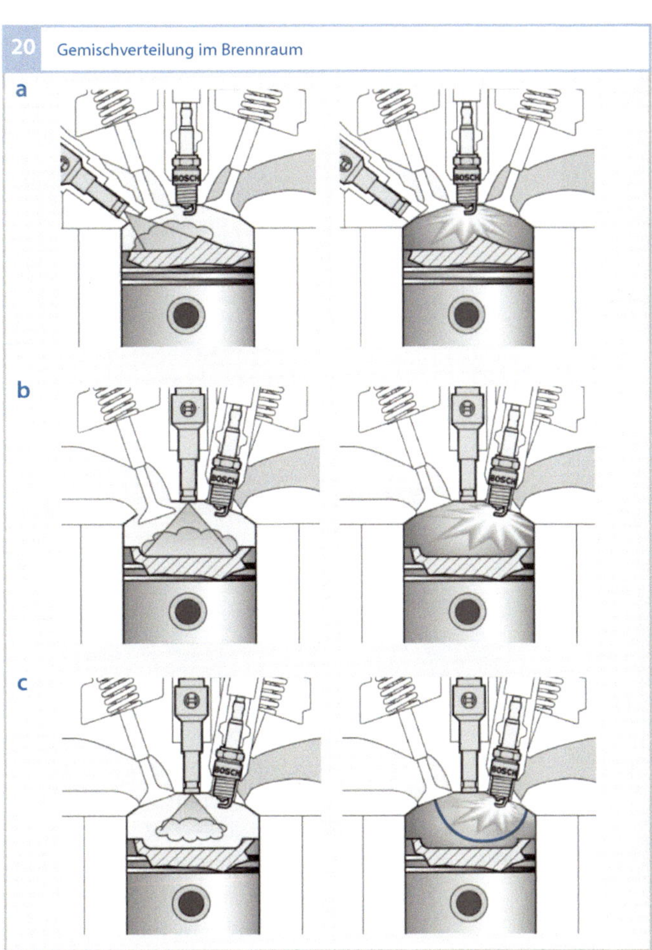

20   Gemischverteilung im Brennraum

Schichtbrennverfahren
Beim Schichtbrennverfahren wird in einem bestimmten Kennfeldbereich (kleine Last, kleine Drehzahl) der Kraftstoff erst im Verdichtungstakt in den Brennraum eingespritzt und ggf. als Schichtwolke zur Zündkerze transportiert (Bild 20 c). Die Wolke ist dabei im idealen Fall von reiner Frischluft umgeben. Somit ist nur in der lokalen Wolke ein zündfähiges Gemisch vorhanden. Gemittelt über den gesamten Brennraum liegt eine Luftzahl $\lambda > 1$ vor. Dadurch kann in größeren Bereichen ungedrosselt gefahren werden, was aufgrund der reduzierten Ladungswech-

Bild 20
a seitliche Einbaulage des Einspritzventils: homogene Gemischbildung und Verbrennung
b zentrale Einbaulage des Einspritzventils: homogene Gemischbildung und Verbrennung
c zentrale Einbaulage des Einspritzventils: geschichtete Gemischbildung und Verbrennung, die blaue Linie markiert die Gemischwolke

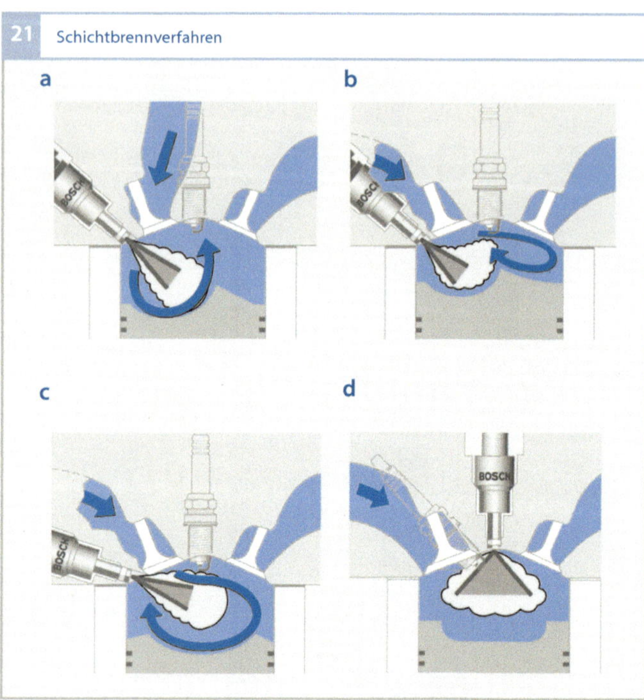

selverluste und der wegen der erhöhten Verdünnung reduzierten mittleren Gastemperatur, und damit günstigen Stoffwerten der Zylinderladung im Brennraum, zu einer Erhöhung des Wirkungsgrads führt. Das Schichtbrennverfahren ist ein mageres Verbrauchskonzept mit hohen Potentialen für den Ottomotor.

Heute wird in Neufahrzeugen aufgrund der hohen Kosten für das Abgassystem nur noch das Schichtkonzept mit dem größten Verbrauchspotential, das strahlgeführte Brennverfahren, eingesetzt.

Wand- und luftgeführtes Brennverfahren
Beim wand- und luftgeführten Brennverfahren sitzt der Injektor in seitlicher Einbaulage (Bild 21a-c). Der Gemischtransport erfolgt über die Kolbenmulde, die (im Falle der Wandführung) entweder direkt mit dem Kraftstoff interagiert oder die Luftströmung im Brennraum so führt, dass (im Falle der Luftführung) der Kraftstoff auf einem Luftpolster zur Zündkerze geleitet wird. Reale geschichtete Brennverfahren mit seitlichem Injektoreinbau vereinen meist beides, abhängig vom Einbauwinkel der Injektoren, der eingespritzten Kraftstoffmenge und der Ladungsbewegung im Brennraum. Wand- und luftgeführte Schichtbrennverfahren werden seit ca. 2005 aus Kosten-Nutzen-Gründen in Serienmotoren nicht mehr umgesetzt.

Strahlgeführtes Brennverfahren
Das strahlgeführte Brennverfahren verwendet die zentrale Einbaulage. Die Zündkerze ist injektornah im Brennraumdach eingebaut (Bild 21d). Der Vorteil dieser Anordnung ist die Möglichkeit der direkten Strahlführung des Kraftstoffstrahls zur Zündkerze ohne Umwege über Kolben oder Luftströmungen. Nachteilig ist allerdings die kurze Zeit, die zur Gemischaufbereitung zur Verfügung steht. Strahlgeführte Schichtbrennverfahren benötigen daher einen Kraftstoffdruck von ca. 200 bar und eine hohe Gemischgüte. Dies wird beim Injektor für strahlgeführte Brennverfahren durch eine außenöffnende Düse mit Lamellenzerfall erreicht.

Das strahlgeführte Brennverfahren erfordert eine exakte Positionierung von Zündkerze und Einspritzventil sowie eine präzise Strahlausrichtung, um das Gemisch zum richtigen Zeitpunkt entzünden zu können. Die Wärmewechselbelastung der Zündkerze ist dabei sehr hoch, da die heiße Zündkerze unter Umständen vom relativ kalten Einspritzstrahl direkt benetzt wird. Bei guter Auslegung des Systems weist das strahlgeführte Brennverfahren einen höheren Wirkungsgrad auf als die anderen geschichteten Brennverfahren, sodass hier gegenüber dem Schichtbetrieb mit wand- und luftgeführten Brennverfahren eine noch höhere Verbrauchsersparnis erreicht werden kann.

Außerhalb des Schichtbetriebbereichs wird auch beim Schichtbrennverfahren der Motor im Homogenmodus betrieben.

Betriebsarten

Im Folgenden sollen die unterschiedlichen Betriebsarten, die bei der Benzin-Direkteinspritzung eingesetzt werden, aufgeführt werden. Je nach Betriebspunkt des Motors wird die geeignete Betriebsart von der Motorsteuerung eingestellt (Bild 22).

Homogen

Im Homogenmodus wird die eingespritzte Kraftstoffmenge genau im stöchiometrischen Verhältnis ($\lambda = 1$), z. B. bei Super-Benzin 14,7:1, der Frischluft zugemessen. Dabei wird der Kraftstoff im Ansaughub eingespritzt, damit genügend Zeit verbleibt, um das gesamte Gemisch zu homogenisieren. Zum Bauteilschutz des Katalysators oder zur Leistungssteigerung an der Volllast wird in Teilen des Betriebskennfelds auch mit leichtem Kraftstoffüberschuss gefahren ($\lambda < 1$). Die Betriebsart „Homogen" ist bei einer hohen Drehmomentanforderung notwendig, da sie den gesamten Brennraum ausnutzt. Wegen des stöchiometrisch vorliegenden Luft-Kraftstoff-Gemischs ist in dieser Betriebsart auch die Rohemission von Schadstoffen niedrig, die zudem vom Drei-Wege-Katalysator vollständig konvertiert werden kann. Beim Homogenbetrieb entspricht die Verbrennung weitgehend der Verbrennung bei der Saugrohreinspritzung.

Schichtbetrieb

Beim Schichtbetrieb wird der Kraftstoff erst im Verdichtungstakt eingespritzt. Der Kraftstoff soll dabei nur mit einem Teil der Luft aufbereitet werden. Es entsteht eine Schichtwolke, die idealerweise von reiner Frischluft umgeben ist. Das Einspritzende ist im Schichtbetrieb sehr wichtig. Die Schicht-

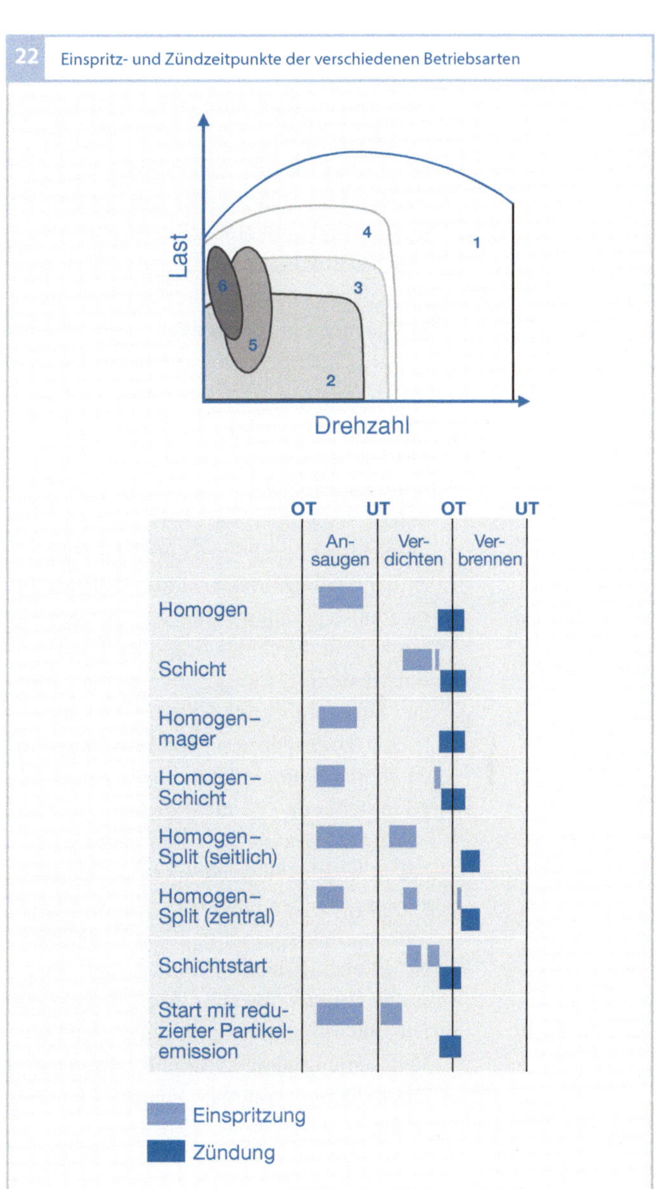

Bild 22
1 Homogen
2 Schichtbetrieb
3 Homogen-Mager
4 Homogen-Schicht
5 Homogen-Split (zum Katalysator-Heizen)
6 Schichtstart und Start mit reduzierter Partikelemission

wolke muss zum Zündzeitpunkt nicht nur ausreichend homogenisiert, sondern auch an der Zündkerze positioniert sein. Da im Schichtbetrieb nur lokal ein stöchiometrisches Gemisch vorliegt, ist das Gemisch durch die umhüllende Frischluft im Mittel mager. Hierbei ist eine aufwendigere Abgasnachbehandlung notwendig, da der Dreiwegekatalysator im Magerbetrieb keine NO_x-Emissionen reduzieren kann.

Der Schichtbetrieb kann nur in vorgegebenen Grenzen betrieben werden, da sich zu höheren Lasten die Ruß- oder die NO_x-Emissionen deutlich erhöhen und der Verbrauchsvorteil gegenüber dem Homogenbetrieb schwindet. Bei kleineren Lasten ist der Schichtbetrieb durch niedrige Abgasenthalpien begrenzt, weil die Abgastemperaturen so gering werden, dass der Katalysator allein durch das Abgas nicht auf Betriebstemperatur gehalten werden kann. Der Drehzahlbereich ist beim Schichtbetrieb bis ungefähr $n = 3500$ min^{-1} begrenzt, da oberhalb dieser Schwelle die zur Verfügung stehende Zeit nicht mehr ausreicht, um die Schichtwolke zu homogenisieren.

Die Schichtwolke magert in der Randzone zur umgebenden Luft ab. Bei der Verbrennung entstehen daher in dieser Zone erhöhte NO_x-Rohemissionen. Abhilfe schafft bei dieser Betriebsart eine hohe Abgasrückführrate. Die rückgeführten Abgase reduzieren die Verbrennungstemperatur und senken dadurch die temperaturabhängigen NO_x-Emissionen.

Homogen-Mager
In einem Übergangsbereich zwischen Schicht- und Homogenbetrieb kann der Motor mit Schichtbrennverfahren mit homogenem mageren Gemisch betrieben werden ($\lambda > 1$). Im Homogen-Mager-Betrieb ist der Kraftstoffverbrauch gegenüber dem Homogenbetrieb mit $\lambda = 1$ geringer, da die La-

dungswechselverluste durch die Entdrosselung geringer werden. Zu beachten sind aber die erhöhten NO_x-Emissionen, da der Dreiwegekatalysator in diesem Bereich diese Emissionen nicht reduzieren kann. Zusätzliche NO_x-Emissionen bedeuten wiederum Wirkungsgradverluste durch die Regenerierungsphasen eines hier notwendigen NO_x-Speicherkatalysators.

Homogen-Schicht
Im Homogen-Schicht-Betrieb ist der gesamte Brennraum mit einem homogen-mageren Grundgemisch gefüllt. Dieses Gemisch entsteht durch Einspritzung einer Grundmenge an Kraftstoff in den Ansaugtakt. Eine zweite Einspritzung erfolgt im Kompressionstakt. Dadurch entsteht eine fettere Zone im Bereich der Zündkerze. Diese Schichtladung ist leichter entflammbar und kann mit der Flamme – ähnlich einer Fackelzündung – das homogen-magere Gemisch im übrigen Brennraum sicher entzünden.

Der Aufteilungsfaktor zwischen den beiden Einspritzungen beträgt ungefähr 75 %. Das bedeutet, 75 % des Kraftstoffs werden bei der ersten Einspritzung, die für das homogene Grundgemisch sorgt, eingespritzt. Ein stationärer Homogen-Schicht-Betrieb bei niedrigen Drehzahlen im Übergangsbereich zwischen Schicht- und Homogenbetrieb reduziert die Rußemission gegenüber dem Schichtbetrieb und verringert den Kraftstoffverbrauch gegenüber dem Homogenbetrieb.

Homogen-Split
Der Homogen-Split-Modus ist eine spezielle Anwendung der Homogen-Schicht-Doppeleinspritzung. Er wird bei allen Motoren mit Benzindirekteinspritzung zum raschen Aufheizen des Katalysators nach dem Kaltstart eingesetzt. Durch die stabilisierend wirkende zweite Einspritzung im frühen Kompressi-

onstakt bei seitlicher Einbaulage oder direkt vor der Zündung bei zentraler Einbaulage kann die Zündung extrem spät (bei einem Kurbelwinkel von 15 ... 30 ° nach ZOT) erfolgen. Ein großer Anteil der Verbrennungsenergie wird dann nicht mehr in eine Drehmomentensteigerung eingehen, sondern erhöht die Abgasenthalpie. Durch diesen hohen Abgaswärmestrom ist der Katalysator schon wenige Sekunden nach dem Start einsatzbereit.

Schichtstart
Beim Schichtstart wird die Starteinspritzmenge im Kompressionshub und unter erhöhtem Kraftstoffdruck eingespritzt, anstatt konventionell im Ansaughub bei Vordruck eingespritzt zu werden. Der Vorteil dieser Einspritzstrategie beruht darauf, dass in bereits komprimierte und damit erwärmte Luft eingespritzt wird. Dadurch verdunstet prozentual mehr Kraftstoff als bei kalten Umgebungsbedingungen, bei denen sonst ein deutlich größerer Anteil des eingespritzten Kraftstoffs als flüssiger Wandfilm im Brennraum verbleibt und nicht an der Verbrennung teilnimmt. Die einzuspritzende Kraftstoffmenge kann daher beim Schicht-Start deutlich verringert werden. Dies führt zu stark reduzierten HC-Emissionen beim Start. Da zum Startzeitpunkt der Katalysator noch nicht wirken kann, ist dies eine wichtige Betriebsart für die Entwicklung von Niedrigemissionskonzepten. Zusätzlich bewirkt diese Schichteinspritzung eine deutlich stabilere Startverbrennung, was wiederum die Startrobustheit erhöht. Um eine Aufbereitung in der kurzen, zur Verfügung stehenden Zeit zu ermöglichen, wird der Schichtstart mit einem Kraftstoffdruck von ca. 50 bar durchgeführt. Dieser Druck kann von der Hochdruckpumpe bereits durch die Umdrehungen des Starters zur Verfügung gestellt werden.

Start mit reduzierter Partikelemission
Aufgrund der erhöhten Anforderungen der EU6-Emissionsgesetze zur Senkung der Partikelemission werden heute im Start Einspritzstrategien mit reduzierter Partikelemission verwendet. So wird meist eine Mehrfacheinspritzung mit einer Ersteinspritzung in der Saugphase angewandt. Ein zweiter Anteil wird in die frühe Kompressionsphase eingespritzt, wodurch sehr inhomogene Schichtwolken vermieden werden. Partikel werden nur in lokalen Gemischbereichen erzeugt, in denen eine Luftzahl $\lambda < 0,5$ besteht.

Gemischbildung, Zündung und Entflammung
Aufgabe der Gemischbildung ist die Bereitstellung eines möglichst homogenen, brennfähigen Luft-Kraftstoff-Gemischs zum Zeitpunkt der Zündung.

Anforderungen
In der Betriebsart Homogen (Homogen mit $\lambda \leq 1$ und auch Homogen-Mager mit $\lambda > 1$) soll das Gemisch im gesamten Brennraum homogen sein. Im Schichtbetrieb hingegen ist das Gemisch nur innerhalb eines räumlich begrenzten Bereichs teilweise homogen, während sich im restlichen Brennraum Frischluft oder Inertgas befindet. Homogen kann eine Gas-Mischung oder eine Gas-Kraftstoffdampf-Mischung nur dann sein, wenn der gesamte Kraftstoff verdunstet ist. Einfluss auf die Verdunstung haben viele Faktoren, vor allem
- die Temperatur im Brennraum,
- die Brennraumströmung,
- die Tropfengröße des Kraftstoffs,
- die Zeit, die zur Verdunstung zur Verfügung steht.

Einflussgrößen

Brennfähig ist ein Gemisch mit Ottokraftstoff mit λ im Bereich von 0,6 bis 1,6; abhängig von Temperatur, Druck und Brennraumgeometrie des Motors.

Temperatureinfluss

Die Temperatur beeinflusst maßgeblich die Verdunstung des Kraftstoffs. Bei tieferen Temperaturen verdunstet er nicht vollständig. Deshalb muss unter diesen Bedingungen mehr Kraftstoff eingespritzt werden, um ein brennfähiges Gemisch zu erhalten.

Druckeinfluss

Die Tropfengröße des eingespritzten Kraftstoffs ist abhängig vom Einspritzdruck und vom Druck im Brennraum. Mit steigendem Einspritzdruck können kleinere Tropfengrößen erzielt werden, die schneller verdunsten.

Geometrieeinfluss

Bei gleichem Brennraumdruck und steigendem Einspritzdruck erhöht sich die Eindringtiefe, d. h. die Weglänge, die der einzelne Tropfen zurücklegt, bis er vollständig verdunstet ist. Ist dieser zurückgelegte Weg länger als der Abstand vom Einspritzventil zur Brennraumwand, wird die Zylinderwand oder der Kolben benetzt. Verdunstet der so entstehende Wandfilm nicht rechtzeitig bis zur Zündung, nimmt er nicht oder nur unvollständig an der Verbrennung teil und erzeugt HC- und Partikelemissionen. Wandfilme sind bei homogenen Brennverfahren die Hauptquelle der Partikelemissionen. Die Geometrie des Motors (bezüglich Einlasskanal und Brennraum) ist auch verantwortlich für die Luftströmung und die Turbulenz im Brennraum, die wesentliche Faktoren für den Einfluss auf die Brenngeschwindigkeit sind.

Gemischbildung und Verbrennung im Homogenbetrieb

Um eine lange Zeit für die Gemischbildung zu erhalten, sollte der Kraftstoff frühzeitig eingespritzt werden. Deshalb wird im Homogenbetrieb bereits im Ansaugtakt eingespritzt und mithilfe der einströmenden Luft eine schnelle Verdunstung des Kraftstoffs und eine gute Homogenisierung des Gemischs erreicht (Bild 23a). Die Aufbereitung wird vor allem durch hohe Strömungsgeschwindigkeiten und deren aerodynamische Kräfte im Bereich des öffnenden und schließenden Einlassventils unterstützt. Bei aufgeladenen Motoren wird eine starke Tumbleströmung verwendet, die zum einen das fein aufbereitete Kraftstoffspray von der Wand fernhält, und zum anderen durch die starke Durchmischung des Kraftstoffgemisches die Verdunstung und Homogenisierung fördert. Zusätzlich erzeugt zum Zeitpunkt der Entflammung der Zerfall der Tumbleströmung in Turbulenz einen raschen Durchbrand. Die Zündungs- und Entflammungsbedingungen homogener Gemische bei der Benzin-Direkteinspritzung entsprechen weitgehend denen bei der Saugrohreinspritzung.

Gemischbildung und Verbrennung im Schichtbetrieb

Für den Schichtbetrieb ist die Ausbildung der brennfähigen Gemischwolke, die sich zum Zündzeitpunkt im Bereich der Zündkerze befindet, entscheidend. Dazu wird beim strahlgeführten Brennverfahren der Kraftstoff während der Verdichtungsphase so eingespritzt, dass eine kompakte Gemischwolke entsteht (Bild 23b). Diese wird durch den Sprayimpuls zur Zündkerze getragen. Der Einspritzzeitpunkt ist von der Drehzahl und vom geforderten Drehmoment abhängig. Bei höheren Lasten im Schichtbetrieb wird auch eine Mehrfacheinspritzung zur Homogenisierung der Gemischwolke eingesetzt. Die dadurch in die Gemischwolke zusätzlich eingetragene Luft ermöglicht auch eine Anpassung der Luftzahl im Gemisch auf stöchiometrische Verhältnisse.

Für eine robuste Entflammung ist das exakte Zusammenspiel zwischen Einspritzende und Zündung wichtig. Während der Einspritzung des Gemischs ist die Strömungsgeschwindigkeit der an der Zündkerze vorbeifliegenden Gemischwolke, aber auch die Kühlung des verdunstenden Kraftstoffes zu hoch für eine Entflammung (Bild 24a). Erst zum Abschluss der Einspritzung bestehen für eine sehr kurze Zeit ideale Bedingungen. In der danach folgenden Schleppe aus Brennraumluft magert das Gemisch rasch ab. In diese Schicht am Ende der Einspritzung wird der Zündfunke eingesaugt und bildet einen Flammkern aus. Dieser folgt der sich ausbreitenden Gemischwolke und brennt sie rasch ab. Damit ist der Zeitpunkt des Verbrennungsbeginns, und somit auch die Schwerpunktlage der Verbrennung, fest an das Spritzende gebunden. Der ausgebildete Zündfunke steht dagegen wesentlich länger zur Verfügung. Dieser Mechanismus der Entflammung unterscheidet sich deutlich von dem der homogenen Verbrennung, und muss auch im Motormanagement bei der Regelung der Einspritzparameter berücksichtigt werden.

Entscheidend für eine sichere Zündung und Entflammung sind unter anderem:
- die Qualität der Gemischaufbereitung,
- eine genaue Mengendosierung auch bei kleinen Einspritzmengen (Mehrfacheinspritzung),
- eine möglichst große Zündfunkenbrenndauer,
- die richtige Zuordnung von Funkenort und Kraftstoffspray,
- eine relativ genaue Einhaltung des Abstandes vom Spray zum Zündort,

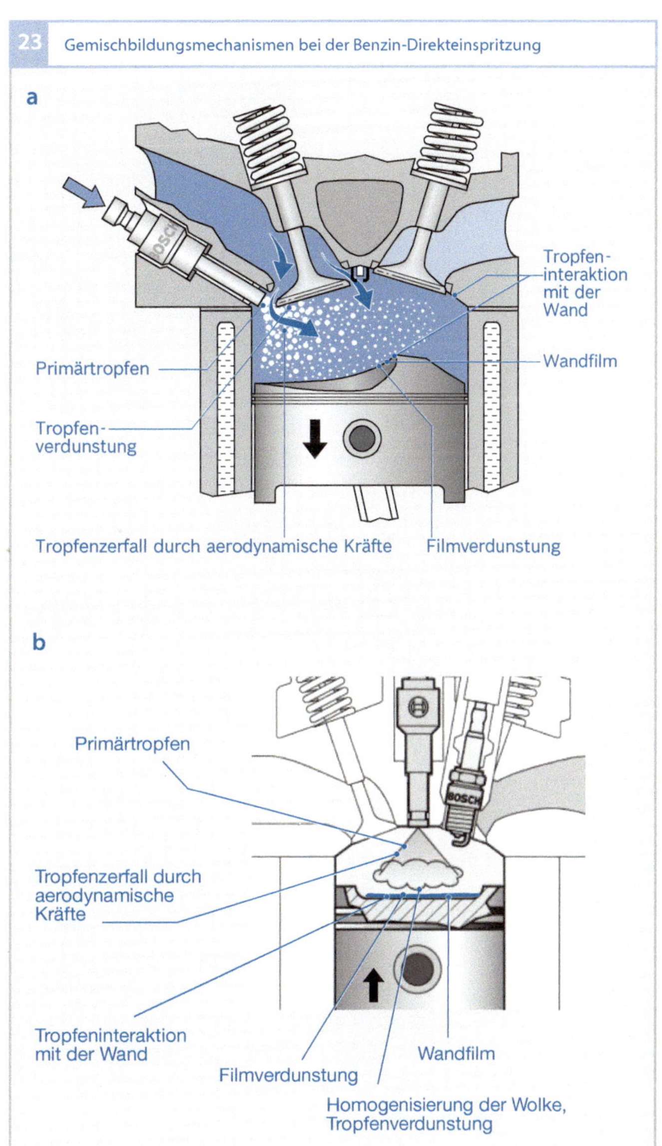

Bild 23
a   Homogenbetrieb
b   Schichtbetrieb

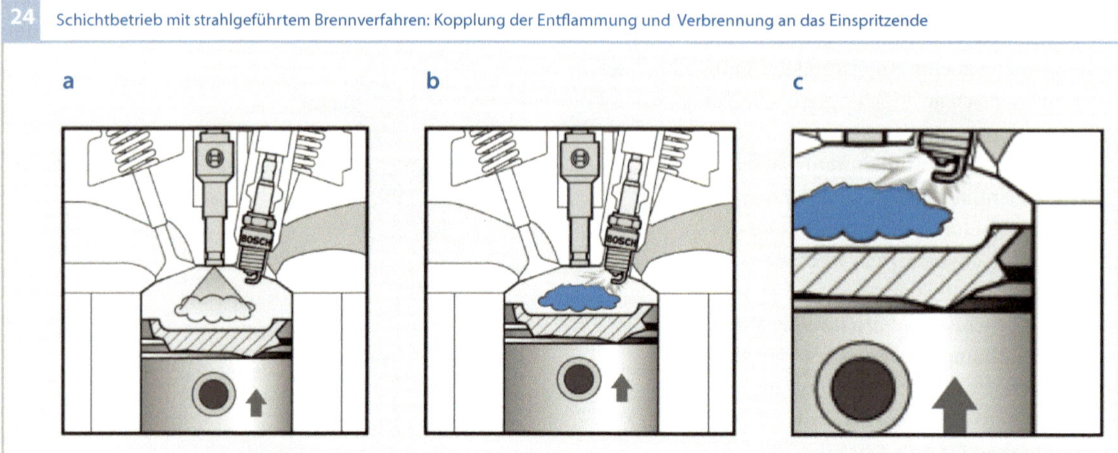

- Unveränderlichkeit des Sprays gegenüber dem Brennraumdruck,
- konstante Sprayform über die gesamte Lebensdauer des Motors.

Hochdruck-Einspritzventil

Aufgabe

Aufgabe des Hochdruck-Einspritzventils (HDEV) ist es einerseits, den Kraftstoff zu dosieren und andererseits durch dessen Zerstäubung eine gezielte Durchmischung von Kraftstoff und Luft in einem bestimmten räumlichen Bereich des Brennraums zu erzielen. Abhängig vom gewünschten Betriebszustand wird der Kraftstoff im Bereich um die Zündkerze konzentriert (geschichtet) oder gleichmäßig im gesamten Brennraum zerstäubt (homogen verteilt).

Anforderungen

Spray

Für einen robusten und sauberen Verbrennungsprozess ist ein stabiles Spray erforderlich. Sprayeigenschaften, wie z. B. Spraywinkel, Sprayneigung oder Eindringtiefe sind hierbei die wesentlichen Kriterien (Bild 25). Um die Interaktion des Sprays mit der Brennraumwand oder dem Kolbenboden zu minimieren, wird die Eindringtiefe des Sprays motorspezifisch angepasst. Durch Anpassung von Kraftstoffdruck, Spritzlochanordnung und -design wird ein Optimum zwischen Zerstäubung und Eindringtiefe erzielt. Eine zusätzliche Möglichkeit zur Anpassung der Sprayausbreitung ergibt sich, indem die erforderliche Kraftstoffmenge auf mehrere Einspritzvorgänge aufgeteilt wird.

Dynamik

Neben dem Spray ist vor allem die Schaltdynamik des Hochdruck-Einspritzventiles von großer Bedeutung. Wesentlicher Unterschied der Benzin-Direkteinspritzung im Vergleich zur Saugrohreinspritzung ist ein höherer Kraftstoffdruck und eine deutlich kürzere Zeit für die Einspritzung des Kraftstoffs direkt in den Brennraum (Bild 26). Bei der Saugrohreinspritzung kann über den Zeitraum von zwei Kurbelwellenumdrehungen der Kraftstoff in das Saugrohr eingespritzt werden. Das entspricht bei einer Drehzahl von 6 000 min^{-1} einer Einspritzdauer von 20 ms. Für den Homogenbetrieb bei der Direkteinspritzung muss der Kraftstoff im Ansaugtakt eingespritzt werden. Somit steht nur eine halbe Kurbelwellenumdre-

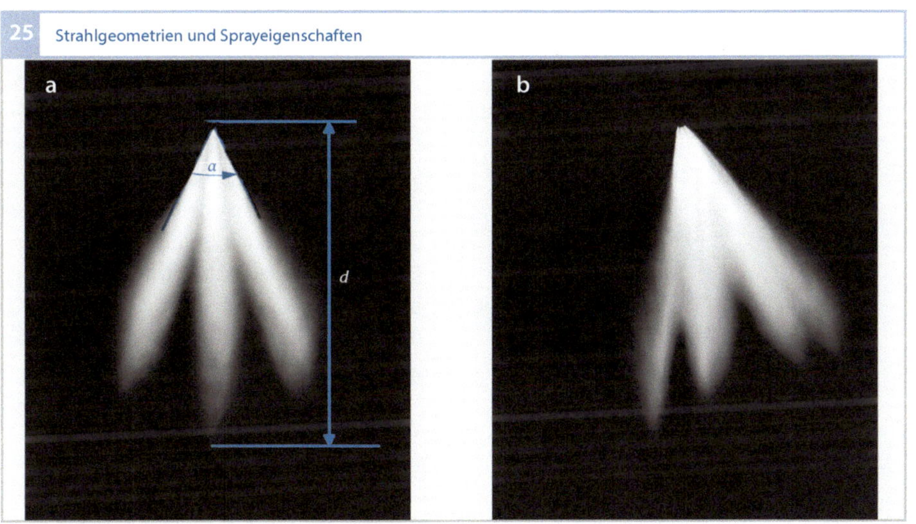

25 Strahlgeometrien und Sprayeigenschaften

Bild 25
a zur Erläuterung von
   Spraywinkel *a* und
   Eindringtiefe *d*
b geneigtes Spray

hung für den Einspritzvorgang zur Verfügung. Bei 6 000 min^{-1} entspricht das einer Einspritzdauer von 5 ms. Bei der Benzin-Direkteinspritzung ist der Kraftstoffbedarf im Leerlauf (im Verhältnis zur Volllast) sehr viel geringer als bei der Saugrohreinspritzung (Faktor 1:12). Im Falle der Mehrfacheinspritzung wird die Einspritzzeit pro Teileinspritzung nochmals reduziert, was zu einer weiteren Anforderung an die Dynamik führt.

Einbau

Aus dem Brennverfahren und aus den räumlichen Gegebenheiten ergeben sich weitere, im Wesentlichen geometrische Anforderungen an das Hochdruck-Einspritzventil. Im Falle des seitlichen Einbaus (Bild 27) ist eine möglichst kleine Bauhöhe und ein schlankes Design erforderlich. Um die elektrische und hydraulische Kontaktierung realisieren zu können, wird für den zentralen Einbau (Bild 28) das Hochdruck-Einspritzventil entsprechend verlängert.

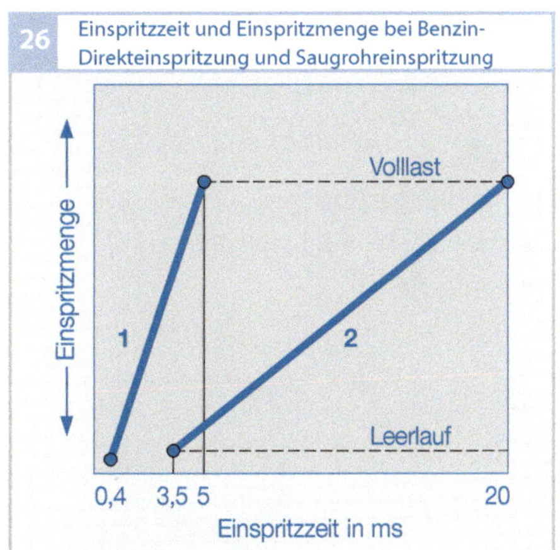

26 Einspritzzeit und Einspritzmenge bei Benzin-Direkteinspritzung und Saugrohreinspritzung

Bild 26
1 Direkteinspritzung
2 Saugrohr-
   einspritzung

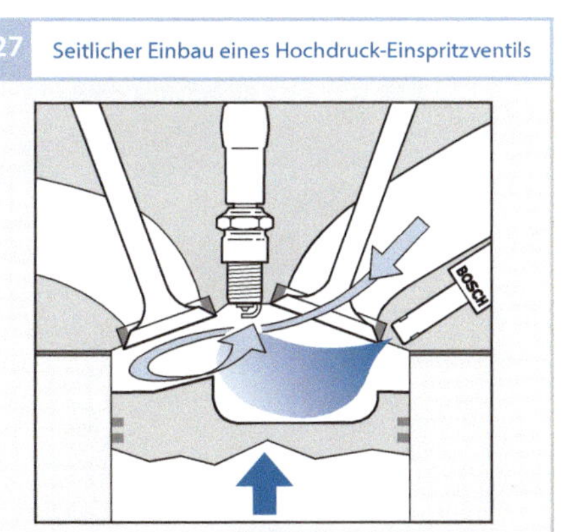

27 Seitlicher Einbau eines Hochdruck-Einspritzventils

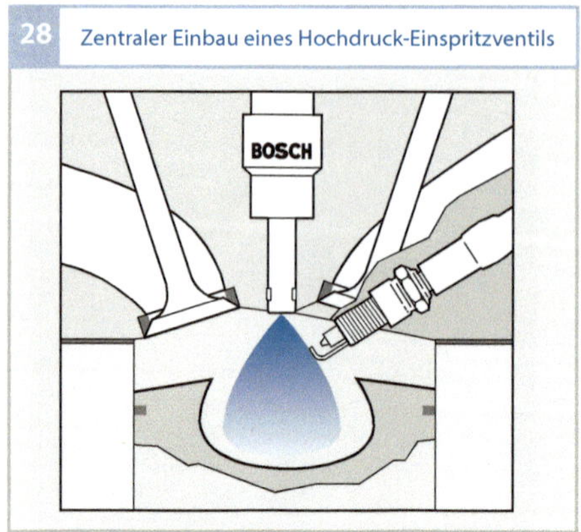

28 Zentraler Einbau eines Hochdruck-Einspritzventils

Magnetinjektoren

Aufbau und Arbeitsweise

Das Hochdruck-Einspritzventil (**Bilder 29** und **30**) besteht aus den Komponenten:

- Zulauf mit Filter (1),
- elektrischer Anschluss (2),
- Feder (3),
- Spule (4),
- Ventilhülse (5),
- Düsennadel mit Magnetanker (6),
- Ventilsitz (7).

Bild 30 zeigt den Aufbau im Falle einer zentralen Einbaulage.

Bei stromdurchflossener Spule wird ein Magnetfeld erzeugt. Dadurch hebt die Ventilnadel gegen die Federkraft vom Ventilsitz ab und gibt die Ventilauslassbohrungen (8) frei. Aufgrund des Systemdrucks wird nun der Kraftstoff in den Brennraum gedrückt. Die eingespritzte Kraftstoffmenge ist dabei im Wesentlichen von der Öffnungsdauer des Ventils und dem Kraftstoffdruck abhängig. Bei Abschalten des Stroms wird die Ventilnadel aufgrund der Federkraft in den Ventilsitz gepresst und unterbricht den Kraftstofffluss. Durch eine geeignete Düsengeometrie an der Ventilspitze wird eine sehr gute Zerstäubung des Kraftstoffs erreicht.

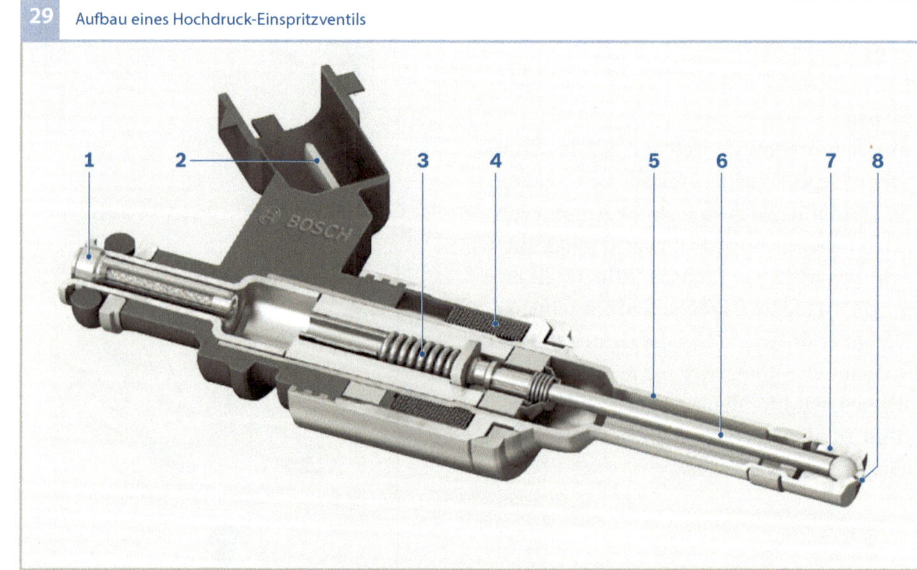

29 Aufbau eines Hochdruck-Einspritzventils

Bild 29
1 Kraftstoffzulauf mit Filter
2 elektrischer Anschluss
3 Feder
4 Spule
5 Ventilhülse
6 Düsennadel mit Magnetanker
7 Ventilsitz
8 Ventilauslassbohrungen

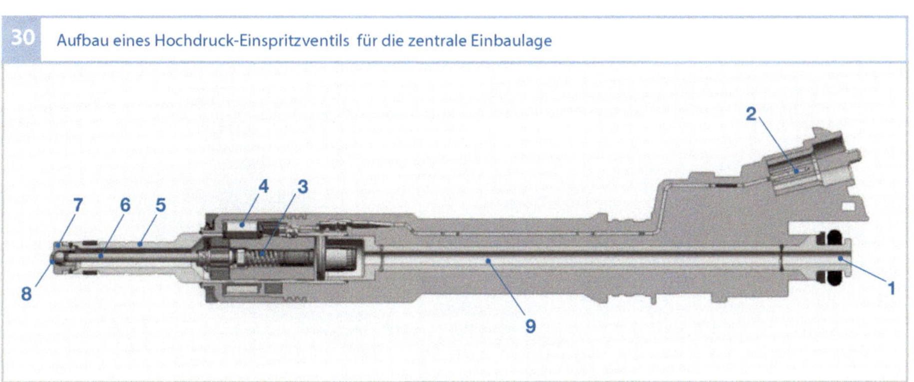

Bild 30
1 Kraftstoffzulauf mit Filter
2 elektrischer Anschluss
3 Feder
4 Spule
5 Ventilhülse
6 Düsennadel mit Magnetanker
7 Ventilsitz
8 Ventilauslass-bohrungen
9 Rohr

Ansteuerung des Einspritzventils

Um einen definierten und reproduzierbaren Einspritzvorgang zu gewährleisten, muss das Hochdruck-Einspritzventil mit einem komplexen Stromverlauf angesteuert werden (Bild 31). Der Mikrocontroller im Motorsteuergerät liefert ein digitales Ansteuersignal (a). Aus diesem Signal erzeugt ein Endstufenbaustein (ASIC) das Ansteuersignal (b) für das Einspritzventil. Ein DC/DC-Wandler im Motorsteuergerät erzeugt die Boosterspannung von 65 V. Sie wird benötigt, um den Strom in der Boosterphase möglichst rasch auf einen hohen Stromwert zu bringen. Das ist erforderlich, um die Einspritzventilnadel möglichst schnell zu beschleunigen. In der Anzugsphase (t_{an}) erreicht die Ventilnadel anschließend den maximalen Öffnungshub (c). Bei geöffnetem Einspritzventil reicht ein geringer Ansteuerstrom I_H (Haltestrom) aus, um das Ventil offen zu halten. Bei konstantem Ventilnadelhub ergibt sich eine zur Einspritzdauer proportionale Einspritzmenge (d).

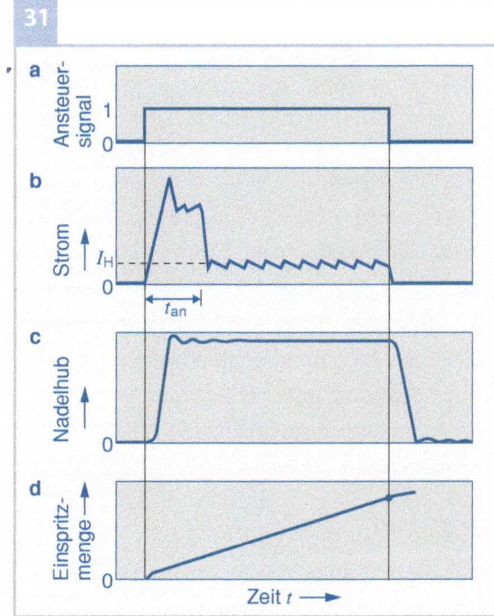

Bild 31
a Ansteuersignal
b Stromverlauf
c Nadelhub
d eingespritzte Kraftstoffmenge

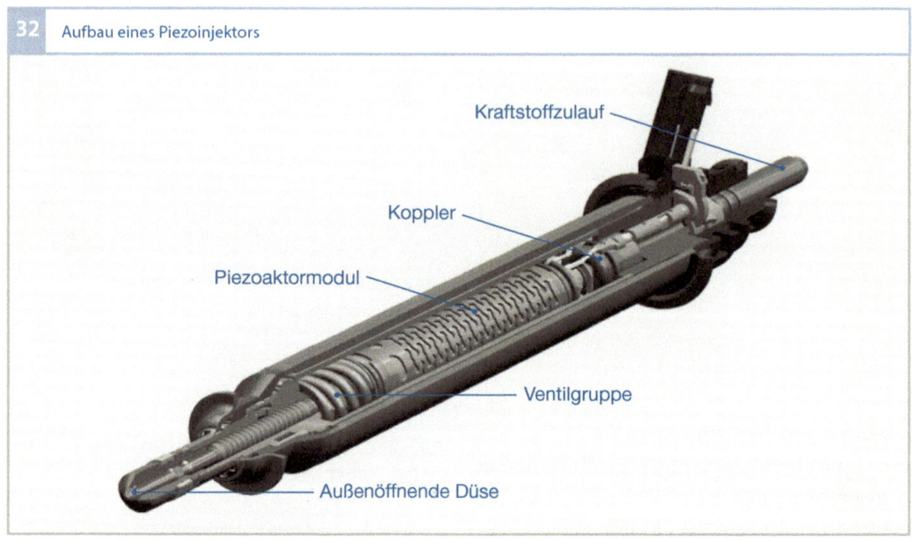

Piezoinjektoren

Piezoinjektoren zeichnen sich durch extrem
kurze Schaltzeiten und durch einen variabel
einstellbaren Nadelhub aus. Damit lassen
sich eine exakte Kraftstoffdosierung, insbesondere auch von kleinsten Mengen, sowie
eine besonders gute Strahlzerstäubung realisieren. Haupteinsatzgebiet eines solchen
Ventils ist der magerbetriebene Ottomotor.

Aufbau
Das Piezo-Einspritzventil (**Bild 32**) besteht
aus drei Funktionsgruppen:
- Ventilgruppe,
- Piezo-Aktormodul,
- hydraulisches Kompensationselement.

Die Ventilgruppe besteht im Wesentlichen
aus der mit einer Feder vorgespannte Ventilnadel und dem Ventilkörper. Die Nadel wird
direkt über Betätigung des Piezo-Stacks be-
wegt. Der Öffnungs- und Schließvorgang
erfolgt verzögerungsfrei. Die Nadel öffnet
nach außen und gibt einen ringförmigen
Spalt frei. Durch diesen tritt der Kraftstoff
als dünner Film mit hoher Geschwindigkeit
aus.

Das Piezo-Aktormodul ist das Stellele-
ment. Der Piezostack besteht aus vielen pie-
zokeramischen und elektrisch kontaktierten
Schichten und ist durch eine umgebende Feder auf Druck vorgespannt. Weder im ausge-
lenkten noch im Ruhezustand darf der Aktor
Zugspannungen erfahren.

Das Kompensationselement, auch Koppler
genannt, ist als geschlossener hydraulischer
Kompensator ausgeführt. Er sorgt für einen
Längenausgleich zwischen Ventilgehäuse
und Piezostack, der sich durch Tempera-
tureinfluss bei unterschiedlichen Ausdeh-
nungen einstellt. Damit ist unter allen Betriebsbedingungen, selbst in extremen
Temperaturbereichen, ein konstanter Nadelhub und damit eine konstante Einspritzmenge sichergestellt. Selbst bei längeren
Einspritzzeiten hat der Koppler eine ausreichende Steifigkeit, um keinen Hubverlust zu
verursachen.

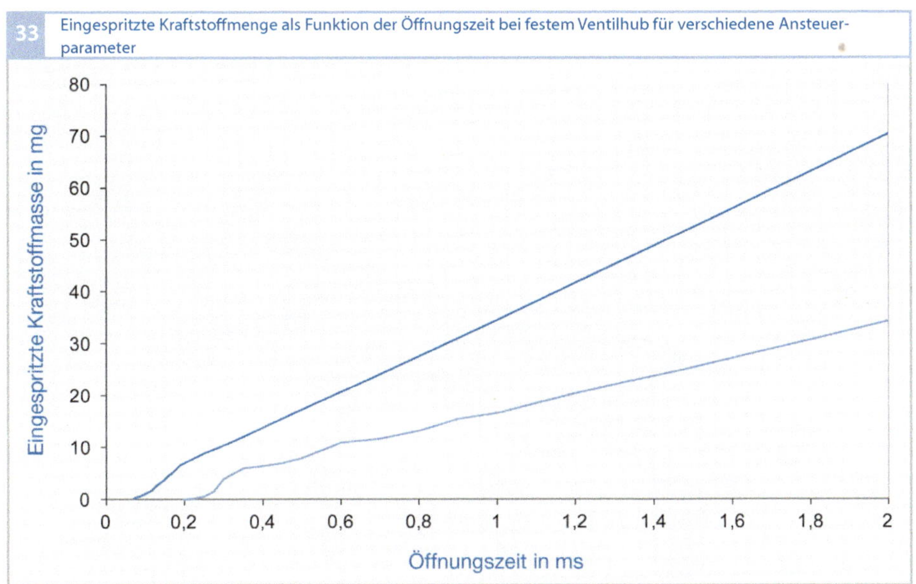

Funktion und Ansteuerung

Zur Betätigung des Piezoinjektors wird der
Stack definiert elektrisch geladen. Damit öff-
net das Ventil mit einer rampenförmigen
Hubkurve und mit einer Schaltzeit kleiner
als 0,2 ms. Umgekehrt erfolgt das Schließen
des Ventils durch Entladung des Stacks. Die
Schaltzeiten sind variabel. Durch die direkte
Betätigung der Ventilnadel sind eine hohe
Genauigkeit und Reproduzierbarkeit des
Hubes von Zyklus zu Zyklus möglich, und
damit eine exakte Dosierung der Einspritzmenge (Bild 33). Es lassen sich sowohl Einspritzstrategien im Teilhub- als auch im
Vollhubbetrieb darstellen; auch als Kombination mit bis zu fünf Mehrfacheinspritzun-
gen pro Arbeitstakt.

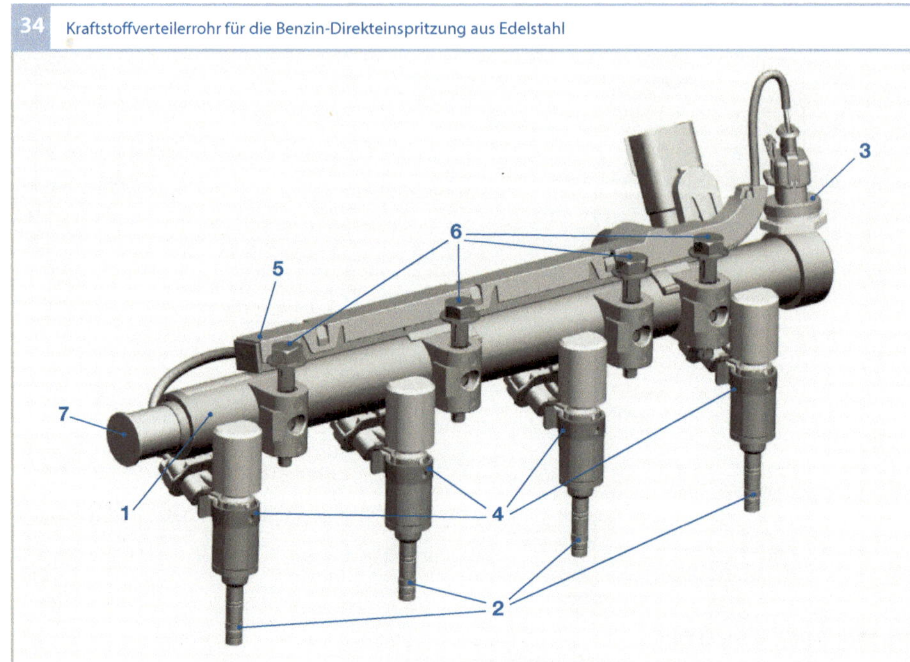

Bild 34
Systemdruck 30 MPa,
Berstdruck über 90 MPa,
Speichervolumen
50...140 cm³
1   Kraftstoffverteiler-
    rohr
2   Einspritzventil
3   Drucksensor
4   Befestigung
5   Kabelbaum
6   Schraube
7   Schutzkappe

Kraftstoffverteilerrohr

Das Kraftstoffverteilerrohr (Bild 34), auch
als Rail bezeichnet, hat die Aufgabe, die für
den jeweiligen Betriebspunkt erforderliche
Kraftstoffmenge zu speichern und zu verteilen. Die Speicherung hängt von dem Volumen und der Kompressibilität des Kraftstoffs
ab und muss für den jeweiligen Motorbedarf
und Druckbereich angepasst werden. Das
Volumen des Kraftstoffverteilerrohrs sorgt
außerdem für eine Dämpfung im Hochdruckbereich, d. h., Druckschwankungen im
Hochdruckbereich werden ausgeglichen.
Am Rail sind die Anbaukomponenten für
das Einspritzsystem montiert: die Hoch-
druckeinspritzventile (HDEV) und der
Drucksensor zur Regelung des Hochdruckes.

Hochdruckpumpen für die Benzin-Direkteinspritzung

Aufgabe und Anforderungen

Die Hochdruckpumpe (HDP) hat die Aufgabe, den von der Elektrokraftstoffpumpe
(EKP) mit einem Vordruck von 0,3...0,5 MPa
gelieferten Kraftstoff auf das für die Hochdruckeinspritzung erforderliche Niveau von
5...20 MPa zu verdichten. Aktuelle Ausführungen sind grundsätzlich bedarfsgesteuerte
Pumpen.

Aufbau und Arbeitsweise

Bild 35 zeigt eine in Öl laufende nockenge-
triebene Einzylinderpumpe mit integriertem
niederdruckseitigen Mengensteuerventil
(Zumesseinheit), hochdruckseitiger Druck-
begrenzung und integriertem Druckdämpfer. Sie ist als Steckpumpe am Zylinderkopf
befestigt. Der Antriebsnocken der Hochdruckpumpe sitzt auf der Motornockenwelle

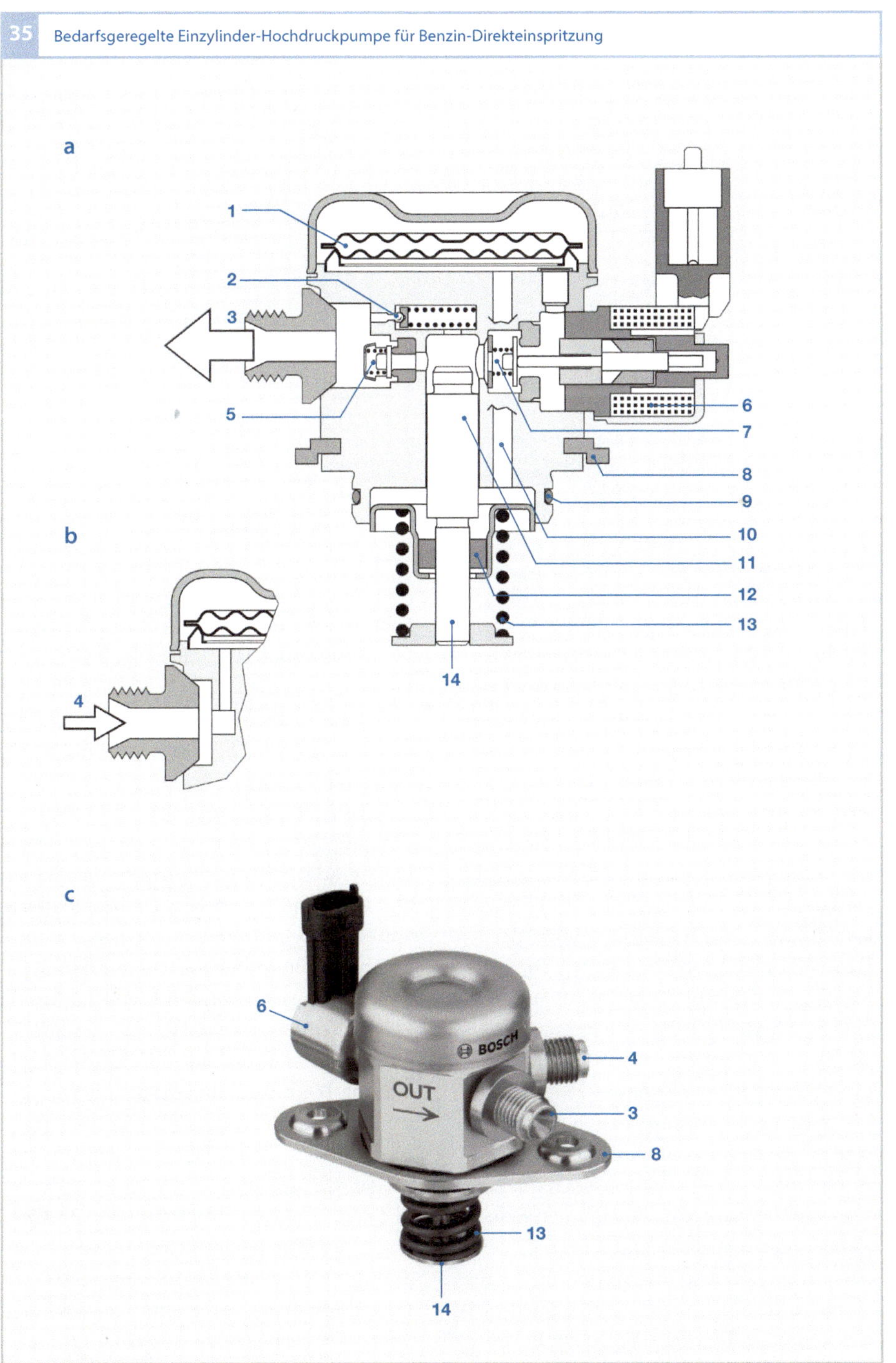

Bild 35
a Ansicht mit Hochdruckanschluss
b Detailansicht mit Niederdruckanschluss (auf gleicher Ebene winkelversetzt zum Hochdruckanschluss
c Außenansicht

1 variabler Druckdämpfer
2 Druckbegrenzungsventil
3 Hochdruckanschluss
4 Niederdruckanschluss
5 Auslassventil
6 Spule
7 Mengensteuerventil
8 Befestigungsflansch
9 Dichtring
10 Kanal zum Förderkolben (Funktion der Druckdämpfung)
11 Förderkolben
12 Kolbendichtung
13 Kolbenfeder
14 mechanischer Antrieb

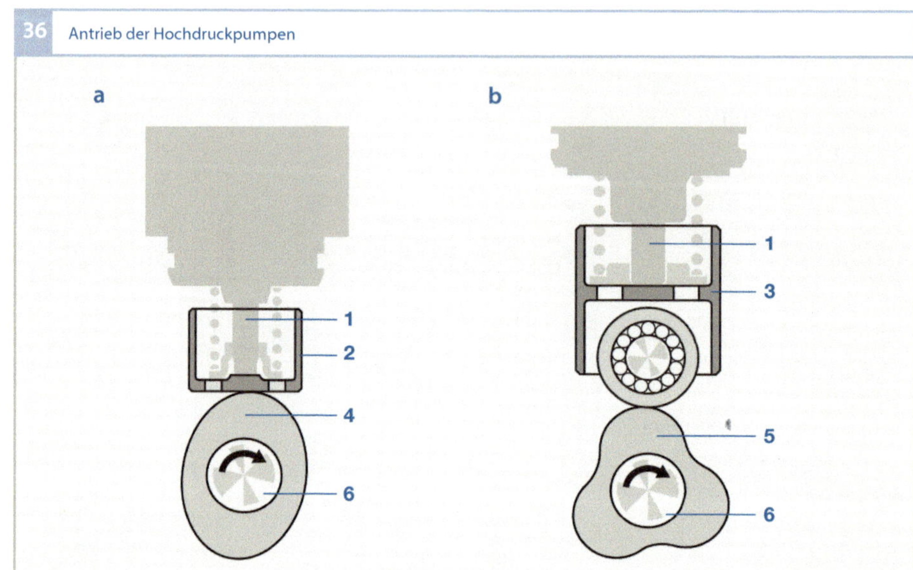

Bild 36
a Antrieb über Tassen-
   stößel
b Antrieb über Rollen-
   stößel

1 Pumpenkolben
2 Tassenstößel
3 Rollenstößel
4 Zweifachnocken
5 Dreifachnocken
6 Antriebswelle

und bestimmt über die Anzahl der Nocken-
erhebungen die Fördermenge der Pumpe.

Zur Übertragung der Hubkurve des Nockens auf den Förderkolben der Hochdruckpumpe werden bei einem Zweifach-Nocken
ein Tassenstößel und beim Drei- und Vierfach-Nocken ein Rollenstößel (Bild 36) eingesetzt. Bei der Drehung der Nockenwelle
fährt der Stößel die Kontur des Nockens ab,
woraus sich die Hubbewegung des Förder-
kolbens ergibt. Im Förderhub nimmt der
Stößel die anstehenden Kräfte wie Druck-,
Massen-, Feder- und Kontaktkraft auf.

Mit dem Vierfach-Nocken ist eine zeitliche Synchronisierung von Förderung und
Einspritzung beim 4-Zylinder-Motor möglich, d. h., bei jeder Einspritzung gibt es auch
eine Förderung. Damit wird zum einen die
Anregung des Hochdruckkreises reduziert,
zum anderen kann das Railvolumen reduziert werden. Um sicherzustellen, dass bei
maximalem Kraftstoffbedarf des Motors der
Systemdruck noch ausreichend schnell variiert werden kann, wird die maximale Fördermenge auf den Maximalbedarf ausgelegt.

Faktoren, die das Förderverhalten beeinflussen (z. B. Heißbenzin, Alterung der Pumpe,
Dynamik), werden dabei berücksichtigt.

Der Liefergrad der Hochdruckpumpe ergibt sich aus dem Verhältnis von tatsächlich
gelieferter Kraftstoffmenge zu theoretisch
möglicher Menge. Diese ist vom Kolben-
durchmesser und vom Hub abhängig. Der
Liefergrad ist über der Drehzahl nicht konstant und hängt im unteren Drehzahlbereich
von Kolben- und anderen Leckagen sowie
im oberen Drehzahlbereich von Trägheit
und Öffnungsdruck des Ein- und Auslassventils ab. Im gesamten Drehzahlbereich
wirkt sich das Totvolumen des Förderraums
und die Temperaturabhängigkeit der Kraft-
stoffkompressibilität aus.

Niederdruckdämpfer
Mit dem variablen Druckdämpfer (Bild 35,
Pos. 1) werden die durch die Hochdruckpumpe im Niederdruckkreis angeregten
Druckpulsationen gedämpft und auch bei
hohen Drehzahlen eine gute Füllung garantiert. Der Druckdämpfer nimmt über die

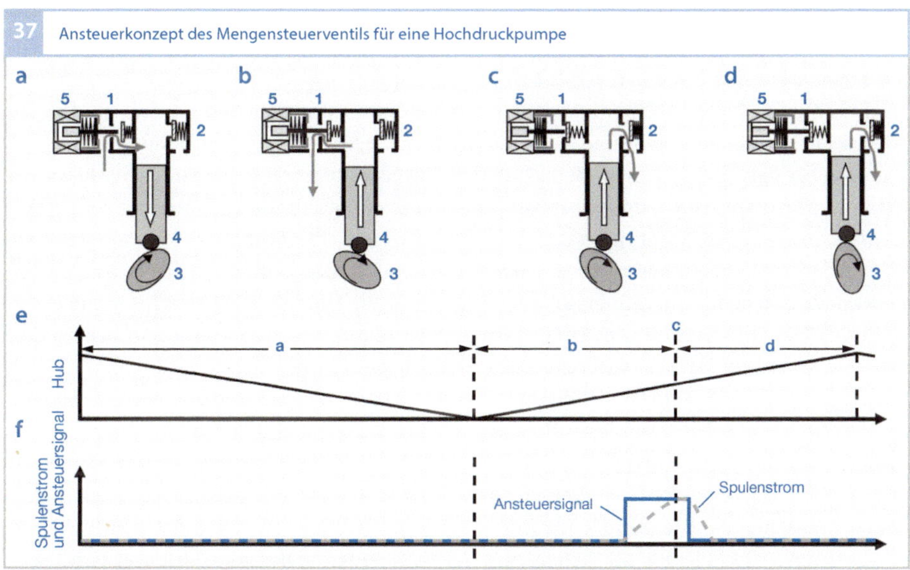

37 Ansteuerkonzept des Mengensteuerventils für eine Hochdruckpumpe

Bild 37

a–d vereinfachter Querschnitt der Hochdruckpumpe zu
verschiedenen Zeitpunkten

a Saughub, Mengensteuerventil geöffnet, Auslassventil
geschlossen

b Förderhub, Mengensteuerventil geöffnet, Auslassventil geschlossen

c Förderhub, Schließzeitpunkt des elektrisch angesteuerten Mengensteuerventils, Öffnungszeitpunkt des
Auslassventils

d Förderhub, Mengensteuerventil bleibt auch nach
Stromabschaltung geschlossen, Auslassventil geöffnet

e Hubverlauf
f Ansteuersignal und Spulenstrom des Mengensteuerventils

1 Mengensteuerventil
2 Auslassventil
3 Antriebsnocken
4 Kolben, Pfeil gibt die Bewegungsrichtung an
5 Spule

Verformung seiner Membranen die im jeweiligen Betriebspunkt abgesteuerte Kraftstoffmenge auf und gibt sie im Saughub zur
Füllung des Förderraums wieder frei. Dabei
ist ein Betrieb mit variablem Vordruck –
d.h. der Einsatz von bedarfsgeregelten Niederdrucksystemen – möglich.

Mengensteuerventil

Mit dem Mengensteuerventil (Bild 35,
Pos. 7) wird die Bedarfssteuerung der Hochdruckpumpe realisiert (Bild 37). Der von
der Elektrokraftstoffpumpe gelieferte Kraftstoff wird über das Einlassventil des offenen
Mengensteuerventils in den Förderraum gesaugt. Im anschließenden Förderhub bleibt

das Mengensteuerventil nach dem unteren
Totpunkt weiterhin offen, so dass der im jeweiligen Lastpunkt nicht benötigte Kraftstoff
unter Vordruck in den Niederdruckkreis
zurückgefördert wird. Nach Ansteuern des
Mengensteuerventils schließt das Einlassventil, der Kraftstoff wird vom Pumpenkolben verdichtet und in den Hochdruckkreis
gefördert. Das Motormanagement berechnet
den Zeitpunkt, ab dem das Mengensteuerventil angesteuert wird in Abhängigkeit von
der Fördermenge und dem Raildruck. Der
Förderbeginn wird zur Bedarfsteuerung
variiert.

Zündung

Der Ottomotor ist ein Verbrennungsmotor mit Fremdzündung. Die Zündung hat die Aufgabe, das verdichtete Luft-Kraftstoff-Gemisch im richtigen Zeitpunkt zu entflammen. Eine sichere Zündung ist Voraussetzung für den einwandfreien Betrieb des Motors. Dazu muss das Zündsystem auf die Anforderungen des Motors ausgelegt sein. Unter den zahlreichen unterschiedlichen Lösungsansätzen für ein Zündsystem haben sich bisher weltweit nur zwei Zündsysteme in größerem Umfang verbreitet. Das sind einerseits die Magnetzündung und andererseits die Batteriezündung. Beiden gemeinsam ist die Erzeugung eines elektrischen Funkens zwischen den Elektroden einer Zündkerze im Brennraum zur Entflammung des Luft-Kraftstoff-Gemisches.

Magnetzündung

In den Anfangszeiten des Automobils stand mit dem Niederspannungsmagnetzünder von Bosch eine erste für damalige Verhältnisse zuverlässige Zündanlage zur Verfügung. Der Funke (Abreißfunke) entstand, indem ein Stromfluss durch Abreißkontakte im Brennraum unterbrochen wurde. Aus der Niederspannungsmagnetzündung mit Abreißgestänge wurde schließlich die Hochspannungsmagnetzündung entwickelt, die auch für Motoren mit höheren Drehzahlen geeignet war. Gleichzeitig mit der Hochspannungsmagnetzündung wurde 1902 auch die Zündkerze eingeführt, die die mechanisch gesteuerten Abreißkontakte ersetzte.

Das Prinzip des Hochspannungsmagnetzünders wird bis heute verwendet. Bei den Magnetzündern neuerer Bauart unterscheidet man Ausführungen mit feststehendem Magnet und umlaufendem Anker und Ausführungen mit feststehendem Anker und umlaufendem Magnet. In beiden Fällen wird Bewegungsenergie durch magnetische Induktion in elektrische Energie in einer Primärwicklung umgesetzt, die durch eine Sekundärwicklung in eine hohe Spannung transformiert wird. Im Zündzeitpunkt wird der Zündfunke durch Unterbrechung des Stroms in der Primärwicklung ausgelöst. Für den Einsatz bei Motoren mit mehreren Zylindern kann ein mechanischer Zündverteiler mit umlaufendem Verteilerfinger in den Magnetzünder integriert werden.

Da ein Magnetzünder keine Spannungsversorgung benötigt, wird er überall dort eingesetzt, wo überhaupt kein Bordnetz vorhanden ist oder kein belastbares Bordnetz zur Verfügung steht. Bei Arbeitsgeräten wie z. B. Rasenmäher oder Kettensäge und bei Zweirädern werden Magnetzünder oft in Verbindung mit einer kapazitiven Zwischenspeicherung der Zündenergie eingesetzt.

Batteriezündung

Mit der Elektrifizierung des Kraftfahrzeugs (für Licht und Starter) stand schon früh eine Spannungsversorgung zur Verfügung. Dies führte zur Entwicklung der kostengünstigen Spulenzündung (SZ) mit einer Batterie als Spannungsquelle und einer Zündspule als Energiespeicher. Der Spulenstrom wurde über einen Unterbrecherkontakt mit festem Schließwinkel geschaltet, weshalb der Spulenstrom mit steigender Drehzahl stetig sank. Die Zündwinkel wurden über der Drehzahl mit einem Fliehkraftsteller und über der Last mit einer Unterdruckdose verstellt. Die Verteilung der Hochspannung von der Zündspule zu den einzelnen Zylindern erfolgte mechanisch durch einen Zündverteiler.

Transistorzündung

Im Laufe der Weiterentwicklung wurde zunächst der Spulenstrom durch einen Leistungstransistor geschaltet. Damit wurden Zündauslegungen mit höheren Strömen und höheren Energien möglich. Der Unterbrecherkontakt diente dabei als Steuerelement für ein Zündschaltgerät und wurde nur noch mit dem niedrigen Steuerstrom belastet. Dadurch wurden der Kontaktabbrand und die damit einhergehenden Zündzeitpunktverschiebungen reduziert. In weiteren Entwicklungsschritten wurde der Unterbrecherkontakt durch Hall- oder Induktionsgeber ersetzt. Das Zündschaltgerät der Transistorzündung (TZ) enthielt bereits einfache analog gesteuerte Funktionalitäten wie eine Primärstrombegrenzung und eine Schließwinkelregelung, wodurch der Nennwert des Primärstroms in einem weiten Drehzahlbereich eingehalten werden konnte.

Elektronische Zündung

Den nächsten Entwicklungsschritt bildete die elektronische Zündung (EZ), bei der die Zündwinkel über Drehzahl und Last in einem Kennfeld eines Zündsteuergeräts gespeichert waren. Neben der besseren Reproduzierbarkeit der Zündwinkel war es auch möglich, weitere Eingangsgrößen wie z. B. die Motortemperatur für die Zündwinkelbestimmung zu berücksichtigen. Nach und nach wurde die Zündauslösung mit Hallgebern im Zündverteiler durch Auslösesysteme an der Kurbelwelle abgelöst, was durch den Entfall des Antriebsspiels der Zündverteiler zu einer höheren Zündwinkelgenauigkeit führte.

Vollelektronische Zündung

Im letzten Entwicklungsschritt der eigenständigen Zündsteuergeräte ist mit der vollelektronischen Zündung (VZ) auch noch der mechanische Zündverteiler entfallen. Bei der verteilerlosen Zündung sind Systeme mit einer Zündspule pro Zylinder am häufigsten verbreitet. Unter bestimmten Randbedingungen können auch Systeme mit jeweils einer Zweifunkenzündspule für ein Zylinderpaar eingesetzt werden. Seit 1998 werden nur noch Motorsteuerungen eingesetzt, die eine vollelektronische Zündung beinhalten.

Tabelle 1 zeigt die Entwicklung der induktiven Zündsysteme. Dabei werden mechanische Funktionen sukzessive durch elektrische und elektronische Funktionen ersetzt.

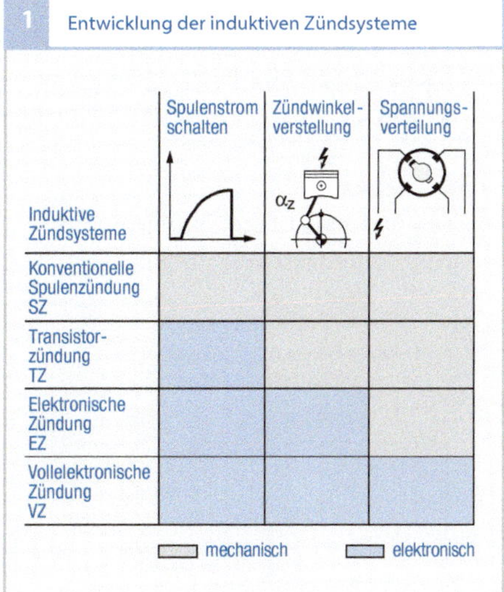

Tab. 1

Induktive Zündanlage

Die Zündung des Luft-Kraftstoff-Gemischs im Ottomotor erfolgt bei der Spulenzündung durch einen Funken zwischen den Elektroden einer Zündkerze. Die in dem Funken umgesetzte Energie der Zündspule entzündet ein kleines Volumen des verdichteten Luft-Kraftstoff-Gemischs. Die von diesem Flammkern ausgehende Flammenfront bewirkt die Entflammung des Luft-Kraftstoff-Gemisches im gesamten Brennraum. Die induktive Zündanlage erzeugt für jeden Arbeitstakt die für den Funkenüberschlag notwendige Hochspannung und die für die Entflammung notwendige Brenndauer des Funkens.

Aufbau

Eine typische verteilerlose Spulenzündung hat für jeden Zylinder einen eigenen Zündkreis (Bild 1). Die wichtigsten Komponenten sind:

- Zündspule
  Die Zündspule ist die zentrale Komponente der induktiven Zündung. Sie besteht aus einer Primärwicklung mit einer niedrigen Windungszahl und einer Sekundärwicklung mit einer hohen Windungszahl. Das Verhältnis der Windungszahlen von Sekundärwicklung und Primärwicklung bezeichnet man als Übersetzungsverhältnis. Beide Wicklungen sind über einen gemeinsamen Magnetkreis miteinander gekoppelt. Die Zündspule erzeugt die Zündhochspannung und liefert die Energie für die Brenndauer des Funkens an der Zündkerze.
- Zündungsendstufe
  Die Zündungsendstufe steuert die Zündspule und hat die Hauptfunktion eines elektrischen Leistungsschalters. Zusammen mit der Primärwicklung der Zündspule und der Batterie bildet sie den Primärkreis der Spulenzündung. Die Zündungsendstufe ist entweder im Motorsteuergerät oder in der Zündspule integriert.
- Zündkerze
  Die Zündkerze ist die physikalische Schnittstelle zwischen Brennraum und Umgebung. Zusammen mit der Sekundärwicklung der Zündspule bildet sie den Sekundärkreis der Zündanlage. Die Zündkerze setzt die Energie der Zündspule in einer Funkenentladung im Brennraum um.

Die notwendigen Verbindungs- und Entstörmittel werden an dieser Stelle als gegeben vorausgesetzt und nicht gesondert betrachtet.

Aufgabe und Arbeitsweise

Aufgabe der Zündung ist die Einleitung der Verbrennung des verdichteten Luft-Kraftstoff-Gemischs im Brennraum mit einem Funken. Zur Erzeugung eines Funkens wird zunächst elektrische Energie aus dem Bordnetz in der Zündspule zwischengespeichert.

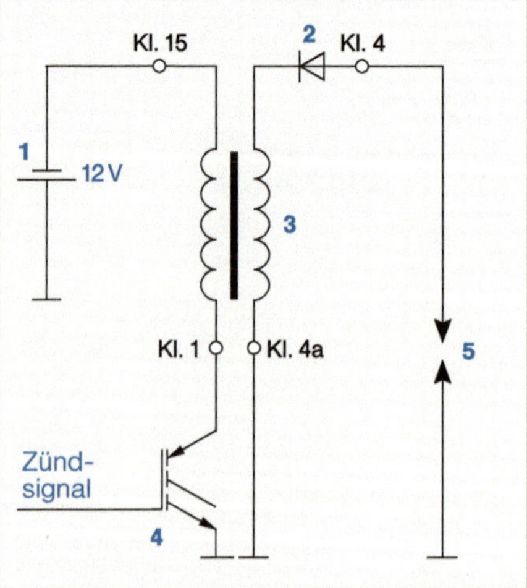

Bild 1
1   Batterie
2   Diode zur Unterdrückung der Einschaltspannung
3   Zündspule mit Eisenkern, Primär- und Sekundärwicklung
4   Zündungsendstufe (alternativ im Steuergerät oder in der Zündspule integriert
5   Zündkerze
Kl. 1, Kl. 4, Kl. 4a, Kl. 15 Klemmenbezeichnungen

In einem nächsten Schritt wird die Energie im Zündzeitpunkt auf die Sekundärkapazität C_2 (Bild 2) umgeladen. Die dabei entstehende Hochspannung löst den Funkenüberschlag an der Zündkerze aus. Anschließend wird die noch verbleibende Energie während der Brenndauer des Funkens entladen.

Energiespeicherung

Sobald die Zündungsendstufe einschaltet, wird der Primärkreis geschlossen und der Primärstrom beginnt zu fließen. Dabei wird in der Primärwicklung ein Magnetfeld aufgebaut, in dem Energie gespeichert wird. Die Höhe der gespeicherten Energie wird von der Primärinduktivität L_1 und der Höhe des Primärstroms i_1 entsprechend

$$E_1 = \frac{1}{2} L_1 i_1^{\,2}$$

bestimmt. Die Primärinduktivität hängt von der Windungszahl der Primärwicklung ab. Durch einen Eisenkreis zur Führung des magnetischen Flusses wird die wirksame Induktivität erhöht. Der Eisenkreis wird für einen bestimmten Primärstrom, den Nennstrom dimensioniert. Bei höheren Strömen steigt die gespeicherte Energie durch die magnetische Sättigung des Eisenkreises nur noch geringfügig. Daher sollte der Nennwert des Primärstroms möglichst nicht überschritten werden. Die Dauer, während der die Endstufe eingeschaltet ist und der Primärstrom fließt, nennt man Schließzeit.

Schließzeit und Primärstrom

Neben der Auslegung der Zündspule hat die Versorgungsspannung einen großen Einfluss auf den Primärstromverlauf (Bild 3). Um auch bei wechselnder Versorgungsspannung einerseits ausreichend Zündenergie bereitzustellen und andererseits die Zündungskomponenten nicht zu überlasten, muss die Batteriespannung bei der Bestimmung der Schließzeit berücksichtigt werden. Bei einem

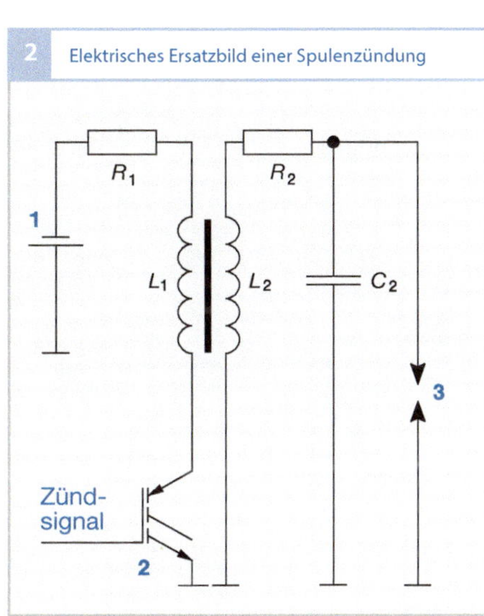

Bild 2
1   Batterie
2   Zündungsendstufe
3   Zündkerze
R_1 Widerstand der Primärseite (Spule und Kabel)
L_1 Primärinduktivität der Zündspule
R_2 Widerstand der Sekundärseite (Spule und Kabel)
L_2 Sekundärinduktivität der Zündspule
C_2 Kapazität der Sekundärseite (Zündspule, Kabel, Zündkerze)

Batteriespannungsbereich von 6–16 V sind alle vorkommenden Fälle vom Kaltstart mit geschwächter Batterie bis hin zur Starthilfe mit externer Versorgung abgedeckt. Ziel der Schließzeitbestimmung ist die Einhaltung des Nennstroms. Dies ist bei niedrigen Batteriespannungen dann nicht sichergestellt, wenn der maximal mögliche Strom durch den Gesamtwiderstand des Primärkreises unterhalb des Nennstroms begrenzt wird. In diesem Fall nimmt man für die Schließzeit einen sinnvollen Ersatzwert, z. B. die Ladezeit, bei der 90 % bis 95 % des Stromendwerts erreicht werden. Die Zündanlage muss so ausgelegt sein, dass die Funktion auch bei reduzierter Batteriespannung gewährleistet ist und ein Kaltstart erfolgen kann.

Da die Widerstände der Zuleitungen in der gleichen Größenordnung liegen wie der Widerstand der Primärwicklung, sollte bei den Zuleitungen auf ausreichende Querschnitte geachtet werden, um unnötige Leistungsverluste zu vermeiden. Ebenso ist darauf zu achten, dass die Zuleitungen zu den einzelnen Zylindern nur geringe Unterschiede bezüglich Länge und Widerstand aufweisen.

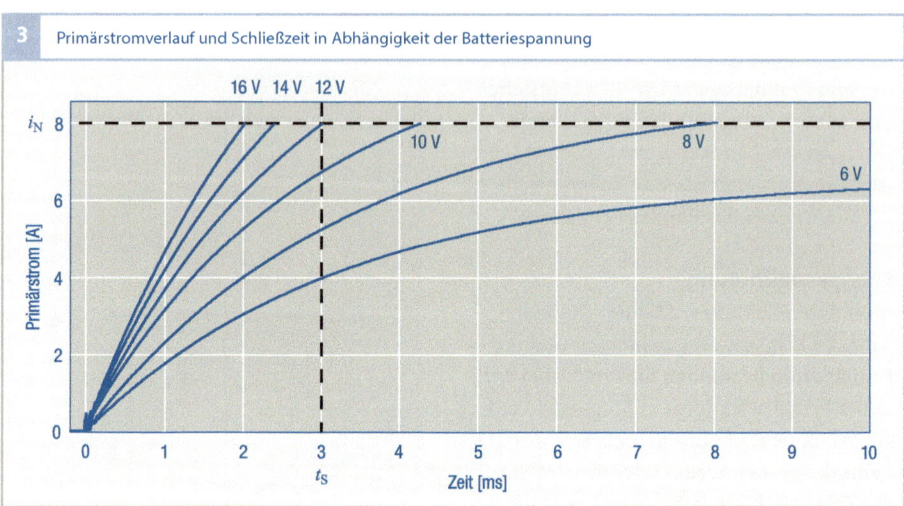

Bei Einsatztemperaturen der Zündspulen zwischen –30 °C und über 100 °C verändern sich die Spulenwiderstände durch den Temperaturgang der Kupferwicklungen so stark, dass die Auswirkungen auf den Primärstrom berücksichtigt werden sollten. Da die Spulentemperatur nicht direkt verfügbar ist, kann mit Ersatzgrößen wie Kühlmittel- oder Öltemperatur zumindest bei betriebswarmem Motor und betriebswarmer Zündspule eine sinnvolle Korrektur der Schließzeit erreicht werden.

Durch den Betrieb erwärmen sich Zündspule und Zündungsendstufe, die Verlustleistung steigt mit der Drehzahl. Bei hohen Drehzahlen und besonders bei gleichzeitig hohen Umgebungstemperaturen kann es notwendig werden, die Primärströme zum Schutz der Zündungskomponenten durch eine kürzere Schließzeit zu begrenzen.

Erzeugung der Hochspannung

Das durch den Primärstrom erzeugte Magnetfeld in der Primärwicklung verursacht einen magnetischen Fluss, der bis auf einen kleinen Anteil, den Streufluss, im Magnetkreis der Zündspule geführt wird. Im Zünd-zeitpunkt wird der Strom durch die Primärwicklung unterbrochen, was eine rasche Flussänderung zur Folge hat. Da Primär- und Sekundärwicklung über den gemeinsamen Magnetkreis miteinander gekoppelt sind, wird in beiden Wicklungen eine Spannung induziert. Die Höhe der Spannungen hängt nach dem Induktionsgesetz von der Windungszahl und der Änderungsgeschwindigkeit des magnetischen Flusses ab. In der Sekundärwicklung mit der hohen Windungszahl entsteht so die hohe Sekundärspannung. Solange kein Funkenüberschlag erfolgt, steigt die Hochspannung mit einer Anstiegsrate von ca. 1 kV/µs bis auf die Leerlaufspannung der Zündspule an, um dann stark gedämpft auszuschwingen (Bild 4).

Die maximale Sekundärspannung wird im Labor ohne Zündkerze an einer definierten kapazitiven Last gemessen und als Hochspannungs- oder Sekundärspannungsangebot bezeichnet. Die Lastkapazität entspricht dabei der Belastung durch die Zündkerze und der Hochspannungsverbindung zur Zündkerze.

Zündspannung

Die Hochspannung, bei der der Funke an
den Elektroden der Zündkerze durchbricht,
wird als Zündspannung bezeichnet. Die
Zündspannung hängt einerseits von der
Zündkerze insbesondere vom Elektrodenabstand ab, andererseits von den Bedingungen
im Brennraum, insbesondere von der Luft-
Kraftstoff-Gemischdichte zum Zündzeitpunkt. Die maximale Zündspannung über
alle Betriebspunkte bezeichnet man als
Zündspannungsbedarf des Motors. Abhängig vom Elektrodenabstand, dem Ver-
schleißzustand der Zündkerzenelektroden
sowie vom Brennverfahren können Zündspannungen bis deutlich über 30 kV auftreten.

Einschaltspannung

Bereits beim Einschalten des Primärstroms
wird in der Sekundärwicklung eine unerwünschte Spannung von 1–2 kV induziert,
deren Polarität der Zündspannung entgegen-
gerichtet ist. Der Einschaltzeitpunkt liegt abhängig von der Motordrehzahl und der Ladezeit der Zündspule deutlich vor dem
Zündzeitpunkt. Ein Funkenüberschlag an
der Zündkerze muss vermieden werden.
Dies kann z. B. mit einer Diode im Sekundärkreis der Zündanlage erreicht werden.
Eine solche Diode heißt Diode zur Einschaltfunkenunterdrückung oder EFU-
Diode.

Funkenentladung

Sobald die Zündspannung U_z an der Zündkerze überschritten wird, entsteht der Zündfunke (**Bild 5**). Die nachfolgende Funkenentladung kann in drei Phasen eingeteilt
werden, den Durchbruch, die Bogenphase
und die Glimmphase [2]. Die ersten beiden
Phasen sind Entladungen sehr kurzer Dauer
mit hohen Strömen, die aus den Entladungen der Kapazitäten C_2 (**Bild 2**) von Zünd-

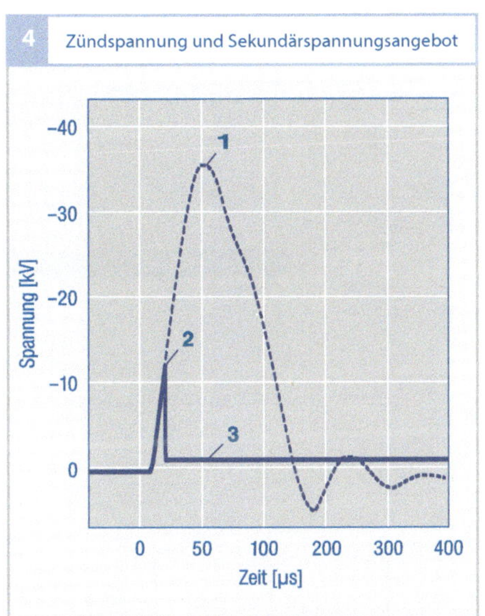

Bild 4
1 Sekundärspan-
   nungsangebot (bei
   einem Aussetzer)
2 Zündspannung (für
   einen Funken)
3 Brennspannung

kerze und Zündkreis resultieren und einen
Teil der Spulenenergie umsetzen. In der anschließenden Glimmphase wird die noch
verbleibende Energie während der Funkendauer t_F umgesetzt (**Bild 5**). Der Funkenstrom beginnt dabei mit dem Anfangsfunkenstrom i_F und fällt dann stetig. An den
Elektroden der Zündkerze liegt während der
Glimmphase die Brennspannung U_F an. Sie
liegt im Bereich von wenigen hundert Volt
bis deutlich über 1 kV. Die Brennspannung
hängt von der Länge des Funkenplasmas ab
und wird wesentlich vom Elektrodenabstand
der Zündkerze und der Auslenkung des
Funkens durch Luft-Kraftstoff-Gemischbewegung bestimmt. Unterhalb eines bestimmten Funkenstroms erlischt der Funke
und die Spannung an der Zündkerze
schwingt gedämpft aus.

Funkenenergie

Als Funkenenergie wird üblicherweise die
Energie der Glimmentladung bezeichnet. Sie
ist das Integral aus dem Produkt von Brennspannung und Funkenstrom über der Fun-

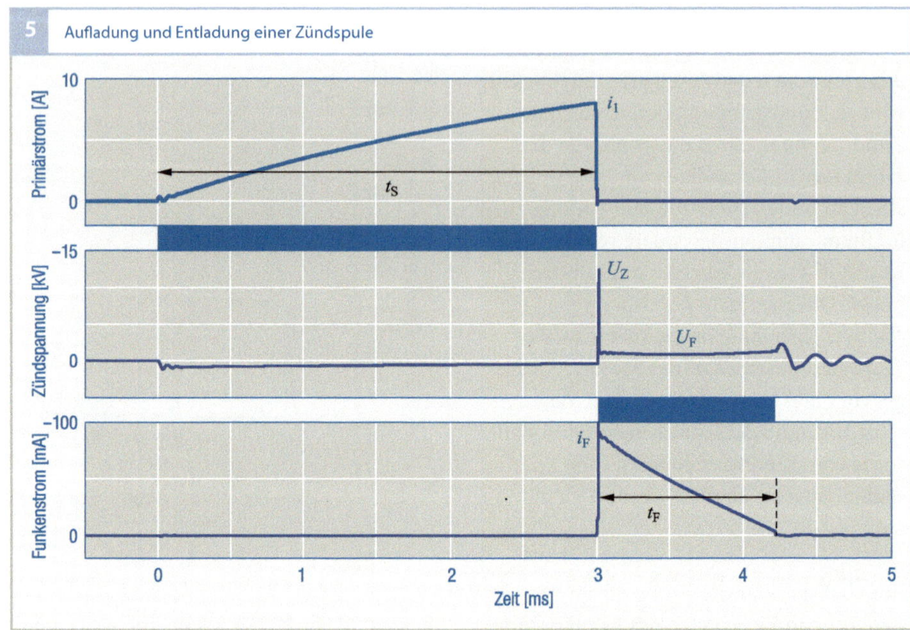

Bild 5
i_1 Abschaltstrom
t_S Schließzeit
U_Z Zündspannung
U_F Brennspannung
i_F Funkenanfangs-
     strom
t_F Funkendauer

kendauer. Vereinfacht kann der Zusammenhang nach **Bild 5** durch

$$E_F = \frac{1}{2} U_F\, i_F\, t_F$$

beschrieben werden. Bei genauerer Betrachtung gilt die zuvor beschriebene Bestimmung der Funkenenergie aber nur für sehr niedrige Zündspannungen [1].

Energiebilanz

Bei höheren Zündspannungen können die zuvor beschriebenen kapazitiven Entladungen (Durchbruch- und Bogenphase) nicht mehr vernachlässigt werden. Die notwendige Energie zum Aufladen der Kapazitäten auf der Sekundärseite steigt quadratisch mit der Zündspannung entsprechend (siehe auch **Bild 2**)

$$E_Z = \frac{1}{2} C_2\, U_Z^{\,2}.$$

Im Funkenüberschlag wird diese Energie als kapazitive Entladung im sogenannten Funkenkopf freigesetzt. Zusammen mit der Energie der induktiven Nachentladung erhält man die gesamte auf der Hochspannungsseite umgesetzten Energie. Stellt man die beiden Energieanteile über der Zündspannung dar, sieht man, dass der Energieanteil der kapazitiven Entladung mit steigender Zündspannung steigt und der Energieanteil der induktiven Nachentladung fällt. Die induktive Nachentladung erfolgt während der Funkendauer t_F durch den Funkenstrom im Sekundärkreis, der mit einem Anfangsfunkenstrom i_F beginnt und dann stetig sinkt. Mit geringer werdendem Energieanteil der induktiven Nachentladung sinken sowohl der Anfangsfunkenstrom als auch die Funkendauer. Wenn man von der induktiven Nachentladung die ohmschen Verluste abzieht, erhält man die Energie der Glimmentladung (**Bild 6**).

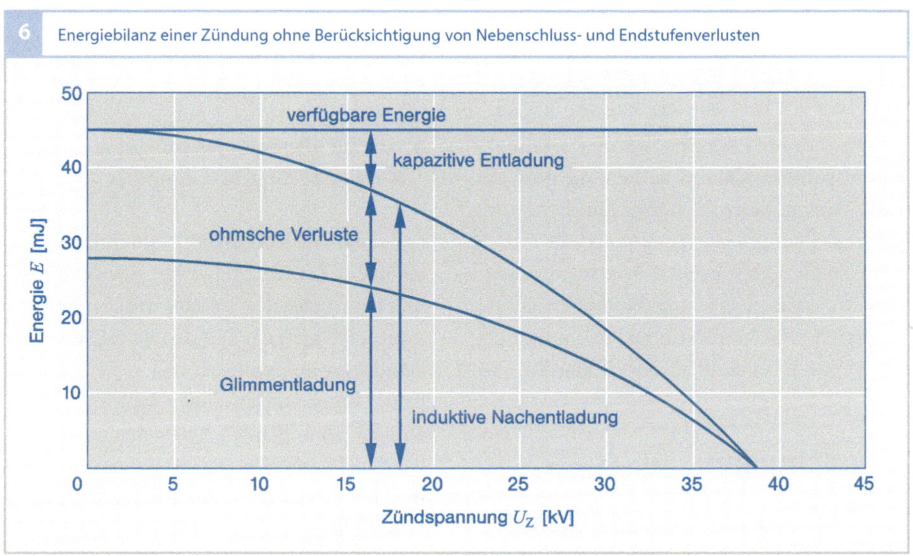

6 Energiebilanz einer Zündung ohne Berücksichtigung von Nebenschluss- und Endstufenverlusten

Energieverluste

Nach dem Funkenüberschlag wird ein Teil
der verbleibenden Energie der induktiven
Nachentladung in den Widerständen des Sekundärkreises der Zündanlage in Wärme
umgesetzt. Die größten Verluste treten bei
niedrigen Zündspannungen und damit hohen Anfangsfunkenströmen und langen
Funkendauern auf (Bild 6).

Bereits vor dem Funkenüberschlag können Nebenschlusswiderstände den Aufbau
der Hochspannung behindern. Nebenschlüsse können durch Verschmutzung und Feuch-
te der Hochspannungsverbindungen, vor allem aber durch leitfähige Ablagerungen und
Ruß an der Isolatorspitze der Zündkerze im
Brennraum verursacht werden. Die Höhe
der Nebenschlussverluste steigt mit dem
Zündspannungsbedarf. Je höher die an der
Zündkerze anliegende Spannung, desto größer sind die über die Nebenschlusswiderstände abfließenden Ströme.

Luft-Kraftstoff-Gemischentflammung und Zündenergiebedarf

Zum Zündzeitpunkt entsteht der Funke an
der Zündkerze. Der Zündzeitpunkt wird von
der Motorsteuerung in Abhängigkeit von
dem Brennverfahren, der Betriebsart und
dem Betriebspunkt angefordert und an dieser Stelle nicht weiter vertieft.

Der elektrische Funke entflammt das Luft-
Kraftstoff-Gemisch zwischen den Elektroden
der Zündkerze durch ein Hochtemperatur-
plasma. Der entstehende Flammkern entwickelt sich bei zündfähigen Luft-Kraftstoff-
Gemischen an der Zündkerze, und bei
ausreichender Energiezufuhr durch die
Zündanlage zu einer sich selbstständig ausbreitenden Flammenfront. Größere Funken-
längen begünstigen die Flammkernbildung.
Durch einen größeren Elektrodenabstand
oder eine Auslenkung des Funkens durch
Luft-Kraftstoff-Gemischbewegung erhöht
sich aber auch der Zündenergiebedarf. Bei zu
starker Auslenkung kann ein Funkenabriss
erfolgen und ein Nachzünden notwendig
sein. In solchen Fällen bietet eine induktive
Zündanlage den Systemvorteil, dass ein

Nachzünden ohne zusätzlichen Steuerungseingriff automatisch erfolgt, solange ausreichend Energie im Zündsystem gespeichert ist.

Die gesamte Energie muss den maximalen Zündspannungsbedarf decken, die notwendige Funkendauer bei hoher Zündspannung bereitstellen und gegebenenfalls eine Anzahl an Folgefunken zünden. Einfache Motoren mit Saugrohreinspritzung benötigen Zündenergien zwischen 30 und 50 mJ, aufgeladene Motoren bis deutlich über 100 mJ.

Zündspulen

Die Zündspule als Komponente der induktiven Zündanlage erzeugt aus der niedrigen Batteriespannung die Hochspannung, die für den Funkenüberschlag an der Zündkerze erforderlich ist. Die Funktion der Zündspule beruht auf der elektromagnetischen Induktion: Die im Magnetfeld der Primärwicklung gespeicherte Energie wird durch magnetische Induktion auf die Sekundärseite der Zündspule übertragen.

Aufgabe

Die zum Zünden des Luft-Kraftstoff-Gemischs erforderliche Hochspannung und Zündenergie muss vor dem Funkenüberschlag aufgebaut und gespeichert werden. Die Zündspule ist sowohl Transformator als auch Energiespeicher. Sie speichert die magnetische Energie in dem vom Primärstrom aufgebauten Magnetfeld und setzt die Energie beim Abschalten des Primärstroms zum Zündzeitpunkt frei.

Die Zündspule muss genau auf die übrigen Komponenten (Zündungsendstufe, Zündkerze) des Zündsystems abgestimmt sein. Wichtige Kenngrößen sind:
- Die für die Zündkerze zur Verfügung stehende Funkenenergie E_F,
- der zum Zeitpunkt des Funkenüberschlags an der Zündkerze eingeprägte Funkenstrom i_F,
- die Brenndauer des Funkens an der Zündkerze t_F,
- eine für alle Betriebsbedingungen genügend hohe Zündspannung U_Z.

Bei der Auslegung des Zündsystems sind einerseits die Wechselwirkungen der einzelnen Parameter des Systems mit der Zündungsendstufe, der Zündspule und der Zündkerze zu beachten, andererseits die Anforderungen des jeweiligen Motorkonzepts. Das soll an folgenden Beispielen erläutert werden:
- Um eine sichere Entflammung des Luft-Kraftstoff-Gemischs unter allen Bedingungen zu gewährleisten, benötigen Motoren mit Abgasturboaufladung höhere Funkenenergien als Motoren mit Saugrohreinspritzung. Den höchsten Energiebedarf mit generell höheren Zündspannungen haben dabei Motoren mit Benzin-Direkteinspritzung und Abgasturboaufladung.
- Zur richtigen Auslegung des Arbeitspunkts für den Primärstrom müssen die Zündungsendstufe und die Zündspule aufeinander abgestimmt sein. Die Auslegung der Sekundärwicklung bestimmt den Funkenstrom, der bei Edelmetall-Zündkerzen einen geringeren Einfluss auf die Lebensdauer der Zündkerze hat.
- Die Verbindung zwischen Zündspule und Zündkerze muss unter allen Bedingungen (Spannung, Temperatur, Vibration, Medienbeständigkeit) funktionssicher ausgeführt sein.

Anforderungen

Der Schadstoffausstoß von Verbrennungsmotoren wird durch die Forderungen der Abgasgesetzgebung begrenzt. Zündaussetzer und unvollständige Luft-Kraftstoff-Gemisch-

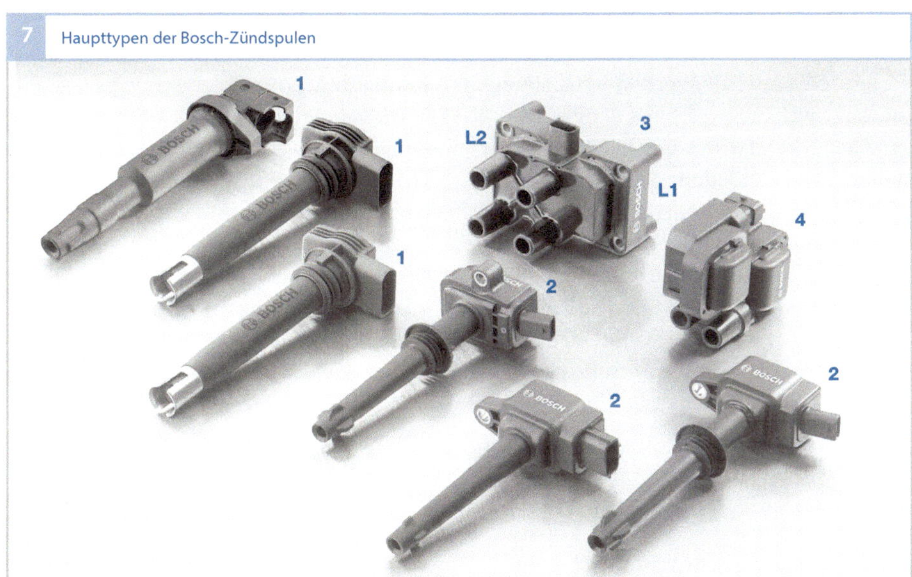

Bild 7
1 Einzelfunken-Zünd-
  spule (Stabzünd-
  spule)
2 Einzelfunken-Zünd-
  spule (Kompakt-
  zündspule)
3 Zweifunken-Zünd-
  spule mit zwei
  Magnetkreisen
4 Modul mit zwei
  Einzelfunken-
  Zündspulen

verbrennungen, die einen Anstieg der HC-
Emissionen verursachen, müssen vermieden
werden. Eine Voraussetzung dafür ist, dass
die Zündspule über die gesamte Lebensdauer eine hinreichend große Zündenergie
bereitstellt. Neben diesen Anforderungen
müssen auch die geometrischen und konstruktiven Gegebenheiten des Motors berücksichtigt werden.

Eine Zündspule (Bild 7) ist eine elektrisch,
mechanisch und chemisch hoch beanspruch-
te Komponente im Fahrzeug, die wartungs-
und störungsfrei über die gesamte Fahrzeug-
lebensdauer ihre Funktion erfüllen muss.
Abhängig von der Einbausituation im Fahrzeug – häufig erfolgt ein Direkteinbau im
Zylinderkopf – sind folgende Einsatz- und
Betriebsbedingungen für heutige Zündspulen maßgebend:

- Einsatztemperaturbereich von
  –40…+150 °C, teilweise über diese Grenzen hinaus,
- Sekundärspannung bis über 30 000 V,
- Primärstrom zwischen 7 und 15 A,

- dynamische Schüttelbeanspruchung bis
  50 g,
- dauerhafte Beständigkeit gegen unterschiedliche Medien (Benzin, Öl, Brems-
  flüssigkeit usw.).

Aufbau und Arbeitsweise

Aufbau

Primär- und Sekundärwicklungen
Die Zündspule (Bild 8a–c) arbeitet nach
dem Prinzip eines Transformators. Dem gemeinsamen Eisenkern sind zwei Wicklungen
zugeordnet. Die Primärwicklung besteht aus
dickem Draht mit geringer Windungszahl.
Ein Ende der Wicklung ist über den Zünd-
schalter mit dem Pluspol der Batterie (Klemme 15) verbunden. Das andere Ende (Klemme 1) ist an die Zündungsendstufe angeschlossen, welche den Primärstrom schaltet.
In frühen Systemen wurde der Primärstrom
noch mit mechanischen Unterbrecherkon-
takten geschaltet, diese haben heute keine
Bedeutung mehr. Die Sekundärwicklung
besteht aus dünnem Draht mit hoher Win-

dungszahl. Das Übersetzungsverhältnis liegt zwischen 1:50 und 1:150.

Bei der Sparschaltung (Bild 8, Schaltung a) sind jeweils ein Anschluss der Primär- und der Sekundärwicklung miteinander verbunden und an Klemme 15 geführt. Der andere Anschluss der Primärwicklung ist mit der Zündungsendstufe gekoppelt (Klemme 1). Der zweite Anschluss der Sekundärwicklung (Klemme 4) ist mit dem Zündverteiler oder der Zündkerze verbunden. Bei der Sparschaltung ergeben sich Kostenvorteile für das Zündsystem, allerdings fehlt die galvanische Trennung zwischen den beiden elektrischen Kreisen, sodass Störungen von der Zündspule in das Bordnetz gelangen können.

Die häufigste Bauform ist die Einzelfunken-Zündspule. Sie bildet zusammen mit der Zündkerze eine Einfachzündung (Bild 8, Schaltung a und b), die bei jedem Verdichtungshub eines Zylinders einen Zündfunken erzeugt und daher mit dem Arbeitstakt des Motors synchronisiert werden muss. In Bild 8, Schaltung b sind die Primär- und die Sekundärwicklung getrennt geschaltet. Ein Anschluss der Sekundärwicklung (Klem-

me 4a) liegt dabei auf Masse und verbessert damit den Störabstand im Bordnetz des Kraftfahrzeugs.

Die Zündung kann auch als Doppelzündung mit je zwei Zündspulen und Zündkerzen pro Zylinder ausgeführt sein. Das Luft-Kraftstoff-Gemisch wird über zwei Zündkerzen in einem Zylinder entflammt. Vorteile, die sich daraus ergeben, sind:
- eine Reduzierung der Emissionswerte,
- eine geringfügig höhere Leistung,
- zwei Funken an unterschiedlichen Orten im Brennraum,
- gute Notlaufeigenschaften bei Ausfall einer Zündkerze oder einer Zündspule.

Bei der Zweifunken-Zündspule liegen beide Anschlüsse der Sekundärwicklung (Klemme 4a und 4b) an je einer Zündkerze (Bild 8, Schaltung c). Die Zweifunken-Zündspule erzeugt für zwei Zündkerzen gleichzeitig eine Zündspannung pro Kurbelwellenumdrehung (d. h. zweimal je Arbeitstakt), dadurch ist keine Synchronisation zum Arbeitstakt des Motors erforderlich. Die Verteilung erfolgt so, dass das Luft-Kraftstoff-Gemisch des einen Zylinders am Ende des Verdichtungstakts gezündet wird und der Zündfunke des anderen Zylinders in die Ventilüberschneidung am Ende des Ausstoßtakts fällt. Zum Zeitpunkt der Ventilüberschneidung herrscht kein Kompressionsdruck im Zylinder und die Überschlagspannung an der Zündkerze ist daher sehr gering. Dieser „Stützfunke" benötigt daher nur eine sehr geringe Zündenergie zum Überschlag. Die Zweifunken-Zündspule ist nur an Motoren mit gerader Zylinderanzahl einsetzbar.

8 Schematische Darstellung von Zündspulen

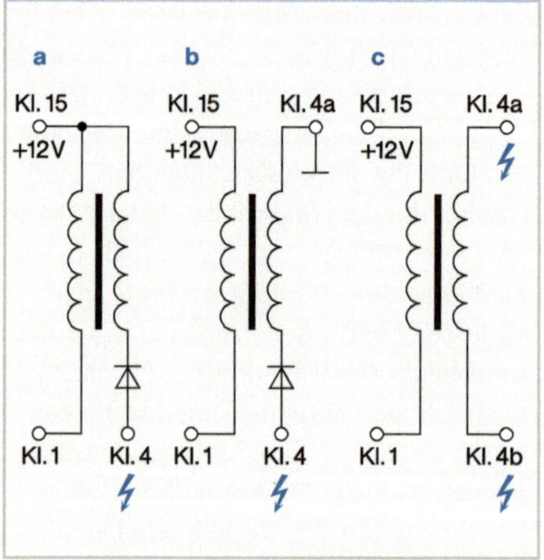

Bild 8
Die Diode dient zur Unterdrückung des Einschaltfunkens. Sie ist bei Zündanlagen mit rotierender Hochspannungsverteilung nicht erforderlich.
a Einzelfunken-Zündspule in Sparschaltung
b Einzelfunken-Zündspule
c Zweifunken-Zündspule

Funktionsprinzip

Hochspannungserzeugung

Das Motorsteuergerät schaltet die Zündungsendstufe während der berechneten Schließzeit ein. Innerhalb dieser Zeit steigt der Primärstrom der Zündspule auf seinen Sollwert und baut dabei ein Magnetfeld auf. Die Höhe des Primärstroms und die Größe der Primärinduktivität der Zündspule bestimmen die im Magnetfeld gespeicherte Energie. Im Zündzeitpunkt unterbricht die Zündungsendstufe den Stromfluss. Durch die Änderung des Magnetfelds wird in der Sekundärwicklung der Zündspule die Sekundärspannung induziert. Die maximal mögliche Sekundärspannung (das Sekundärspannungsangebot) hängt von der in der Zündspule gespeicherten Energie, der Wicklungskapazität und dem Übersetzungsverhältnis der Wicklungen, der Sekundärlast (durch die Zündkerze) und der Begrenzung der Primärspannung (der so genannten „Klammerspannung") der Zündungsendstufe ab.

Die Sekundärspannung muss in jedem Fall über der zum Funkendurchbruch an der Zündkerze notwendigen Spannung (dem Zündspannungsbedarf) liegen. Die Funkenenergie muss zur Zündung des Luft-Kraftstoff-Gemischs auch bei Folgefunken ausreichend groß sein. Folgefunken treten auf, wenn der Zündfunke durch Turbulenzen des Luft-Kraftstoff-Gemischs ausgelenkt wird und abreißt.

Beim Einschalten des Primärstroms wird in der Sekundärwicklung eine unerwünschte Spannung von ca. 1...2 kV (Einschaltspannung) induziert; sie hat eine der Zündspannung entgegengesetzte Polarität. Ein Funkenüberschlag an der Zündkerze (Einschaltfunke) muss vermieden werden. Bei Systemen mit rotierender Hochspannungsverteilung wird der Einschaltfunke durch die Verteilerfunkenstrecke wirksam unterdrückt, da der Verteilerfingerkontakt zum Einschaltzeitpunkt nicht dem Verteilerkappenkontakt gegenüber steht.

Bei ruhender Spannungsverteilung mit Einzelfunken-Zündspulen sperrt eine Diode im Hochspannungskreis (EFU-Diode, Diode zur Einschaltfunkenunterdrückung siehe **Bild 8**, Schaltung a und b) den Einschaltfunken. Die EFU-Diode kann auf der „heißen Seite" (der Zündkerze zugewandten Seite) oder auf der „kalten Seite" (der Zündkerze abgewandten Seite) der Spule sein. Bei Zweifunken-Zündspulen wird der Einschaltfunke durch die hohe Überschlagspannung der Reihenschaltung von zwei Zündkerzen ohne zusätzliche Maßnahmen unterbunden.

Beim Unterbrechen des Primärstroms entsteht in der Primärwicklung eine Selbstinduktionsspannung von einigen hundert Volt, die zum Schutz der Endstufe elektronisch auf einen Wert zwischen 250 und 400 V begrenzt wird.

Aufbau des Magnetfeldes

Sobald die Zündungsendstufe den Strom-

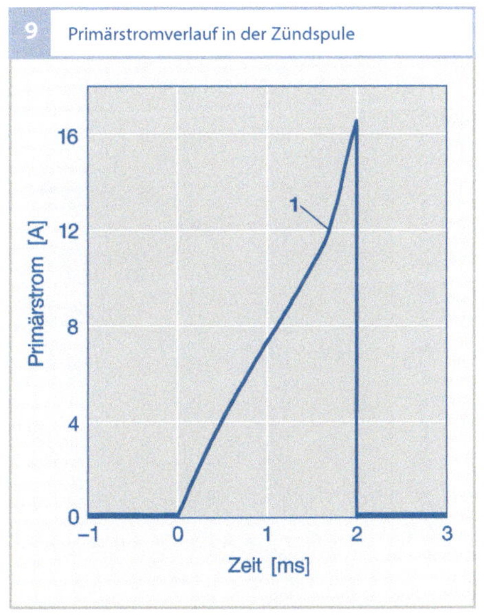

Bild 9
1 Beginn der magnetischen Sättigung

kreis schließt, entsteht in der Primärspule ein Magnetfeld. Aufgrund der hohen Induktivität erfolgt der Aufbau des Magnetfelds in Abhängigkeit des Eisenquerschnitts und der Wicklung verhältnismäßig langsam (Bild 9). Bleibt der Stromkreis geschlossen, nimmt der Primärstrom weiter zu; ab einer bestimmten Höhe des Stroms tritt im Eisenkreis, abhängig vom verwendeten ferromagnetischen Material, eine magnetische Sättigung ein, die Induktivität nimmt ab und der Strom nimmt ab diesem Zeitpunkt stärker zu. Die Verluste steigen dann innerhalb der Zündspule ebenfalls sehr stark an. Es ist daher sinnvoll, den Arbeitspunkt möglichst unter die magnetische Sättigung zu legen. Dies wird über die Schließzeit bestimmt.

Magnetisierungskurve und Hysterese
Der Kern einer Zündspule besteht aus weichmagnetischem Material. Charakteristisch für dieses Material ist die Magnetisierungskurve, die den Zusammenhang zwischen der magnetischen Feldstärke H und der Flussdichte B im Material angibt (Bild 10). Bei Erreichen einer bestimmten Flussdichte wird bei weiterer Erhöhung der Feldstärke nur noch eine sehr geringe Erhö-

hung der Flussdichte erreicht, die magnetische Sättigung tritt ein. Eine weitere Eigenschaft des Materials ist die Hysterese der Magnetisierungskurve. Dies bezeichnet die Eigenschaft des Materials, dass die Flussdichte nicht nur von der momentan wirkenden Feldstärke, sondern auch vom früheren magnetischen Zustand abhängt. Die Magnetisierungskurve nimmt beim Magnetisieren (Feldstärke H nimmt zu) einen anderen Verlauf als beim Entmagnetisieren (Feldstärke H nimmt ab). Je mehr dieses Hystereseverhalten ausgeprägt ist, desto höher sind die Eigenverluste des verwendeten Materials. Die von der Hysteresekurve eingeschlossene Fläche ist ein Maß für die Eigenverluste.

Magnetkreis
Das am häufigsten verwendete Material in Zündspulen ist Elektroblech und wird in unterschiedlichen Blechstärken und Qualitäten hergestellt. Es wird je nach Anforderung kornorientiertes (für höhere maximale Flussdichte) oder nicht kornorientiertes Material (für geringere maximale Flussdichte) verwendet. Zur Reduzierung der Wirbelstromverluste werden voneinander elektrisch isolierte Blechlamellen mit 0,3..0,5 mm Dicke eingesetzt. Die Lamellen werden gestanzt, zu Paketen gestapelt und verbunden; damit werden die geometrische Form und der notwendige Querschnitt gebildet. Um die elektrischen Leistungsdaten einer Zündspule mit definierter Geometrie zu erreichen, ist es notwendig, eine optimale Geometrie des Magnetkreises zu finden.

Zur Erfüllung der elektrischen Anforderungen (Funkendauer, Funkenenergie, Sekundärspannungsanstieg, Sekundärspannungsniveau) ist ein Luftspalt (Bild 11, Pos. 1) notwendig, der eine Scherung des Eisenkreises bewirkt (Bild 12). Ein großer Luftspalt (große Scherung) lässt eine hohe magnetische Feldstärke im Magnetkreis zu

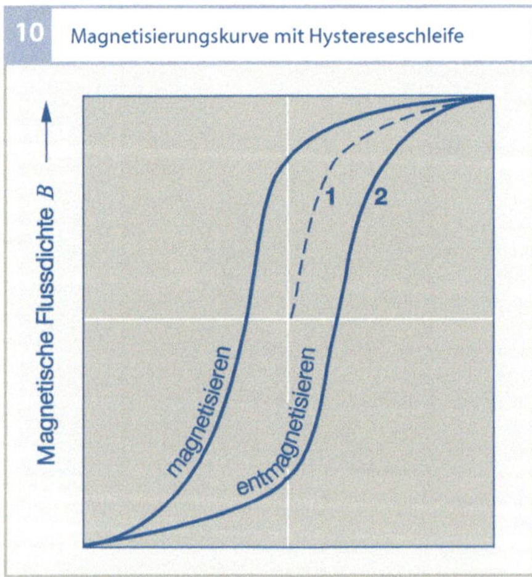

und führt so zu einer hohen gespeicherten magnetischen Energie. Das hat zur Folge, dass der Magnetkreis erst bei erheblich höheren Strömen in die magnetische Sättigung geht. Ohne Luftspalt würde diese Sättigung bereits bei geringen Strömen auftreten und bei weiterer Erhöhung des Stroms die gespeicherte Energie nur unwesentlich zunehmen. Im Luftspalt ist der weitaus größte Anteil der magnetischen Energie gespeichert.

Bei der Entwicklung einer Zündspule wird eine für die geforderten elektrischen Daten geeignete Dimensionierung des Magnetkreises und des Luftspaltes über eine FEM-Simulation ausgelegt. Hierbei wird die Geometrie dahingehend optimiert, dass bei gegebenem Strom ein Maximum an gespeicherter magnetischer Energie ohne Sättigung des Magnetkreises erzielt wird.

Mit heutigen Anforderungen hinsichtlich Bauraumreduzierung besteht die Möglichkeit, durch den Einbau von Permanentmagneten (Bild 11, Pos. 1) die gespeicherte magnetische Energie zu erhöhen. Dabei ist der Permanentmagnet so gepolt, dass dieser ein dem magnetischen Feld der Wicklung entgegengerichtetes Feld erzeugt. Die Vormagnetisierung hat den Vorteil, dass im Magnetkreis mehr Energie gespeichert werden kann.

Einschaltfunken

Bei Einschalten des Primärstroms wird aufgrund der schnellen Änderung des Stromes eine plötzliche magnetische Flussänderung im Eisenkern hervorgerufen. Dadurch wird in der Sekundärwicklung eine Spannung induziert. Sie hat eine gegenüber der induzierten Hochspannung beim Abschalten entgegengesetzte Polarität, da das Vorzeichen der Stromänderung positiv ist. Da die zeitliche Änderung im Verhältnis zur zeitlichen Änderung bei Abschalten des Primärstroms geringer ist, ist die induzierte Spannung geringer. Sie liegt im Bereich von 1...2 kV und ist

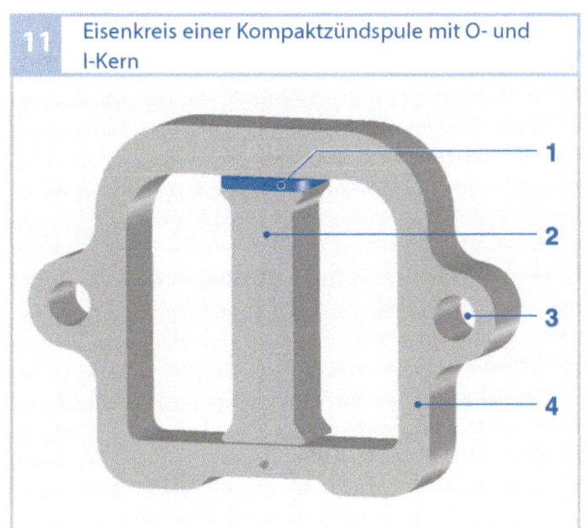

Bild 11
1 Luftspalt oder Permanentmagnet
2 I-Kern
3 Befestigungsbohrung
4 O-Kern

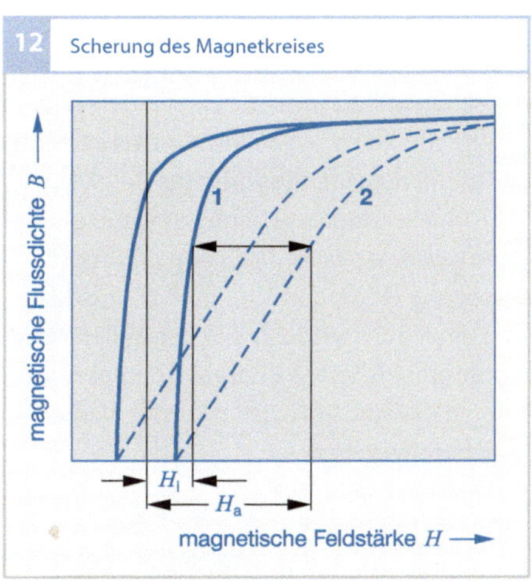

Bild 12
1 Hysterese bei Eisenkern ohne Luftspalt,
2 Hysterese bei Eisenkern mit Luftspalt,
H_i Aussteuerung bei Eisenkern ohne Luftspalt,
H_a Aussteuerung bei Eisenkern mit Luftspalt

unter Umständen zur Funkenbildung und Entflammung des Luft-Kraftstoff-Gemischs während des Verdichtungshubes eines Zylinders im Motor ausreichend. Zur Vermeidung von Motorschäden muss ein Funkenüberschlag (Einschaltfunke) an der Zündkerze sicher ausgeschlossen werden. Bei Einzelfunken-Zündspulen verhindert die EFU-Diode den Einschaltfunken (siehe Bild 1, Pos. 2 oder Bild 8a–b).

Wärmeentwicklung in der Zündspule

Der Wirkungsgrad, d. h., die verfügbare Sekundärenergie im Verhältnis zur gespeicherten Primärenergie liegt im Bereich von 50...60 %. Hochleistungszündspulen für Spezialanwendungen erreichen unter gewissen Randbedingungen einen Wirkungsgrad bis zu 80 %. Die Energiedifferenz wird im Wesentlichen durch die ohmschen Verluste in den Wicklungen, die Ummagnetisierungs- und die Wirbelstromverluste in Wärme umgesetzt.

Eine zusätzliche Verlustwärmequelle kann eine in die Zündspule integrierte Zündungsendstufe darstellen. Im Halbleitermaterial wird durch den Primärstrom ein Spannungsfall hervorgerufen, der zu Verlustleistung führt. Ebenso wird durch das Schaltverhalten beim Abschalten des Primärstroms – vor allem bei langsam schaltenden Zündungsendstufen – eine nicht zu vernachlässigende Verlustenergie verbraucht.

Hohe Sekundärspannungen werden üblicherweise durch die Primärspannungsbegrenzung (Klammerung) in der Endstufe begrenzt; hier wird ein Teil der in der Zündspule gespeicherten Energie (Klammerenergie) in der Endstufe zusätzlich als Verlustwärme abgegeben.

Kapazitive Last
Die Kapazitäten in der Zündspule, das Zündkabel, der Zündkerzenschacht, die Zündkerze und umgebende Motorkomponenten stellen Kapazitäten mit erheblichem Einfluss dar. Dadurch reduziert sich der Sekundärspannungsanstieg. Somit werden die in der Wicklung umgesetzten Wirkverluste erhöht, die Hochspannung wird reduziert. Zur Zündung des Luft-Kraftstoff-Gemischs steht daher nicht die gesamte Sekundärenergie zur Verfügung.

Funkenenergie
Die für die Zündkerze zur Verfügung stehende elektrische Energie der Zündspule wird als Funkenenergie bezeichnet. Sie ist ein wesentliches Auslegungskriterium einer Zündspule und bestimmt in Abhängigkeit der Wicklungsauslegung u. a. den Funkenstrom und die Funkenbrenndauer an der Zündkerze. Zur Luft-Kraftstoff-Gemischentflammung in Saug- und Turbomotoren mit Saugrohreinspritzung sind Funkenenergien von 30...50 mJ üblich. Für Motoren mit Benzin-Direkteinspritzung (auch mit Turboaufladung) ist zur sicheren Entflammung in allen Betriebspunkten des Motors eine deutlich höhere Funkenenergie (bis über 100 mJ) notwendig.

Ausführungen
Bei den für Neuentwicklungen eingesetzten Zündspulentypen handelt es sich im Wesentlichen um Kompaktzündspulen und Stabzündspulen, die im Folgenden näher erklärt werden. Eine Integration der Zündungsendstufe in das Zündspulengehäuse ist bei nachfolgend beschriebenen Varianten zum Teil möglich.

Kompaktzündspule
Aufbau
Der Magnetkreis der Kompaktzündspule besteht aus dem O-Kern und dem I-Kern (**Bild 11**), auf dem die Primär- und die Sekundärwicklungen montiert sind. Diese Anordnung wird in das Zündspulengehäuse eingebaut. Die Primärwicklung (mit Draht bewickelter I-Kern) wird mit dem Primärsteckanschluss elektrisch und mechanisch verbunden. Mit dem Primäranschluss ist ebenfalls der Wicklungsanfang der Sekundärwicklung (mit Draht bewickelter Spulenkörper) verbunden. Der zündkerzenseitige Anschluss der Sekundärwicklung befindet sich im Gehäuse und die elektrische Kontaktierung wird bei der Montage der Wicklungen hergestellt.

Der Hochspannungsdom ist Bestandteil des Gehäuses und trägt einerseits das Kontaktteil zur Zündkerzenkontaktierung, anderseits den Silikonmantel zur Isolation der Hochspannung zu außen liegenden Teilen und dem Zündkerzenschacht. Nach dem Zusammenbau der Bauteile wird das Innere des Gehäuses mit einem Imprägnierharz unter Vakuum vergossen und anschließend ausgehärtet. Das ergibt eine hohe mechanische Festigkeit, einen guten Schutz vor Umwelteinflüssen und eine sichere Isolation der Hochspannung. Abschließend wird der Silikonmantel auf den Hochspannungsdom aufgeschoben und fixiert. Nach elektrischer Prüfung aller relevanten Parameter ist die Zündspule einsatzbereit.

Wegbau- und COP-Variante
Aufgrund der kompakten Konstruktion der Zündspule ist der in Bild 13 dargestellte Aufbau möglich. Diese Bauart wird als Coil on Plug (COP) bezeichnet. Die Zündspule wird direkt auf die Zündkerze montiert, sodass zusätzliche Hochspannungs-Verbindungskabel entfallen, die Funktionssicherheit wird erhöht (z. B. ist kein Marderverbiss der Zündkabel mehr möglich). Es ergibt sich ebenfalls eine geringere kapazitive Belastung des Sekundärkreises der Zündspule.

Bei der selteneren Wegbauvariante werden die Kompaktzündspulen jeweils über ein Hochspannungs-Zündkabel mit der Zündkerze verbunden. Die Zündspule ist im Motorraum oder am Zylinderkopf mechanisch, teilweise mit einem zusätzlichen Halter, befestigt. An die Wegbauvariante (Karosserieanbau) werden jedoch geringere Anforderungen hinsichtlich Temperatur- und Schüttelbedingungen gestellt.

Weitere Zündspulen-Bauarten
ZS 2 × 2
Die rotierende Hochspannungsverteilung wurde schrittweise durch die ruhende Hochspannungsverteilung ersetzt. Für eine einfache Umrüstung eines 4- oder 6-Zylinder-Motors auf die ruhende Verteilung eignet sich die ZS 2 × 2 bzw. die ZS 3 × 2. Diese Bauart enthält zwei bzw. drei Zweifunken-Zündspulen in einem Gehäuse. Der Anpassungsaufwand beim Fahrzeughersteller ist aufgrund der flexiblen Montage im Motorraum gering, ein angepasstes Motorsteuergerät ist jedoch erforderlich. Bei dieser Lösung sind in den meisten Fällen Hochspannungs-Zündkabel erforderlich. Diese Bauart wird heute noch vereinzelt in preisgünstigen Fahrzeugen (LPV, Low Price Vehicle) eingesetzt.

Zündspulen-Module
Bei den Zündspulenmodulen sind mehrere Einfunken-Zündspulen in einem gemeinsa-

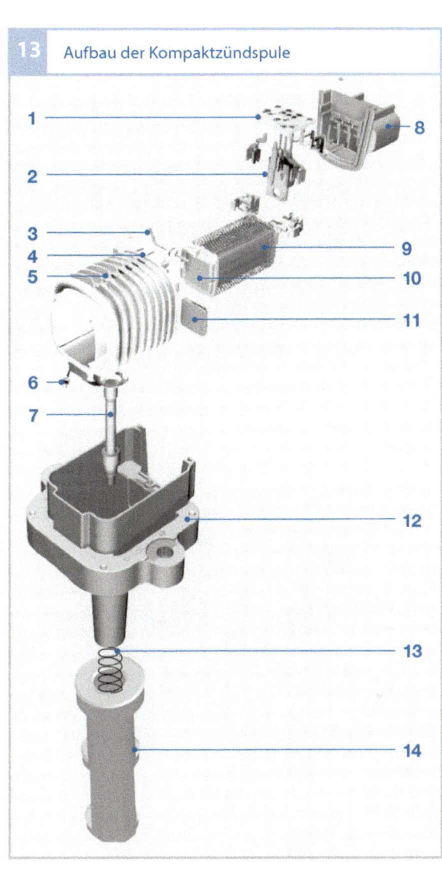

Bild 13
1 Leiterplatte (optional)
2 Endstufe (optional)
3 EFU-Diode
4 Sekundärspulenkörper
5 Sekundärwicklung
6 Kontaktblech
7 Hochspannungsbolzen
8 Primärstecker
9 Primärwicklung
10 I-Kern
11 Permanentmagnet (optional)
12 O-Kern
13 Feder
14 Silikonmantel

men Gehäuse zu einer Baugruppe zusammengefasst. Funktional gesehen sind diese Zündspulen voneinander unabhängig. Die Vorteile, die sich durch den Einsatz von Zündspulenmodulen ergeben, sind eine vereinfachte Montage mit weniger Schraubverbindungen (nur ein Arbeitsgang gegenüber mehreren bei Einzel-Zündspulen), nur ein Steckanschluss zum Motorkabelbaum und reduzierte Kosten durch schnellere Montage und vereinfachten Kabelbaum. Nachteilig

sind die Notwendigkeit einer motorspezifisch angepassten Geometrie und die Eignung nur für bestimmte Zylinderkopfausführungen.

Stabzündspule

Die Stabzündspule ermöglicht eine optimale Ausnutzung der Platzverhältnisse im Zylinderkopf. Durch die zylindrische Bauform kann der Zündkerzenschacht als Montageraum mitbenutzt werden und ermöglicht eine bauraumoptimierte Anordnung. Stabzündspulen werden immer direkt auf die Zündkerze montiert, daher sind keine zusätzlichen Hochspannungs-Verbindungskabel erforderlich.

Aufbau und Magnetkreis

Stabzündspulen (auch als „Pencil Coil" bezeichnet) arbeiten wie Kompaktzündspulen nach dem induktiven Prinzip. Aufgrund der Rotationssymmetrie unterscheiden sie sich im Aufbau jedoch deutlich von Kompaktzündspulen. Der Magnetkreis besteht aus den gleichen Materialien. Der im Zentrum liegende Stabkern (Bild 14, Pos. 5) wird hier aus verschieden breit gestanzten Blechlamellen annähernd kreisrund gestapelt und paketiert. Der magnetische Kreis wird über das Rückschlussblech (9) als gerollte und geschlitzte Hülse aus Elektroblech – teilweise aus mehreren Lagen – hergestellt. Im Gegensatz zu Kompaktzündspulen liegt die Primärwicklung (7) mit größerem Durchmesser über der Sekundärwicklung (6), deren Spulenkörper gleichzeitig den Stabkern aufnimmt; hierfür sind konstruktive und funktionale Vorteile maßgebend. Der kompakte Aufbau der Stabzündspule lässt bei gegebener Geometrie hinsichtlich der elektrischen Auslegung nur eine sehr eingeschränkte Variation des Magnetkreises (Stabkern, Rückschlussblech) und Wicklungen zu. Bei den meisten Stabzündspulenanwendungen wer-

14   Aufbau der Stabzündspule

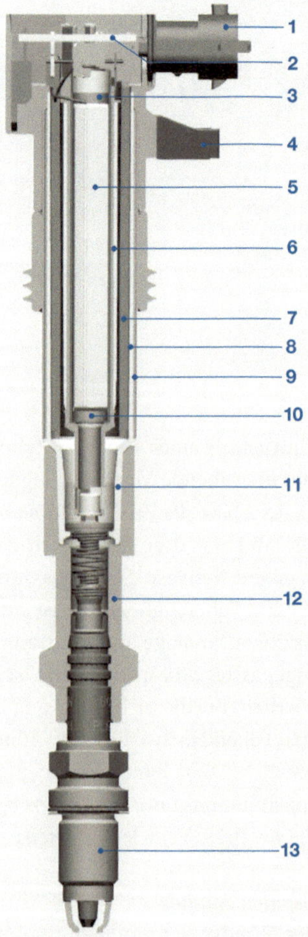

Bild 14
1   Primärstecker
2   Leiterplatte mit Zündungsendstufe (optional)
3   Permanentmagnet (optional)
4   Befestigungsarm
5   lamellierter Elektroblechkern (Stabkern)
6   Sekundärwicklung
7   Primärwicklung
8   Gehäuse
9   Rückschlussblech
10   Permanentmagnet (optional)
11   Hochspannungsdom
12   Silikonmantel
13   Zündkerze

Zwischenräume sind mit Vergussmasse verfüllt

den zur Erhöhung der Funkenenergie Permanentmagnete eingesetzt. Bei Stabzündspulen sind Kontaktierung der Zündkerze und Anschluss an den Motorkabelbaum vergleichbar mit Kompaktzündspulen.

Varianten
Stabzündspulen stehen für verschiedene Anwendungen in mehreren Varianten zur Verfügung (z. B. unterschiedliche Durchmesser und Baulängen). Optional kann eine Zündungsendstufe mit Elektronik in das Gehäuse integriert sein. Ein typischer Durchmesser, gemessen am zylindrischen Mittelteil, ist ca. 22 mm. Dieses Maß ergibt sich durch den Bohrungsdurchmesser des Zündkerzenschachtes im Zylinderkopf und Zündkerzen in Standardbauform mit einer Schlüsselweite SW16. Die Länge einer Stabzündspule wird durch die Einbausituation im Zylinderkopf und den geforderten und möglichen elektrischen Daten bestimmt. Einer deutlichen Verlängerung des aktiven Teils (zur Erhöhung der Induktivität) sind wegen der Zunahme der parasitären Kapazitäten und Verschlechterung des Magnetkreises jedoch Grenzen gesetzt.

Elektronik in der Zündspule

Bei früheren Konzepten war die Zündungsendstufe überwiegend als separates Modul ausgeführt und im Motorraum und bei rotierender Verteilung auch an der Zündspule oder am Zündverteiler befestigt. Mit der Umstellung auf die ruhende Spannungsverteilung und zunehmender Miniaturisierung der Elektronik wurden kompakte Zündungsendstufen als integrierte Schaltkreise entwickelt, die in die Zündungssteuergeräte oder in die Motorsteuergeräte integriert werden konnten.

Der ständig wachsende Funktionsumfang der Motorsteuergeräte und neue Motorkonzepte (z. B. Benzin-Direkteinspritzung) erfordern aufgrund der Verlustleistung der Leistungsendstufen und des Bauraums teilweise die Auslagerung der Zündungsendstufen aus dem Steuergerät. Eine Möglichkeit ist die Integration in die Zündspule, u. a. mit dem Vorteil einer kürzeren Primärleitungslänge und dem damit reduziertem Spannungsabfall oder der Möglichkeit, integrierte Diagnose- und Überwachungsfunktionen zu realisieren.

Elektrische Parameter
Induktivität
Eine Zündspule besitzt eine Primär- und eine Sekundärinduktivität. Die Sekundärinduktivität ist um ein Vielfaches höher als die Primärinduktivität. Die Induktivität wird durch Material und Querschnitt des durchfluteten Magnetkreises, die Windungszahl und die Geometrie der Kupferwicklung bestimmt.

Kapazität
Bei der Zündspule unterscheidet man Eigenkapazität, parasitäre Kapazität und Lastkapazität. Die Eigenkapazität wird im Wesentlichen durch die Wicklung selbst gebildet. Sie ergibt sich daraus, dass benachbarte Drähte in der Sekundärwicklung einen Kondensator bilden.

Innerhalb eines elektrischen Systems existieren parasitäre („schädliche") Kapazitäten. Ein Teil der zur Verfügung stehenden oder erzeugten Energie wird zur Aufladung oder Umladung dieser parasitären Kapazitäten benötigt. In einer Zündspule werden parasitäre Kapazitäten z. B. durch den geringen Abstand zwischen Sekundärwicklung und Primärwicklung oder durch Kabelkapazitäten zwischen Zündkabel und benachbarten Bauteilen gebildet.

Die Lastkapazität wird im Wesentlichen durch die Zündkerze gebildet. Sie wird durch die Einbausituation (z. B. metallischer

Zündkerzenschacht), die Zündkerze selbst und ggf. vorhandene Hochspannungs-Leitungen bestimmt. Diese Bedingungen lassen sich kaum beeinflussen und müssen bei der Auslegung der Zündspule berücksichtigt werden.

Gespeicherte Energie

Abhängig von der Auslegung einer Zündspule (Geometrie, Material des Magnetkreises, Magnete) und der verwendeten Zündungsendstufe lässt sich in einer Zündspule nur bis zu einer bestimmten Größenordnung magnetische Energie speichern. Bei weiterer Erhöhung des Primärstroms ist nur noch ein geringer Zuwachs der gespeicherten Energie möglich, die Verluste steigen dann überproportional an und würden in kurzer Zeit zur Zerstörung der Zündspule führen. Eine optimale Auslegung einer Zündspule liegt – unter Berücksichtigung aller Toleranzen – bei einem Arbeitspunkt knapp unterhalb der magnetischen Sättigung des Magnetkreises.

Ohmscher Widerstand

Der ohmsche Widerstand der Wicklungen wird durch den temperaturabhängigen spezifischen Widerstand des Kupfers bestimmt.

Der Primärwiderstand (Widerstand der Primärwicklung) liegt üblicherweise im Bereich von 0,3…0,6 Ω. Er darf nicht zu hoch liegen, da die Zündspule sonst im Falle niedriger Bordnetzspannung (z. B. bei Kaltstart) ihren Nennstrom nicht erreicht und somit nur eine geringere Funkenenergie erzeugt. Der Sekundärwiderstand (Widerstand der Sekundärwicklung) liegt aufgrund der höheren Windungszahl (um den Faktor 70…100) und des geringen Drahtdurchmessers (ca. um den Faktor 10) der Sekundärwicklung im Bereich mehrerer kΩ.

Verlustleistung

Die ohmschen Widerstände der Wicklungen, die kapazitiven Verluste und die Ummagnetisierungsverluste (aufgrund der Hysterese) sowie bauformbedingte Abweichungen vom idealen Magnetkreis bestimmen die Verluste in einer Zündspule. Bei einem Wirkungsgrad von 50…60 % treten bei hoher Drehzahl verhältnismäßig hohe Verluste in Form von Wärme auf. Durch verlustminimierte Auslegungen und geeignete konstruktive Lösungen werden die Verluste möglichst klein gehalten.

Variable	Kenngröße	Typische Werte
I_1	Primärstrom	6,5…9,0 A
T_1	Ladezeit	1,5…4,0 ms
U_2	Sekundärspannung	29…35 kV
T_F	Funkendauer	1,3…2,0 ms
W_F	Funkenenergie	30…50 mJ, für Benzin-Direkteinspritzung bis 100 mJ
I_F	Funkenstrom	80…115 mA
R_1	ohmscher Widerstand der Primärwicklung	0,3…0,6 Ω
R_2	ohmscher Widerstand der Sekundärwicklung	5…16 kΩ
N_1	Windungszahl der Primärwicklung	150…200
N_2	Windungszahl der Sekundärwicklung	8 000…22 000

Tabelle 2
Kenngrößen von Zündspulen

Windungsverhältnis

Das Windungsverhältnis ist das Verhältnis zwischen Primär- und Sekundärwindungszahl der Kupferwicklungen. Es liegt für Standardzündspulen in der Größenordnung von 1:50...1:150. Durch die Festlegung des Windungsverhältnisses wird z. B. die Höhe des Funkenstroms und in gewissem Maße die maximale Sekundärspannung in Abhängigkeit von der Klammerspannung der Zündungsendstufe bestimmt.

Hochspannungs- und Funkencharakteristik

Eine ideale Zündspule erzielt eine möglichst hohe und laststabile Hochspannung mit sehr schnellem Spannungsanstieg. Dies garantiert unter betriebsrelevanten Bedingungen einen Funken an der Zündkerze. Bedingt durch die realen Eigenschaften der Wicklungen, des Magnetkreises und der verwendeten Zündungsendstufe sind hier jedoch Grenzen gesetzt. Die Hochspannung ist in der Regel so gepolt, dass die Mittelelektrode der Zündkerze ein negatives Potential gegenüber der Fahrzeugmasse aufweist. Ausnahmen bilden spezielle Kundenanforderungen.

Dynamischer Innenwiderstand

Eine weitere wichtige Größe ist der dynamische Innenwiderstand (die Impedanz) der Zündspule. Er ist von der Sekundärinduktivität abhängig, bestimmt in Verbindung mit der inneren und äußeren Kapazität die Geschwindigkeit des Spannungsanstiegs und ist damit ein Maß dafür, wie viel Energie aus der Zündspule über Nebenschlusswiderstände bis zum Augenblick des Funkendurchbruchs abfließen kann. Ein niedriger Innenwiderstand der Spule ist bei verschmutzten oder nassen Zündkerzen vorteilhaft, da der damit verbundene höhere Wirkungsgrad der Zündspule mehr Zündenergie für die Zündkerze bereitstellt.

Zündkerzen

Die Zündung des Luft-Kraftstoff-Gemischs im Ottomotor erfolgt elektrisch. Die elektrische Energie wird der Batterie entnommen und in der Zündspule zwischengespeichert. Die in der Zündspule erzeugte Hochspannung bewirkt einen Funkenüberschlag zwischen den Elektroden der Zündkerze im Brennraum des Motors. Die in dem Funken enthaltene Energie entzündet das verdichtete Luft-Kraftstoff-Gemisch.

Aufgabe

Die Aufgabe der Zündkerze ist es, beim Ottomotor durch den elektrischen Funken zwischen den Elektroden die Verbrennung des Luft-Kraftstoff-Gemischs einzuleiten (Bild 15). Durch den Aufbau der Zündkerze muss sichergestellt sein, dass die zu übertragende Hochspannung immer sicher gegen den Zylinderkopf isoliert und der Brennraum nach außen abgedichtet wird.

Die Zündkerze bestimmt im Zusammenwirken mit den anderen Komponenten des Motors, z. B. den Zünd- und den Gemischaufbereitungssystemen, in entscheidendem Maße die Funktion des Ottomotors. Sie muss
- einen sicheren Kaltstart ermöglichen,
- über die gesamte Lebensdauer einen aussetzerfreien Betrieb gewährleisten,
- auch bei längerem Betrieb im Bereich der Höchstgeschwindigkeit die zulässige Höchsttemperatur einhalten.

Um diese Funktionen über die gesamte Lebensdauer der Zündkerze sicherzustellen, muss das richtige Zündkerzenkonzept schon sehr früh in der Entwicklungsphase der Motoren festgelegt werden. In Entflammungsuntersuchungen wird das optimale Zündkerzenkonzept hinsichtlich Abgasemission und Laufruhe bestimmt. Ein wichtiger Kennwert

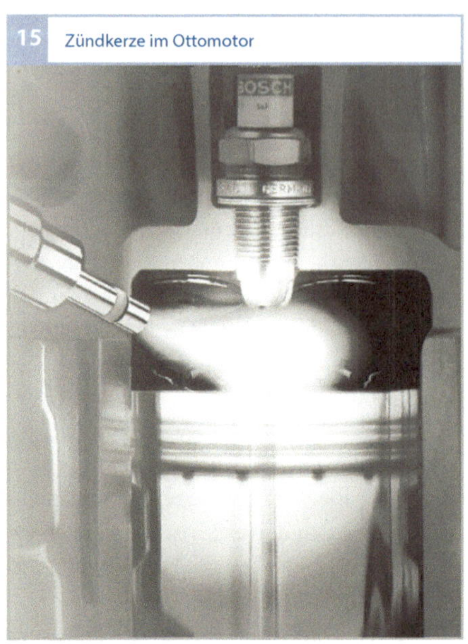

15   Zündkerze im Ottomotor

der Zündkerze ist der Wärmewert. Die Zündkerze mit dem richtigen Wärmewert verhindert, dass sie im Betrieb so heiß wird, dass von ihr thermische Entflammungen ausgehen und den Motor schädigen.

Anwendung

Einsatzgebiete

Die Zündkerze wurde von Bosch im Jahr 1902 in Verbindung mit dem Hochspannungs-Magnetzünder zum ersten Mal in einem Pkw eingesetzt. Sie findet heutzutage in allen Fahrzeugen und Geräten Verwendung, die von einem Ottomotor angetrieben werden – sowohl für Zweitakt- als auch für Viertakt-Verfahren.

Typenvielfalt

1902 leisteten Motoren pro 1 000 cm³ Hubraum lediglich ca. 6 PS ($\approx$ 4,4 kW). Mittlerweile werden 100 kW erreicht, bei Rennmotoren sogar bis 250 kW. Der technische Aufwand für die Entwicklung und die Herstellung von Zündkerzen, die solche Leistungen ermöglichen, ist enorm. Die erste Zündkerze musste 15 bis 25-mal pro Sekunde zünden. Eine heutige Zündkerze muss das 12-Fache leisten. Die obere Temperaturgrenze stieg von 600 °C auf ca. 950 °C, die Zündspannung von 10 kV auf bis zu 40 kV. Während die Zündkerzen von heute mindestens 30 000 km überstehen müssen, wurden die Zündkerzen früher alle 1 000 km gewechselt.

Am Prinzip der Zündkerze hat sich in 100 Jahren wenig geändert. Trotzdem entwickelte Bosch im Lauf der Zeit mehr als 20 000 verschiedene Typen, um der Motorenentwicklung gerecht zu werden. Aber auch das aktuelle Zündkerzenprogramm ist vielfältig. Es werden hohe Anforderungen an die Zündkerze bezüglich der elektrischen und mechanischen Eigenschaften sowie der chemischen und thermischen Belastbarkeit gestellt. Neben diesen Anforderungen muss die Zündkerze auch an die geometrischen Vorgaben der Motorkonstruktion (z. B. Zündkerzenlage im Zylinderkopf) angepasst sein. Aufgrund dieser Anforderungen ist – hervorgerufen durch die unterschiedlichsten Motoren – eine Vielfalt von Zündkerzen erforderlich.

Anforderungen

Anforderungen an die elektrischen Eigenschaften

Beim Betrieb der Zündkerzen mit elektronischen Zündanlagen können Spannungen bis über 40 kV auftreten, die nicht zu Durchschlägen am Isolator führen dürfen. Die sich aus dem Verbrennungsprozess abscheidenden Rückstände wie Ruß, Ölkohle und Asche aus Kraftstoff und Ölzusätzen sind unter bestimmten thermischen Bedingungen elektrisch leitend. Dennoch dürfen dadurch keine Überschläge über den Isolator auftreten. Der elektrische Widerstand des Isolators muss bis zu 1 000 °C hinreichend groß sein und darf sich über der Lebensdauer der Zündkerze nur wenig verringern.

Anforderungen an die mechanischen Eigenschaften

Die Zündkerze muss den im Verbrennungsraum periodisch auftretenden Drücken (bis ca. 150 bar) widerstehen, ohne an Gasdichtheit zu verlieren. Zusätzlich wird eine hohe mechanische Festigkeit besonders von der Keramik gefordert, die bei der Montage und im Betrieb durch den Zündkerzenstecker und die Zündleitung belastet wird. Das Gehäuse muss die Kräfte beim Anziehen ohne bleibende Verformung aufnehmen.

Anforderungen an die chemische Belastbarkeit

Der in den Brennraum ragende Teil der Zündkerze kann sich bis zur Rotglut erhitzen und ist den bei hoher Temperatur stattfindenden chemischen Vorgängen ausgesetzt. Im Kraftstoff enthaltene Bestandteile können sich als aggressive Rückstände an der Zündkerze ablagern und deren Eigenschaften verändern.

Anforderungen an die thermische Belastbarkeit

Während des Betriebs nimmt die Zündkerze in rascher Folge Wärme aus den heißen Verbrennungsgasen auf und wird kurz danach durch das angesaugte kalte Luft-Kraftstoff-Gemisch abgekühlt. An die Beständigkeit des Isolators gegen „Thermoschock" werden deshalb hohe Anforderungen gestellt. Ebenso muss die Zündkerze die im Brennraum aufgenommene Wärme möglichst gut an den Zylinderkopf des Motors abführen; die Anschlussseite der Zündkerze sollte sich möglichst wenig erwärmen.

Aufbau

Anschlussbolzen

Der Anschlussbolzen (Bild 16, Pos. 1) aus Stahl ist im Isolator mit einer leitfähigen Glasschmelze, die auch die leitende Verbindung zur Mittelelektrode herstellt, gasdicht eingeschmolzen. Er hat an dem aus dem Isolator herausragenden Ende ein Gewinde, in das der Zündkerzenstecker der Zündleitung einrastet. Für den genormten Anschlussstecker wird entweder auf das Gewinde des Anschlussbolzens eine Anschlussmutter aufgeschraubt, oder der Bolzen wird bei der Herstellung bereits mit einem massiven genormten Anschluss versehen.

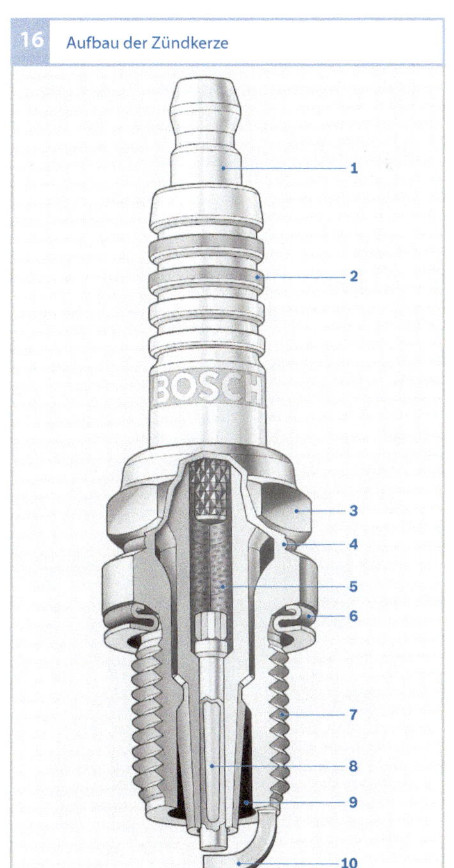

16   Aufbau der Zündkerze

Bild 16
1 Anschlussmutter auf Anschlussbolzen
2 Isolator aus Al_2O_3-Keramik
3 Gehäuse
4 Warmschrumpfzone
5 leitendes Glas
6 Dichtring (Dichtsitz)
7 Gewinde
8 Verbundmittelelektrode (Ni, Cu)
9 Atmungsraum (Luftraum)
10 Masseelektrode (hier als Verbundelektrode Ni, Cu)

Isolator

Der Isolator (Bild 16, Pos. 2) besteht aus einer Spezialkeramik. Er hat die Aufgabe, die Mittelelektrode und den Anschlussbolzen gegen das Gehäuse elektrisch zu isolieren. Die Forderungen nach guter Wärmeleitfähigkeit bei hohem elektrischem Isoliervermögen stehen in starkem Gegensatz zu den Eigenschaften der meisten Isolierstoffe. Der von Bosch verwendete Werkstoff besteht aus Aluminiumoxid (Al_2O_3), dem in geringem Anteil andere Stoffe zugemischt sind.

Zur Verbesserung des Kaltwiederholstartverhaltens bei Luftfunken-Zündkerzen kann die Außenkontur des Isolatorfußes modifiziert werden, um ein günstigeres Aufheizverhalten zu erreichen. Die Oberfläche der Isolator-Anschlussseite ist mit einer bleifreien Glasur überzogen. Auf der glatten Glasur haften Feuchtigkeit und Schmutz weniger gut, wodurch Kriechströme weitgehend vermieden werden.

Gehäuse

Das Gehäuse (Bild 16, Pos. 3) wird aus Stahl über einen Kaltumformungsprozess herge-

stellt. Aus dem Presswerkzeug kommt der Rohling schon mit seiner endgültigen Kontur und muss nur noch an einzelnen Stellen spanend bearbeitet werden. Der untere Teil des Gehäuses ist mit einem Gewinde (Bild 16, Pos. 7) versehen, damit die Zündkerze im Zylinderkopf befestigt und nach einem vorgegebenem Wechselintervall ausgetauscht werden kann. Auf die Stirnseite des Gehäuses werden – je nach Zündkerzenkonzept – bis zu vier Masseelektroden aufgeschweißt.

Zum Schutz des Gehäuses gegen Korrosion ist auf der Oberfläche galvanisch eine Nickelschicht aufgebracht, die in den Aluminiumzylinderköpfen ein Festfressen des Gewindes verhindert. Am oberen Teil des Gehäuses befindet sich ein Sechs- oder bei neueren Zündkerzenkonzepten auch ein Doppelsechskant zum Ansetzen des Schraubenschlüssels. Der Doppelsechskant benötigt bei unveränderter Isolatorkopfgeometrie weniger Platz im Zylinderkopf und der Motorenkonstrukteur ist freier in der Gestaltung der Kühlkanäle.

Der obere Teil des Zündkerzengehäuses wird nach dem Einsetzen des Stöpsels (Isolator mit funktionssicher montierter Mittelelektrode und Anschlussbolzen) umgebördelt und fixiert diesen in seiner Position. Der anschließende Schrumpfprozess – durch induktive Erwärmung unter hohem Druck – stellt die gasdichte Verbindung zwischen Isolator und Gehäuse her und garantiert eine gute Wärmeleitung.

Dichtsitz

Je nach Motorbauart dichtet ein Flach- oder ein Kegeldichtsitz (Bild 17) zwischen der Zündkerze und dem Zylinderkopf ab. Beim Flachdichtsitz wird ein „unverlierbarer" Dichtring (Bild 17, Pos. 1) als Dichtelement verwendet. Er hat eine spezielle Formgebung und dichtet bei Montage der Zündkerze

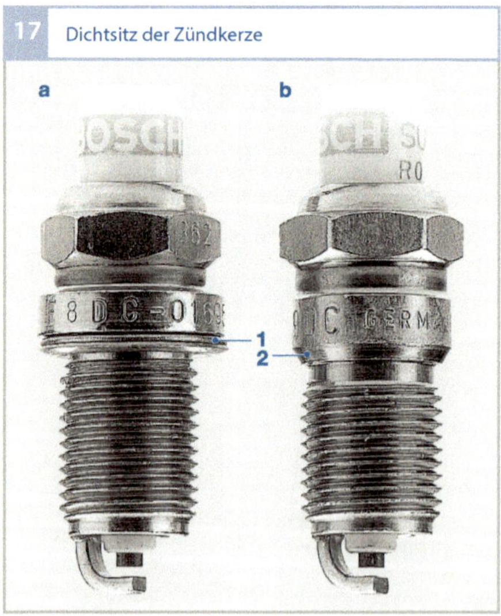

17 Dichtsitz der Zündkerze

Bild 17
a Flachdichtsitz mit Dichtring
b Kegeldichtsitz ohne Dichtring

1 Dichtring
2 kegelige Dichtfläche

nach Vorschrift dauerelastisch ab. Beim Kegeldichtsitz dichtet eine kegelige Fläche (Bild 17, Pos. 2) des Zündkerzengehäuses ohne Verwendung eines Dichtrings direkt auf einer entsprechenden Fläche des Zylinderkopfs ab.

Elektroden

Beim Funkenüberschlag und Betrieb mit höherer Temperatur wird das Elektrodenmaterial so stark beansprucht, dass die Elektroden verschleißen – der Elektrodenabstand wird dabei größer. Um die Forderungen nach bestimmten Wechselintervallen erfüllen zu können, müssen die Elektrodenwerkstoffe so konzipiert sein, dass sie eine gute Erosionsbeständigkeit (bei Abbrand durch den Funken) und eine gute Korrosionsbeständigkeit (bei Verschleiß durch chemisch-thermische Angriffe) aufweisen.

Grundsätzlich leiten reine Metalle die Wärme besser als Legierungen. Andererseits reagieren reine Metalle – wie z. B. Nickel – auf chemische Angriffe von Verbrennungsgasen und festen Verbrennungsrückständen empfindlicher als Legierungen. Durch Zulegierung von Mangan und Silizium wird die chemische Beständigkeit von Nickel vor allem gegen das sehr aggressive Schwefeldioxid (SO_2, Schwefel ist Bestandteil des Schmieröls und des Kraftstoffs) verbessert. Zusätze aus Aluminium und Yttrium steigern darüber hinaus die Zunder- und Oxidationsbeständigkeit.

Mittelelektrode
Die Mittelelektrode (Bild 16, Pos. 8) ist mit ihrem Kopf in der leitenden Glasschmelze verankert und zur besseren Wärmeableitung mit einem Kupferkern versehen (Bild 18, Pos. 7).

Platin (Pt) und Platinlegierungen weisen eine sehr gute Korrosions- und Oxidationsbeständigkeit sowie eine hohe Abbrandfes-

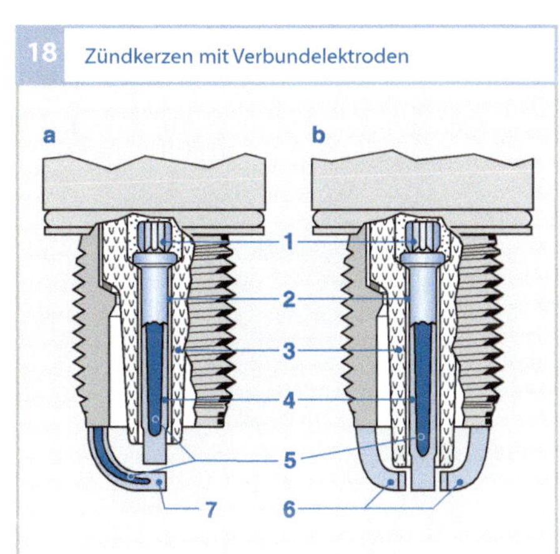

Bild 18
a mit Dachelektrode
b mit Seitenelektroden

1 leitendes Glas
2 Luftspalt
3 Isolatorfuß
4 Verbundmittelelektrode
5 Kupferkern
6 Masseelektroden
7 Verbundmasseelektrode

tigkeit auf. Sie werden daher als Elektrodenwerkstoffe für Longlife-Zündkerzen eingesetzt. Die Mittelelektrode nimmt einen Edelmetallstift auf, der über eine Laserschweißung dauerhaft mit der Basiselektrode verbunden wird.

Masseelektroden
Die Masseelektroden (Bild 16, Pos. 10) sind am Gehäuse befestigt und haben vorwiegend einen rechteckigen Querschnitt. Je nach Art der Anordnung unterscheidet man zwischen Dach- und Seitenelektroden sowie Spezialanwendungen (Bild 19). Die Dauerstandfestigkeit der Masseelektroden wird durch deren Wärmeleitfähigkeit bestimmt. Die Wärmeableitung kann durch die Verwendung von Verbundwerkstoffen (wie bei den Mittelelektroden) zwar verbessert werden, aber letztlich bestimmt die Länge, der Profilquerschnitt und die Anzahl der Masseelektroden die Temperatur und damit deren Verschleißverhalten.

Zündkerzenkonzepte

Die gegenseitige Anordnung der Elektroden und die Position der Masseelektroden zum Isolator bestimmt den Typ des Zündkerzenkonzepts (Bild 20).

19   Elektrodenformen

20   Zündkerzenkonzepte

Luftfunkenkonzept

Bei den Luftfunkenkonzepten ist die Masseelektrode so zur Mittelelektrode angestellt, dass der Zündfunke auf direktem Weg zwischen den Elektroden springt und das Luft-Kraftstoff-Gemisch entzündet, das sich zwischen den Elektroden befindet.

Gleitfunkenkonzept

Durch die definierte Anstellung der Masseelektroden zur Keramik gleitet der Funke zunächst von der Mittelelektrode über die Oberfläche der Isolatorfußspitze und springt dann über einen Gasspalt zur Masseelektrode. Da für eine Entladung über die Oberfläche eine niedrigere Zündspannung benötigt wird als für die Entladung durch einen gleich großen Luftspalt, kann der Gleitfunke bei gleichem Zündspannungsbedarf größere Elektrodenabstände überbrücken als der Luftfunke. Dadurch entsteht ein größerer Flammenkern und die Entflammungseigenschaften werden deutlich verbessert. Gleichzeitig hat der Gleitfunke im Kaltwiederholstart eine reinigende Wirkung. Er verhindert, dass sich auf der Isolatorstirnseite Ruß niederschlägt.

Luftgleitfunkenkonzepte

Bei diesen Zündkerzenkonzepten sind die Masseelektroden in einem definierten Abstand zur Mittelelektrode und zur Keramikstirnseite angestellt. Je nach Betriebsbedingungen und Zündkerzenzustand (Zündkerzenverschleiß, Zündspannungsbedarf) springt der Funke als Luft- oder als Luftgleitfunke.

Elektrodenabstand

Der Elektrodenabstand (EA) ist die kürzeste Entfernung zwischen Mittel- und Masseelektrode und bestimmt u. a. die Länge des Funkens. Je kleiner der Elektrodenabstand ist, umso niedriger ist die Spannung, die benötigt wird, um einen Zündfunken zu erzeugen.

Bei zu kleinem Elektrodenabstand entsteht nur ein kleiner Flammenkern im Elektrodenbereich. Über die Kontaktflächen mit den Elektroden wird diesem wiederum Energie entzogen (und führt zum Quenching). Der Flammenkern kann sich dadurch nur sehr langsam ausbreiten. Im Extremfall kann die Energieabfuhr so groß sein, dass sogar Entflammungsaussetzer auftreten können.

Mit zunehmendem Elektrodenabstand (z. B. durch Verschleiß der Elektroden) werden die Entflammungsbedingungen zwar verbessert, da die Quenchingverluste geringer sind. Der erforderliche Zündspannungsbedarf steigt aber an. Bei gegebenem Zündspannungsangebot der Zündspule wird die Zündspannungsreserve reduziert und die Gefahr von Zündaussetzern erhöht.

Den genauen, für den jeweiligen Motor optimalen Elektrodenabstand ermittelt der Motorenhersteller aus verschiedenen Tests. Zunächst werden in charakteristischen Betriebspunkten der Motoren Entflammungsuntersuchungen durchgeführt und der minimale Elektrodenabstand ermittelt. Die Festlegung erfolgt über die Bewertung der Abgasemission, der Laufruhe und des Kraftstoffverbrauchs. In anschließenden Dauerläufen wird das Verschleißverhalten dieser Zünd-

kerzen bestimmt und hinsichtlich des Zündspannungsbedarfs bewertet. Ist ein ausreichender Sicherheitsabstand zur Zündaussetzergrenze gegeben, wird der Elektrodenabstand festgeschrieben. Er kann entweder der Betriebsanleitung oder den Zündkerzen-Verkaufsunterlagen von Bosch entnommen werden.

Funkenlage

Die Lage der Funkenstrecke relativ zur Brennraumwand definiert die Funkenlage. Bei modernen Motoren (insbesondere auch bei Motoren mit Direkteinspritzung) ist ein deutlicher Einfluss der Funkenlage auf die Verbrennung zu beobachten. Zur Charakterisierung der Verbrennung dient die Laufruhe des Motors, die wiederum über eine statistische Auswertung des mittleren indizierten Drucks p_{mi} beschrieben werden kann. Aus der Höhe der Standardabweichung s oder des Variationskoeffizienten ($cov = s/p_{mi}$, wird in Prozent angegeben) kann abgeleitet werden, wie gleichmäßig die Verbrennung abläuft. Als Maß für die Laufgrenze ist für den Variationskoeffizienten ein Wert von 5 % definiert.

Zeigt sich bei einem Motor durch den Einsatz von tiefer in den Brennraum ragenden Funkenlagen eine Verschiebung der Laufgrenze zu höheren Luftzahlen und eine Vergrößerung des Zündwinkelbereichs (bei $cov < 5$ %), sind hier größere Funkenlagen vorteilhaft für die Entflammung.

Größere Funkenlagen bedeuten aber auch längere Masseelektroden, die zu höheren Temperaturen führen, was wiederum einen Anstieg im Elektrodenverschleiß zur Folge hat. Außerdem sinkt die Eigenresonanzfrequenz, was zu Schwingungsbrüchen führen kann. Daher erfordern vorgezogene Funkenlagen mehrere Maßnahmen, um die geforderten Standzeiten erreichen zu können:

- Verlängerung des Zündkerzengehäuses über die Brennraumwand hinaus (dadurch wird die Bruchgefahr der Elektroden reduziert),
- Einsatz von Masseelektroden mit Kupferkern zur Reduzierung der Temperatur um ca. 70 °C,
- Einsatz von hochtemperaturfesten Elektrodenwerkstoffen.

Wärmewert der Zündkerze
Betriebstemperatur der Zündkerze
Arbeitsbereich
Im kalten Zustand wird der Motor mit einem fetten Luft-Kraftstoff-Gemisch betrieben. Dadurch kann während des Verbrennungsvorgangs durch unvollständige Verbrennungen Ruß entstehen, der sich im Brennraum und auf der Zündkerze ablagert. Diese Rückstände verschmutzen den Isolatorfuß und bewirken eine leitfähige Verbindung zwischen Mittelelektrode und Zündkerzengehäuse. Dieser Nebenschluss leitet

einen Teil des Zündstromes als Nebenschlussstrom ab und führt zu Energieverlusten, so dass für die Entflammung weniger Energie zur Verfügung steht. Mit zunehmender Verschmutzung steigt die Wahrscheinlichkeit, dass kein Zündfunke mehr zustande kommt.

Die Ablagerung von Verbrennungsrückständen auf dem Isolatorfuß ist stark von dessen Temperatur abhängig und findet vorwiegend unterhalb von ca. 500 °C statt. Bei höherer Temperatur verbrennen die kohlenstoffhaltigen Rückstände auf dem Isolatorfuß, die Zündkerze reinigt sich also selbst. Daher werden Betriebstemperaturen des Isolatorfußes oberhalb der „Freibrenngrenze" von ca. 500 °C angestrebt (Bild 21). Als obere Temperaturgrenze sollen ca. 900 °C nicht überschritten werden. Oberhalb dieser Temperatur unterliegen die Elektroden einem starken Verschleiß durch Oxidation und Heißgaskorrosion. Bei einem weiteren Anstieg der Temperaturen können Glühzündungen nicht mehr ausgeschlossen werden.

Thermische Belastbarkeit
Ein Teil der von der Zündkerze während der Verbrennung im Motor aufgenommenen Wärme wird an das Frischgas abgegeben. Der größte Teil wird über die Mittelelektrode und den Isolator an das Zündkerzengehäuse übertragen und an den Zylinderkopf abgeleitet (Bild 22). Die Betriebstemperatur stellt sich als Gleichgewichtstemperatur zwischen Wärmeaufnahme aus dem Motor und Wärmeabfuhr an den Zylinderkopf ein.

Die Wärmezufuhr ist vom Motor abhängig. Motoren mit hoher spezifischer Leistung haben in der Regel höhere Brennraumtemperaturen als Motoren mit niedriger spezifischer Leistung. Die Wärmeabfuhr ist im Wesentlichen über die konstruktive Gestaltung

Bild 21
1 Zündkerze mit zu hoher Wärmekennzahl (zu heiße Zündkerze)
2 Zündkerze mit passender Wärmekennzahl
3 Zündkerze mit zu niedriger Wärmekennzahl (zu kalte Zündkerze)

Die Temperatur im Arbeitsbereich sollte bei verschiedenen Motorleistungen zwischen 500...900 °C am Isolator liegen.

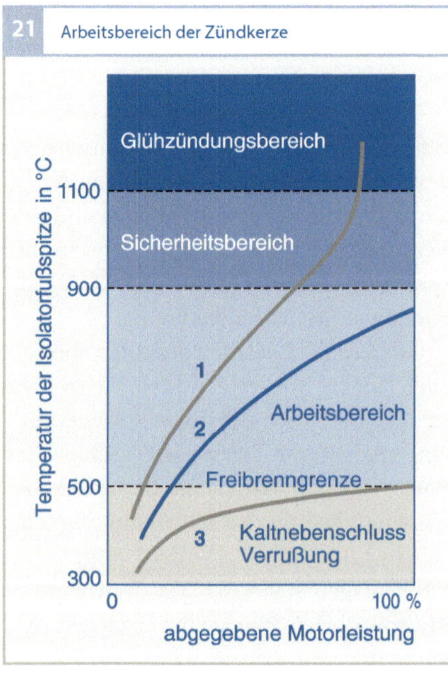

des Isolatorfußes festgelegt. Die Zündkerze muss deshalb in ihrem Wärmeaufnahmevermögen dem Motortyp entsprechend angepasst sein. Kennzeichen für die thermische Belastbarkeit der Zündkerze ist der Wärmewert.

Wärmewert und Wärmewertkennzahl

Der Wärmewert einer Zündkerze wird relativ zu Kalibrierzündkerzen ermittelt und mit Hilfe einer Wärmewertkennzahl beschrieben. Eine niedrige Kennzahl (z. B. 2...5) beschreibt eine „kalte Zündkerze" mit geringer Wärmeaufnahme durch einen kurzen Isolatorfuß. Hohe Wärmewertkennzahlen (z. B. 7...10) kennzeichnen „heiße Zündkerzen" mit hoher Wärmeaufnahme durch lange Isolatorfüße. Um Zündkerzen mit verschiedenen Wärmewerten leicht unterscheiden und den entsprechenden Motoren zuordnen zu können, sind diese Kennzahlen Bestandteil der Zündkerzentypformel.

Der richtige Wärmewert wird in Volllastmessungen ermittelt, da in diesen Betriebspunkten die thermische Belastung der Zündkerzen am höchsten ist. Die Zündkerzen dürfen im Betrieb nie so heiß werden, dass von ihnen thermische Entflammungen ausgehen. Mit einem Sicherheitsabstand in der Wärmewertempfehlung zu dieser Selbstentflammungsgrenze werden die Streuungen in der Motoren- und Zündkerzenfertigung abgedeckt und auch berücksichtigt, dass sich die Motoren in ihren thermischen Eigenschaften über die Laufzeit verändern können. So können z. B. Ölascheablagerungen im Brennraum das Verdichtungsverhältnis erhöhen, was wiederum eine höhere Temperaturbelastung der Zündkerze zur Folge hat. Wenn in den abschließenden Kaltstartuntersuchungen mit dieser Wärmewertempfehlung keine Ausfälle mit verrußten Zündkerzen auftreten, ist der richtige Wärmewert für den Motor bestimmt.

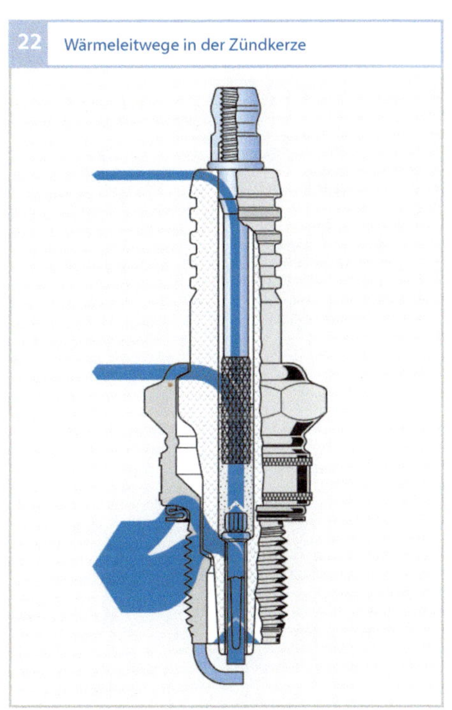

22 Wärmeleitwege in der Zündkerze

Bild 22
Ein großer Anteil der aus dem Brennraum aufgenommenen Wärme wird durch Wärmeleitung abgeführt (ein geringer Anteil der Kühlung von ca. 20 % durch vorbeiströmendes Frischgemisch ist hier nicht berücksichtigt)

Applikation von Zündkerzen

Temperaturmessung

Eine erste Aussage zur richtigen Zündkerzenauswahl liefert die Temperaturmessung mit speziell hergestellten Temperatur-Messzündkerzen (Bild 23). Mit einem Thermoelement (2) in der Mittelelektrode (3) lassen sich in den einzelnen Zylindern die Temperaturen in Abhängigkeit von Drehzahl und Last aufnehmen. Damit ist eine Sicherheit für die Anpassung der Zündkerze gewährleistet, aber auch auf einfache Art die Bestimmung des heißesten Zylinders und des Betriebspunkts für die nachfolgenden Messungen möglich.

Ionenstrommessung

Mit dem Ionenstrom-Messverfahren von Bosch wird der Verbrennungsablauf zur Bestimmung des Wärmewertbedarfs des Motors herangezogen. Die ionisierende Wir-

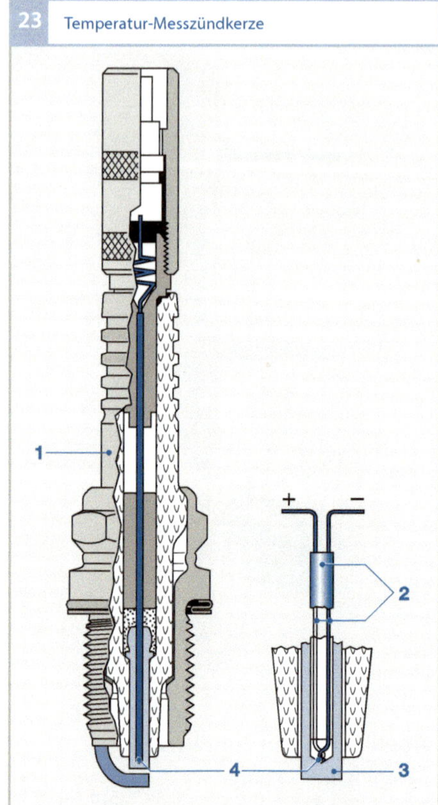

Bild 23
1   Isolator
2   Mantelthermo-
    element
3   Mittelelektrode
4   Messstelle

kung von Flammen erlaubt, über eine Leit-
fähigkeitsmessung in der Funkenstrecke, den
zeitlichen Ablauf der Verbrennung zu beur-
teilen. Bei der normalen Verbrennung steigt
zum Zündzeitpunkt der Ionenstrom sehr
stark an, da durch den elektrischen Zündfunken sehr viele Ladungsträger in der Funkenstrecke vorhanden sind (Bild 24a). Nachdem die Zündspule entladen ist, nimmt der
Stromfluss zwar ab, durch die Verbrennung
sind aber immer noch genügend Ladungsträger vorhanden, sodass der Verbrennungsvorgang weiterhin sichtbar bleibt. Wird parallel dazu der Brennraumdruck mit aufge-
nommen, ist eine normale Verbrennung mit
einem gleichmäßigen Druckanstieg zu se-
hen. Die Lage des Druckmaximums liegt

nach dem oberen Totpunkt (OT). Wird bei
diesen Messungen der Wärmewert der
Zündkerze variiert, zeigt der Verbrennungsablauf charakteristische Veränderungen.

Thermische Entflammung
Zündungen des Luft-Kraftstoff-Gemischs,
die unabhängig vom Zündfunken und meistens an einer heißen Oberfläche entstehen
(z. B. an der zu heißen Isolatorfußoberfläche
einer Zündkerze mit zu hohem Wärmewert),
bezeichnet man als Selbstzündungen (Auto
Ignition). Aufgrund ihrer zeitlichen Lage relativ zum Zündzeitpunkt können diese in
zwei Kategorien unterteilt werden.

Nachentflammungen
Nachentflammungen treten nach dem elektrischen Zündzeitpunkt auf, sind jedoch für
den praktischen Motorbetrieb unkritisch, da
die elektrische Zündung immer früher erfolgt. Um herauszufinden, ob durch die
Zündkerze thermische Entflammungen eingeleitet werden, werden bei dieser Messung
einzelne Zündungen zyklisch unterdrückt.
Beim Auftreten einer Nachentflammung
steigt der Ionenstrom erst deutlich nach dem
Zündzeitpunkt an. Da aber eine Verbrennung eingeleitet wird, ist auch ein Druckanstieg und damit eine Drehmomentabgabe zu
beobachten (Bild 24b).

Vorentflammungen
Vorentflammungen treten vor dem elektrischen Zündzeitpunkt auf (Bild 24c) und
können durch ihren unkontrollierten Verlauf
zu schweren Motorschäden führen. Durch
die zu frühe Verbrennungseinleitung ver-
schiebt sich nicht nur die Lage des Druckmaximums zum OT, sondern auch der maximale Brennraumdruck zu höheren Werten.
Damit steigt die Temperaturbelastung der
Bauteile im Brennraum.

Auswertung der Messergebnisse

Mit dem Bosch-Ionenstrom-Messverfahren können beide Typen sicher erfasst werden. Die Lage der Nachentflammungen relativ zum Zündzeitpunkt sowie der prozentuale Anteil der Nachentflammungen bezogen auf die Anzahl der unterdrückten Zündungen liefern Informationen über die Belastung der Zündkerze im Motor. Da Zündkerzen mit längeren Isolatorfüßen (heiße Zündkerzen) mehr Wärme aus dem Brennraum aufnehmen und die aufgenommene Wärme schlechter ableiten, ist die Wahrscheinlichkeit, dass mit diesen Zündkerzen Nachentflammungen oder sogar Vorentflammungen ausgelöst werden, größer als bei Zündkerzen mit kürzeren Isolatorfüßen. Zur Auswahl des für den jeweiligen Motor korrekten Wärmewerts werden daher in Applikationsmessungen die Zündkerzen mit verschiedenen Wärmewerten miteinander verglichen und ihre Entflammungswahrscheinlichkeit, die nicht nur von der Temperatur, sondern auch von den konstruktiven Parametern des Motors und der Zündkerze abhängt, bewertet. Anpassungsmessungen von Zündkerzen werden vorzugsweise auf dem Motorprüfstand oder am Fahrzeug auf dem Rollenprüfstand vorgenommen.

Zündkerzenauswahl

Ziel einer Anpassung ist es, eine Zündkerze auszuwählen, die vorentflammungsfrei betrieben werden kann und eine ausreichende Wärmewertreserve besitzt. Das heißt, Vorentflammungen dürfen erst mit einer um mindestens zwei Wärmewertstufen heißeren Zündkerze auftreten. Zur Auswahl geeigneter Zündkerzen ist eine enge Zusammenarbeit zwischen Motor- und Zündkerzenhersteller üblich.

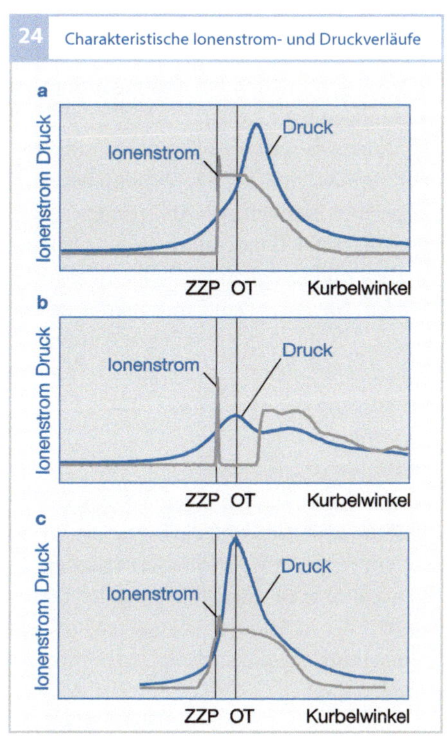

Bild 24
a   Normale Verbrennung
b   Nachentflammung ohne Zündfunken
c   Vorentflammung
ZZP Zündzeitpunkt
OT oberer Totpunkt

Betriebsverhalten der Zündkerze

Veränderungen im Betrieb

Aufgrund des Betriebs der Zündkerze in einer aggressiven Atmosphäre entsteht an den Elektroden ein Materialabtrag. Dieser Elektrodenverschleiß lässt den Elektrodenabstand merklich wachsen und führt zu einem Anstieg des Zündspannungsbedarfs. Wenn der Zündspannungsbedarf von der Zündspule nicht mehr gedeckt werden kann, kommt es zu Zündaussetzern.

Weiterhin kann die Funktion der Zündkerze aber auch wegen alterungsbedingter Veränderungen im Motor oder durch Verschmutzung beeinträchtigt werden. Die Alterung des Motors kann Undichtigkeiten zur Folge haben, die wiederum einen höheren Ölanteil im Brennraum nach sich ziehen. Dies führt zu verstärkten Ablagerungen von

Ruß, Asche und Ölkohle auf der Zündkerze, die Nebenschlüsse und damit Zündaussetzer bewirken, im Extremfall aber auch Glühzündungen hervorrufen können. Sind darüber hinaus den Kraftstoffen noch Additive zur Verbesserung der Klopfeigenschaften zugegeben, können sich Ablagerungen bilden, die unter Temperaturbelastung leitend werden und zu einem Heißnebenschluss führen. Die Folgen sind auch hier Zündaussetzer, die mit einem deutlichen Anstieg der Schadstoffemission verbunden sind und zur Schädigung des Katalysators führen können.

Elektrodenverschleiß

Mechanismen für den Materialabtrag sind die Funkenerosion und die Korrosion im Brennraum. Der Überschlag elektrischer Funken führt zu einer Anhebung der Temperatur der Elektroden bis zu deren Schmelztemperatur. Die aufgeschmolzenen mikroskopisch kleinen Oberflächenbereiche reagieren mit dem Sauerstoff oder den anderen Bestandteilen der Verbrennungsgase. Die Folge ist ein Materialabtrag.

Zur Minimierung des Elektrodenverschleißes werden Werkstoffe mit hoher Temperaturbeständigkeit eingesetzt (Edelmetall und -legierungen aus Platin und Iridium). Aber auch durch die Elektrodengeometrie (z. B. kleinere Durchmesser, dünne

Stifte) und das Zündkerzenkonzept (Gleitfunken-Zündkerzen) kann der Materialabtrag reduziert werden. Der in der Glasschmelze realisierte ohmsche Widerstand verringert ebenso den Abbrand.

Zwischen Motorhersteller und Zündkerzenzulieferer wird eine Kerzenlebensdauer oder Laufzeit festgelegt, nach der die verschlissenen Zündkerzen regelmäßig ausgetauscht werden müssen.

Anomale Betriebszustände

Anomale Betriebszustände können den Motor und die Zündkerzen zerstören. Dazu gehören Glühzündung, klopfende Verbrennung sowie hoher Ölverbrauch (Aschebildung und Ölkohlebildung). Die Verwendung von Zündkerzen mit nicht zum Motor passendem Wärmewert oder die Verwendung ungeeigneter Kraftstoffe können Motor und Zündkerzen schädigen.

Glühzündung

Die Glühzündung ist ein unkontrollierter Entflammungsvorgang, bei dem die Temperatur im Brennraum so stark ansteigen kann, dass schwere Schäden am Motor und an der Zündkerze entstehen. Wegen örtlicher Überhitzung im Volllastbetrieb können Glühzündungen an folgenden Stellen entstehen:
- an der Spitze des Isolatorfußes der Zündkerze,
- am Auslassventil,
- an vorstehenden Zylinderkopfdichtungen,
- an sich lösenden Ablagerungen.

Klopfende Verbrennung

Beim Klopfen tritt eine unkontrollierte, sehr schnelle Verbrennung auf. Durch selbstzündende Luft-Kraftstoff-Gemischteile vor einer Flammenfront entsteht ein sehr steiler Druckanstieg, der dem normalen Druckverlauf überlagert ist. Durch die hohen Druckgradienten erfahren die Bauteile (Zylinderkopf,

25 Schadensbild einer durch starkes Klopfen geschädigten Masseelektrode

Ventile, Kolben und Zündkerzen) eine hohe Temperaturbelastung, die zu einer Schädigung führen kann. Bei Zündkerzen bilden sich zuerst an der Oberfläche der Masseelektrode Grübchen (Bild 25).

Ausführungen

Zündkerzen für direkteinspritzende Ottomotoren

Bei den direkteinspritzenden Motoren wird im Schichtbetrieb der Kraftstoff über das Hochdruckeinspritzventil im Kompressionshub direkt in den Brennraum eingespritzt. Da sich die Strömung in Betrag und Richtung in den verschiedenen Betriebspunkten des Motors ändert, ist eine tief in den Brennraum ragende Funkenlage für die Luft-Kraftstoff-Gemischentflammung sehr vorteilhaft. Nachteilig ist dabei, dass die Temperatur der Masseelektrode durch diese Geometrie ansteigt. Eine wirkungsvolle Gegenmaßnahme ist jedoch die Verlängerung des Gehäuses in den Brennraum hinein. Dadurch wird die Länge der Masseelektrode und damit deren Temperatur wieder reduziert.

Wand- und luftgeführte Brennverfahren

Bei den wand- und luftgeführten Brennverfahren hat sich die homogene Betriebsart durchgesetzt, bei der durch die Einspritzung des Kraftstoffs in den Saughub das Luft-Kraftstoff-Gemisch auf $\lambda = 1$ eingestellt wird. Dadurch werden ähnliche Anforderungen an das Entflammungsverhalten der Zündkerzen wie bei der Saugrohreinspritzung gestellt. Um höhere Leistungswerte zu erzielen, werden direkteinspritzende Motoren jedoch häufig mit Abgasturbolader betrieben. Dadurch hat das Luft-Kraftstoff-Gemisch zum Zündzeitpunkt eine höhere Dichte und damit auch einen höheren Zündspannungsbedarf. In der Regel kommen hier Luftfunkenkerzen mit Edelmetallstiften auf der Mittelelektrode

und Masseelektroden mit Edelmetallbesatz zum Einsatz, um auch die Standzeitforderungen nach 60 000 km und mehr sicher erfüllen zu können. Für nicht aufgeladene Motoren eignen sich auch Gleitfunkenkonzepte, die aufgrund von mehreren möglichen Funkenstrecken eine größere Sicherheit gegenüber Entflammungsaussetzern und ein besseres Freibrennverhalten bieten.

Strahlgeführte Brennverfahren

Bei den neueren Entwicklungen der strahlgeführten Brennverfahren sind die Anforderungen an die Zündkerzen deutlich höher. Durch die Anordnung der Zündkerze nahe am Einspritzventil werden lange schlanke Kerzen bevorzugt, da mit dieser Bauform zusätzliche Kühlkanäle zwischen dem Einspritzventil und der Zündkerze untergebracht werden können. Die Ausrichtung der Zündkerze zum Einspritzventil muss derart erfolgen, dass der Funke durch die Strömung des Einspritzstrahls (Entrainmentströmung) in den Randbereich des Sprays gezogen und so die Entflammung des Luft-Kraftstoff-Gemischs sichergestellt wird.

Funken in den Atmungsraum (Luftraum zwischen Zündkerzengehäuse und Isolator, brennraumseitig) stehen für die Entflammung nicht zur Verfügung. Die Gleitfunken in das Kerzengehäuse können durch eine geeignete brennraumseitige Geometrie der Zündkerzen oder durch die Umkehrung der Zündungspolarität (Mittelelektrode als Anode, Masseelektrode als Kathode) vermieden werden.

Bei einer engen Toleranz des Strahlkegels muss darüber hinaus auch der Funkenort konstant gehalten werden. Bei einer zu tiefen Funkenlage taucht die Zündkerze in das Spray ein und durch die Benetzung mit Kraftstoff kann es zu einer Schädigung der Kerze oder zur Verrußung des Isolators kommen. Wird die Position des Funkenorts zu weit in Richtung Brennraumwand zurückgezogen, kann der Funken durch die sprayinduzierte Strömung nicht mehr in das Luft-Kraftstoff-Gemisch hineingezogen werden. Aussetzer sind die Folge.

Daraus kann man ableiten, dass für eine sichere Funktion der strahlgeführten Brennverfahren eine enge Abstimmung und Zusammenarbeit zwischen der Zündkerzenentwicklung und der Brennverfahrenentwicklung notwendig ist.

Spezialzündkerzen
Anwendung
Für besondere Anforderungen werden Spezialzündkerzen eingesetzt. Diese unterscheiden sich im konstruktiven Aufbau, der von den Einsatzbedingungen und den Einbauverhältnissen im Motor bestimmt wird.

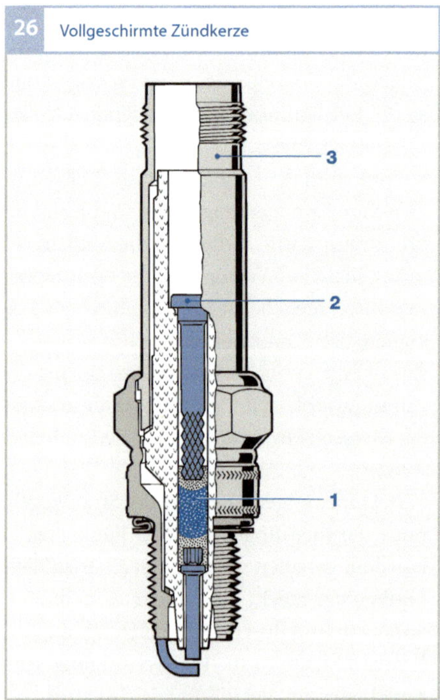

Bild 26
1   Spezialglasschmelze
    (Entstörwiderstand)
2   Zündkabelanschluss
3   Abschirmhülse

Zündkerzen für den Motorsport
Motoren für Sportfahrzeuge sind wegen des ständigen Volllastbetriebs hohen thermischen Belastungen ausgesetzt. Zündkerzen für diese Betriebsverhältnisse haben meist Edelmetallelektroden (Silber, Platin) und einen kurzen Isolatorfuß mit geringer Wärmeaufnahme.

Zündkerzen mit Widerstand
Durch einen Widerstand in der Zuleitung zur Funkenstrecke der Zündkerzen kann die Weiterleitung der Störimpulse auf die Zündleitung und damit die Störabstrahlung verringert werden. Durch den geringeren Strom in der Bogenphase des Zündfunkens wird auch die Elektrodenerosion verringert. Der Widerstand wird durch die Spezialglasschmelze zwischen Mittelelektrode und Anschlussbolzen gebildet. Der notwendige Widerstand der Glasschmelze wird durch entsprechende Zusätze erreicht.

Vollgeschirmte Zündkerzen
Bei sehr hohen Ansprüchen an die Entstörung kann eine Abschirmung der Zündkerzen notwendig sein. Bei vollgeschirmten Zündkerzen ist der Isolator mit einer Abschirmhülse aus Metall umgeben. Der Anschluss befindet sich im Innern des Isolators. Vollgeschirmte Zündkerzen sind wasserdicht (Bild 26).

Typformel für Zündkerzen
Die Kennzeichnung der Zündkerzentypen wird durch eine Typformel festgelegt. In der Typformel sind alle wesentlichen Zündkerzenmerkmale enthalten. Der Elektrodenabstand wird auf der Verpackung angegeben. Die für den jeweiligen Motor passende Zündkerze ist vom Motorhersteller und von Bosch vorgeschrieben oder empfohlen. Detaillierte Informationen sind unter www.bosch-zuendkerze.de zu finden.

Simulationsbasierte Entwicklung von Zündkerzen

Die Finite-Elemente-Methode (FEM) ist ein mathematisches Näherungsverfahren zur Lösung von Differentialgleichungen, die das Verhalten von physikalischen Systemen beschreiben. Die zu berechnende Struktur wird dazu in einzelne Bereiche (finite Elemente) unterteilt. Die Finite-Elemente-Methode wird bei der Zündkerze zur Berechnung von Temperaturfeldern und elektrischen Feldern sowie zur Lösung von strukturmechanischen Problemstellungen genutzt. Geometrie- und Werkstoffänderungen an der Zündkerze oder auch unterschiedliche physikalische Randbedingungen und deren Auswirkungen können ohne aufwendige Versuche vorab bestimmt werden. Dies ist die Basis für eine gezielte Herstellung von Versuchsmustern, mit denen die Verifizierung der Berechnungsergebnisse exemplarisch erfolgt.

Temperaturfeld
Entscheidend für den Wärmewert der Zündkerze sind die maximalen Temperaturen des Keramikisolators und der Mittelelektrode im Brennraum. Bild 27a zeigt beispielhaft das axialsymmetrische Halbmodell einer Zündkerze und einen Ausschnitt des Zylinderkopfs im Querschnitt. Anhand der in Graustufen dargestellten Temperaturfelder ist ersichtlich, dass die höchste Temperatur an der Spitze des Keramikisolators auftritt.

Elektrisches Feld
Zum Zündzeitpunkt soll die angelegte Hochspannung zum Funkenüberschlag an den Elektroden führen. Funkendurchschläge in der Keramik oder das Ableiten des Funkens über den Keramikisolator zum Zündkerzengehäuse können zu verschleppten Verbrennungen oder Entflammungsaussetzern führen. Bild 27b zeigt ein axialsymmetrisches Halbmodell mit den entsprechenden Feldstärken zwischen der Mittelelektrode und dem Gehäuse. Das elektrische Feld durchdringt die nichtleitende Keramik und das dazwischenliegende Gas.

Strukturmechanik
Bei der Verbrennung treten im Brennraum hohe Drücke auf, die einen gasdichten Ver-

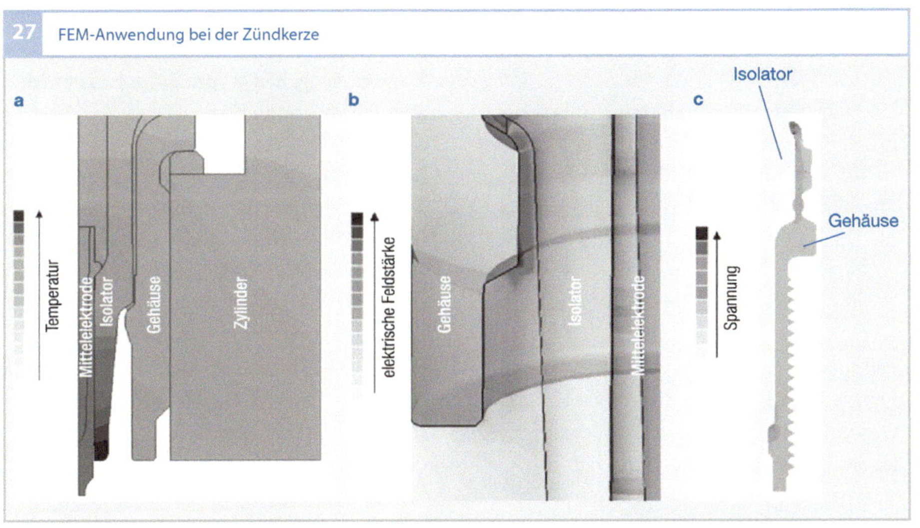

Bild 27

Axialsymmetrische Halbmodelle einer Zündkerze
a Temperaturverteilung im Keramikisolator und in der Mittelelektrode
b elektrische Feldstärke im Bereich Mittelelektrode und Gehäuse
c Einspannkraft und mechanische Spannungen des Zündkerzengehäuses

bund des Zündkerzengehäuses mit dem Keramikisolator erfordern. **Bild 27c** zeigt ein axialsymmetrisches Halbmodell einer Zündkerze nach dem Bördeln und Warmschrumpfen des Zündkerzengehäuses. Berechnet wurden die Einspannkraft und die mechanischen Spannungen des Zündkerzengehäuses.

Zündkerzen-Praxis

Zündkerzenmontage
Bei richtiger Montage und Typauswahl ist die Zündkerze ein zuverlässiger Bestandteil der Zündanlage. Ein Nachjustieren des Elektrodenabstands wird nur bei Zündkerzen mit Dachelektroden empfohlen. Bei Gleitfunken- und Luftgleitfunken-Zündkerzen dürfen die Masseelektroden nicht nachjustiert werden, da sonst das Zündkerzenkonzept verändert wird.

Fehler und ihre Folgen
Für einen bestimmten Motortyp dürfen nur die vom Motorhersteller freigegebenen oder die von Bosch empfohlenen Zündkerzen verwendet werden. Bei Verwendung ungeeigneter Zündkerzentypen können schwere Motorschäden entstehen.

Falsche Wärmewertkennzahl
Die Wärmewertkennzahl muss unbedingt mit der Zündkerzenvorschrift des Motorherstellers oder der Empfehlung von Bosch übereinstimmen. Glühzündungen können die Folge sein, wenn Zündkerzen mit einer anderen als für den Motor vorgeschriebenen Wärmewertkennzahl verwendet werden.

Falsche Gewindelänge
Die Gewindelänge der Zündkerze muss der Gewindelänge im Zylinderkopf entsprechen. Ist das Gewinde zu lang, dann ragt die

Zündkerze zu weit in den Verbrennungsraum. Eine mögliche Folge ist eine Beschädigung des Kolbens. Außerdem kann das Verkoken der Gewindegänge der Zündkerze ein Herausschrauben unmöglich machen oder die Zündkerze kann überhitzen.

Ist das Gewinde zu kurz, so ragt die Zündkerze nicht weit genug in den Verbrennungsraum. Dadurch kann eine schlechtere Luft-Kraftstoff-Gemischentflammung resultieren. Ferner erreicht die Zündkerze ihre Freibrenntemperatur nicht und die unteren Gewindegänge im Zylinderkopf verkoken.

Manipulation am Dichtsitz
Bei Zündkerzen mit Kegeldichtsitz darf weder eine Unterlegscheibe noch ein Dichtring verwendet werden. Bei Zündkerzen mit Flachdichtsitz darf nur der an der Zündkerze befindliche „unverlierbare" Dichtring verwendet werden. Er darf nicht entfernt oder durch eine Unterlegscheibe ersetzt werden. Ohne Dichtring ragt die Zündkerze zu weit in den Verbrennungsraum. Deshalb ist der Wärmeübergang vom Zündkerzengehäuse zum Zylinderkopf beeinträchtigt und der Zündkerzensitz dichtet schlecht. Wird ein zusätzlicher Dichtring verwendet, so ragt die Zündkerze nicht tief genug in die Gewindebohrung, und der Wärmeübergang vom Zündkerzengehäuse zum Zylinderkopf ist ebenfalls beeinträchtigt.

Beurteilung von Zündkerzengesichtern
Zündkerzengesichter geben Aufschluss über das Betriebsverhalten von Motor und Zündkerze. Das Aussehen von Elektroden und Isolatoren der Zündkerze – des „Zündkerzengesichts" – gibt Hinweise auf das Betriebsverhalten der Zündkerze sowie auf die Luft-Kraftstoff-Gemischzusammensetzung und den Verbrennungsvorgang des Motors.

Literatur

[1] Deutsches Institut für Normung e. V., Berlin
     1997. DIN/ISO 6518-2, Zündanlagen, Teil 2:
     Prüfung der elektrischen Leistungsfähigkeit.
[2] Maly, R., Herden, W., Saggau, B., Wagner, E.,
     Vogel, M., Bauer, G., Bloss, W. H.: Die drei
     Phasen einer elektrischen Zündung und ihre
     Auswirkungen auf die Entflammungseinlei-
     tung. 5. Statusseminar „Kraftfahrzeug- und
     Straßenverkehrstechnik" des BMFT, 27.–29.
     Sept. 1977, Bad Alexandersbad.

Elektronische Steuerung und Regelung

Übersicht

Die Aufgabe des elektronischen Motorsteuergeräts besteht darin, alle Aktoren des Motor-Managementsystems so anzusteuern, dass sich ein bestmöglicher Motorbetrieb bezüglich Kraftstoffverbrauch, Abgasemissionen, Leistung und Fahrkomfort ergibt. Um dies zu erreichen, müssen viele Betriebsparameter mit Sensoren erfasst und mit Algorithmen – das sind nach einem festgelegten Schema ablaufende Rechenvorgänge – verarbeitet werden. Als Ergebnis ergeben sich Signalverläufe, mit denen die Aktoren angesteuert werden.

Das Motor-Managementsystem umfasst sämtliche Komponenten, die den Ottomotor steuern (Bild 1, Beispiel Benzin-Direkteinspritzung). Das vom Fahrer geforderte Drehmoment wird über Aktoren und Wandler eingestellt. Im Wesentlichen sind dies

- die elektrisch ansteuerbare Drosselklappe zur Steuerung des Luftsystems: sie steuert den Luftmassenstrom in die Zylinder und damit die Zylinderfüllung,
- die Einspritzventile zur Steuerung des Kraftstoffsystems: sie messen die zur Zylinderfüllung passende Kraftstoffmenge zu,
- die Zündspulen und Zündkerzen zur Steuerung des Zündsystems: sie sorgen für die zeitgerechte Entzündung des im Zylinder vorhandenen Luft-Kraftstoff-Gemischs.

An einen modernen Motor werden auch hohe Anforderungen bezüglich Abgasverhalten, Leistung, Kraftstoffverbrauch, Diagnostizierbarkeit und Komfort gestellt. Hierzu sind im Motor gegebenenfalls weitere Aktoren und Sensoren integriert. Im elektronischen Motorsteuergerät werden alle Stellgrößen nach vorgegebenen Algorithmen berechnet. Daraus werden die Ansteuersignale für die Aktoren erzeugt.

Betriebsdatenerfassung und -verarbeitung

Betriebsdatenerfassung

Sensoren und Sollwertgeber

Das elektronische Motorsteuergerät erfasst über Sensoren und Sollwertgeber die für die Steuerung und Regelung des Motors erforderlichen Betriebsdaten (Bild 1). Sollwertgeber (z. B. Schalter) erfassen vom Fahrer vorgenommene Einstellungen, wie z. B. die Stellung des Zündschlüssels im Zündschloss (Klemme 15), die Schalterstellung der Klimasteuerung oder die Stellung des Bedienhebels für die Fahrgeschwindigkeitsregelung.

Sensoren erfassen physikalische und chemische Größen und geben damit Aufschluss über den aktuellen Betriebszustand des Motors. Beispiele für solche Sensoren sind:

- Drehzahlsensor für das Erkennen der Kurbelwellenstellung und die Berechnung der Motordrehzahl,
- Phasensensor zum Erkennen der Phasenlage (Arbeitsspiel des Motors) und der Nockenwellenposition bei Motoren mit Nockenwellen-Phasenstellern zur Verstellung der Nockenwellenposition,
- Motortemperatur- und Ansauglufttemperatursensor zum Berechnen von temperaturabhängigen Korrekturgrößen,
- Klopfsensor zum Erkennen von Motorklopfen,
- Luftmassenmesser und Saugrohrdrucksensor für die Füllungserfassung,
- λ-Sonde für die λ-Regelung.

Signalverarbeitung im Steuergerät

Bei den Signalen der Sensoren kann es sich um digitale, pulsförmige oder analoge Spannungen handeln. Eingangsschaltungen im Steuergerät oder zukünftig auch vermehrt im Sensor bereiten alle diese Signale auf. Sie nehmen eine Anpassung des Spannungspegels vor und passen damit die Signale für die Weiterverarbeitung im Mikrocontroller des

1   Komponenten für die elektronische Steuerung und Regelung eines Ottomotors

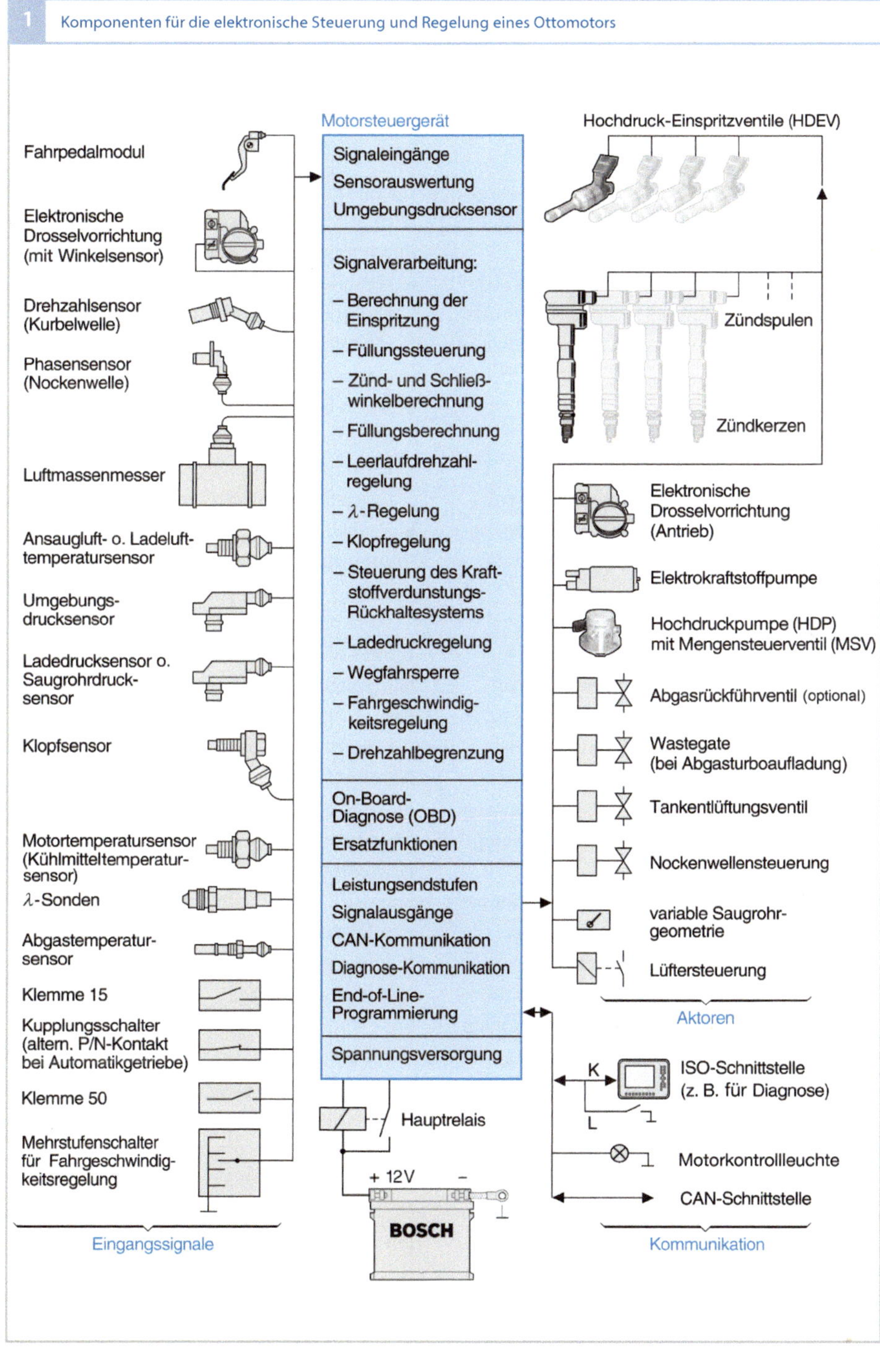

Steuergeräts an. Digitale Eingangssignale werden im Mikrocontroller direkt eingelesen und als digitale Information gespeichert. Die analogen Signale werden vom Analog-Digital-Wandler (ADW) in digitale Werte umgesetzt.

Betriebsdatenverarbeitung

Aus den Eingangssignalen erkennt das elektronische Motorsteuergerät die Anforderungen des Fahrers über den Fahrpedalsensor und über die Bedienschalter, die Anforderungen von Nebenaggregaten und den aktuellen Betriebszustand des Motors und berechnet daraus die Stellsignale für die Aktoren. Die Aufgaben des Motorsteuergeräts sind in Funktionen gegliedert. Die Algorithmen sind als Software im Programmspeicher des Steuergeräts abgelegt.

Steuergerätefunktionen
Die Zumessung der zur angesaugten Luftmasse zugehörenden Kraftstoffmasse und die Auslösung des Zündfunkens zum bestmöglichen Zeitpunkt sind die Grundfunktionen der Motorsteuerung. Die Einspritzung und die Zündung können so optimal aufeinander abgestimmt werden.

Die Leistungsfähigkeit der für die Motorsteuerung eingesetzten Mikrocontroller ermöglicht es, eine Vielzahl weiterer Steuerungs- und Regelungsfunktionen zu integrieren. Die immer strengeren Forderungen aus der Abgasgesetzgebung verlangen nach Funktionen, die das Abgasverhalten des Motors sowie die Abgasnachbehandlung verbessern. Funktionen, die hierzu einen Beitrag leisten können, sind z. B.:
- Leerlaufdrehzahlregelung,
- λ-Regelung,
- Steuerung des Kraftstoffverdunstungs-Rückhaltesystems für die Tankentlüftung,
- Klopfregelung,

- Abgasrückführung zur Senkung von NO_x-Emissionen,
- Steuerung des Sekundärluftsystems zur Sicherstellung der schnellen Betriebsbereitschaft des Katalysators.

Bei erhöhten Anforderungen an den Antriebsstrang kann das System zusätzlich noch durch folgende Funktionen ergänzt werden:
- Steuerung des Abgasturboladers sowie der Saugrohrumschaltung zur Steigerung der Motorleistung und des Motordrehmoments,
- Nockenwellensteuerung zur Reduzierung der Abgasemissionen und des Kraftstoffverbrauchs sowie zur Steigerung von Motorleistung und -drehmoment,
- Drehzahl- und Geschwindigkeitsbegrenzung zum Schutz von Motor und Fahrzeug.

Immer wichtiger bei der Entwicklung von Fahrzeugen wird der Komfort für den Fahrer. Das hat auch Auswirkungen auf die Motorsteuerung. Beispiele für typische Komfortfunktionen sind Fahrgeschwindigkeitsregelung (Tempomat) und ACC (Adaptive Cruise Control, adaptive Fahrgeschwindigkeitsregelung), Drehmomentanpassung bei Schaltvorgängen von Automatikgetrieben sowie Lastschlagdämpfung (Glättung des Fahrerwunschs), Einparkhilfe und Parkassistent.

Ansteuerung von Aktoren
Die Steuergerätefunktionen werden nach den im Programmspeicher des Motorsteuerung-Steuergeräts abgelegten Algorithmen abgearbeitet. Daraus ergeben sich Größen (z. B. einzuspritzende Kraftstoffmasse), die über Aktoren eingestellt werden (z. B. zeitlich definierte Ansteuerung der Einspritzventile). Das Steuergerät erzeugt die elektrischen Ansteuersignale für die Aktoren.

Drehmomentstruktur

Mit der Einführung der elektrisch ansteuerbaren Drosselklappe zur Leistungssteuerung wurde die drehmomentbasierte Systemstruktur (Drehmomentstruktur) eingeführt. Alle Leistungsanforderungen (Bild 2) an den Motor werden koordiniert und in einen Drehmomentwunsch umgerechnet. Im Drehmomentkoordinator werden diese Anforderungen von internen und externen Verbrauchern sowie weitere Vorgaben bezüglich des Motorwirkungsgrads priorisiert. Das resultierende Sollmoment wird auf die Anteile des Luft-, Kraftstoff- und Zündsystems aufgeteilt.

Der Füllungsanteil (für das Luftsystem) wird durch eine Querschnittsänderung der Drosselklappe und bei Turbomotoren zusätzlich durch die Ansteuerung des Wastegate-Ventils realisiert. Der Kraftstoffanteil wird im Wesentlichen durch den eingespritzten Kraftstoff unter Berücksichtigung der Tankentlüftung (Kraftstoffverdunstungs-Rückhaltesystem) bestimmt.

Die Einstellung des Drehmoments geschieht über zwei Pfade. Im Luftpfad (Hauptpfad) wird aus dem umzusetzenden Drehmoment eine Sollfüllung berechnet. Aus dieser Sollfüllung wird der Soll-Drosselklappenwinkel ermittelt. Die einzuspritzende Kraftstoffmasse ist aufgrund des fest vorgegebenen λ-Werts von der Füllung abhängig. Mit dem Luftpfad sind nur langsame Drehmomentänderungen einstellbar (z. B. beim Integralanteil der Leerlaufdrehzahlregelung).

Im kurbelwellensynchronen Pfad wird aus der aktuell vorhandenen Füllung das für diesen Betriebspunktpunkt maximal mögliche Drehmoment berechnet. Ist das gewünschte Drehmoment kleiner als das maximal mögliche, so kann für eine schnelle Drehmomentreduzierung (z. B. beim Differentialanteil der Leerlaufdrehzahlregelung, für die Drehmomentrücknahme beim Schaltvorgang oder zur Ruckeldämpfung) der Zündwinkel in Richtung spät verschoben oder einzelne oder mehrere Zylinder vollständig ausgeblendet werden (durch Einspritzausblendung, z. B. bei ESP-Eingriff oder im Schub).

Bei den früheren Motorsteuerungs-Systemen ohne Momentenstruktur wurde eine Zurücknahme des Drehmoments (z. B. auf Anforderung des automatischen Getriebes beim Schaltvorgang) direkt von der jeweiligen Funktion z. B. durch Spätverstellung des

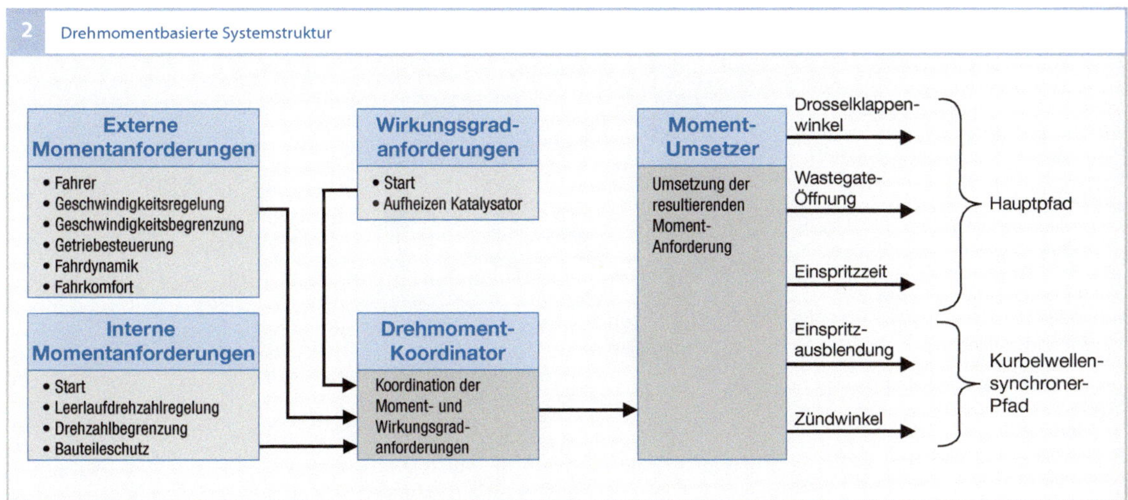

2   Drehmomentbasierte Systemstruktur

Zündwinkels vorgenommen. Eine Koordination der einzelnen Anforderungen und eine koordinierte Umsetzung war nicht gegeben.

Überwachungskonzept

Im Fahrbetrieb darf es unter keinen Umständen zu Zuständen kommen, die zu einer vom Fahrer ungewollten Beschleunigung des Fahrzeugs führen. An das Überwachungskonzept der elektronischen Motorsteuerung werden deshalb hohe Anforderungen gestellt. Hierzu enthält das Steuergerät neben dem Hauptrechner zusätzlich einen Überwachungsrechner; beide überwachen sich gegenseitig.

Diagnose

Die im Steuergerät integrierten Diagnosefunktionen überprüfen das Motorsteuerungs-System (Steuergerät mit Sensoren und Aktoren) auf Fehlverhalten und Störungen, speichern erkannte Fehler im Datenspeicher ab und leiten gegebenenfalls

Ersatzfunktionen ein. Über die Motorkontrollleuchte oder im Display des Kombiinstruments werden dem Fahrer die Fehler angezeigt. Über eine Diagnoseschnittstelle werden in der Kundendienstwerkstatt System-Testgeräte (z. B. Bosch KTS650) angeschlossen. Sie erlauben das Auslesen der im Steuergerät enthaltenen Informationen zu den abgespeicherten Fehlern.

Ursprünglich sollte die Diagnose nur die Fahrzeuginspektion in der Kundendienstwerkstatt erleichtern. Mit Einführung der kalifornischen Abgasgesetzgebung OBD (On-Board-Diagnose) wurden Diagnosefunktionen vorgeschrieben, die das gesamte Motorsystem auf abgasrelevante Fehler prüfen und diese über die Motorkontrollleuchte anzeigen. Beispiele hierfür sind die Katalysatordiagnose, die λ-Sonden-Diagnose sowie die Aussetzererkennung. Diese Forderungen wurden in die europäische Gesetzgebung (EOBD) in abgewandelter Form übernommen.

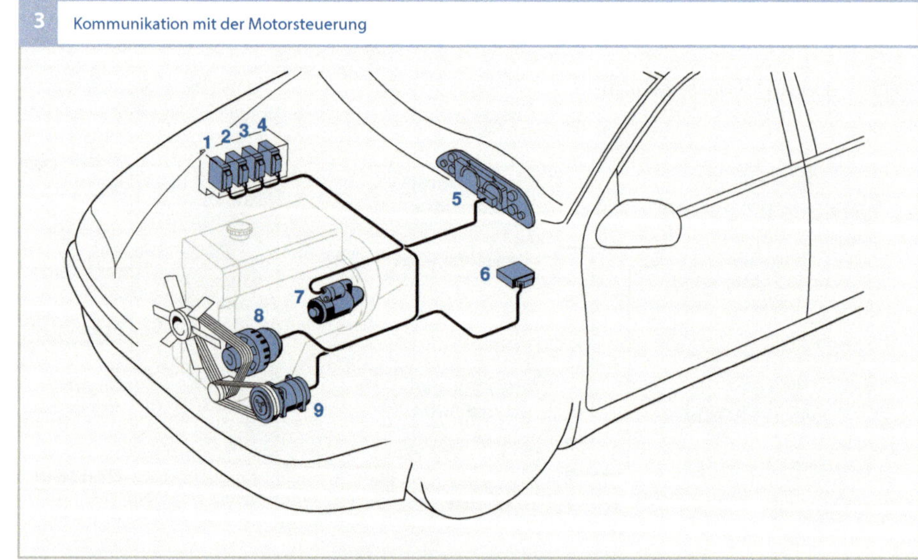

3   Kommunikation mit der Motorsteuerung

Bild 3
1 Motorsteuergerät
2 ESP-Steuergerät
  (elektronisches Stabilitätsprogramm)
3 Getriebesteuergerät
4 Klimasteuergerät
5 Kombiinstrument
  mit Bordcomputer
6 Steuergerät für Wegfahrsperre
7 Starter
8 Generator
9 Klimakompressor

Vernetzung im Fahrzeug

Über Bussysteme, wie z. B. den CAN-Bus (Controller Area Network), kann die Motorsteuerung mit den Steuergeräten anderer Fahrzeugsysteme kommunizieren. **Bild 3** zeigt hierzu einige Beispiele. Die Steuergeräte können die Daten anderer Systeme in ihren Steuer- und Regelalgorithmen als Eingangssignale verarbeiten. Beispiele sind:

- ESP-Steuergerät: Zur Fahrzeugstabilisierung kann das ESP-Steuergerät eine Drehmomentenreduzierung durch die Motorsteuerung anfordern.
- Getriebesteuergerät: Die Getriebesteuerung kann beim Schaltvorgang eine Drehmomentenreduzierung anfordern, um einen weicheren Schaltvorgang zu ermöglichen.
- Klimasteuergerät: Das Klimasteuergerät liefert an die Motorsteuerung den Leistungsbedarf des Klimakompressors, damit dieser bei der Berechnung des Motormoments berücksichtigt werden kann.
- Kombiinstrument: Die Motorsteuerung liefert an das Kombiinstrument Informationen wie den aktuellen Kraftstoffverbrauch oder die aktuelle Motordrehzahl zur Information des Fahrers.
- Wegfahrsperre: Das Wegfahrsperren-Steuergerät hat die Aufgabe, eine unberechtigte Nutzung des Fahrzeugs zu verhindern. Hierzu wird ein Start der Motorsteuerung durch die Wegfahrsperre so lange blockiert, bis der Fahrer über den Zündschlüssel eine Freigabe erteilt hat und das Wegfahrsperren-Steuergerät den Start freigibt.

Systembeispiele

Die Motorsteuerung umfasst alle Komponenten, die für die Steuerung eines Ottomotors notwendig sind. Der Umfang des Systems wird durch die Anforderungen bezüglich der Motorleistung (z. B. Abgasturboaufladung), des Kraftstoffverbrauchs sowie der jeweils geltenden Abgasgesetzgebung bestimmt. Die kalifornische Abgas- und Diagnosegesetzgebung (CARB) stellt besonders hohe Anforderungen an das Diagnosesystem der Motorsteuerung. Einige abgasrelevante Systeme können nur mithilfe zusätzlicher Komponenten diagnostiziert werden (z. B. das Kraftstoffverdunstungs-Rückhaltesystem).

Im Lauf der Entwicklungsgeschichte entstanden Motorsteuerungs-Generationen (z. B. Bosch M1, M3, ME7, MED17), die sich in erster Linie durch den Hardwareaufbau unterscheiden. Wesentliches Unterscheidungsmerkmal sind die Mikrocontrollerfamilie, die Peripherie- und die Endstufenbausteine (Chipsatz). Aus den Anforderungen verschiedener Fahrzeughersteller ergeben sich verschiedene Hardwarevarianten. Neben den nachfolgend beschriebenen Ausführungen gibt es auch Motorsteuerungs-Systeme mit integrierter Getriebesteuerung (z. B. Bosch MG- und MEG-Motronic). Sie sind aufgrund der hohen Hardware-Anforderungen jedoch nicht verbreitet.

Motorsteuerung mit mechanischer Drosselklappe

Für Ottomotoren mit Saugrohreinspritzung kann die Luftversorgung über eine mechanisch verstellbare Drosselklappe erfolgen. Das Fahrpedal ist über ein Gestänge oder einen Seilzug mit der Drosselklappe verbunden. Die Fahrpedalstellung legt den Öffnungsquerschnitt der Drosselklappe fest und steuert damit den durch das Saugrohr in die Zylinder einströmenden Luftmassenstrom.

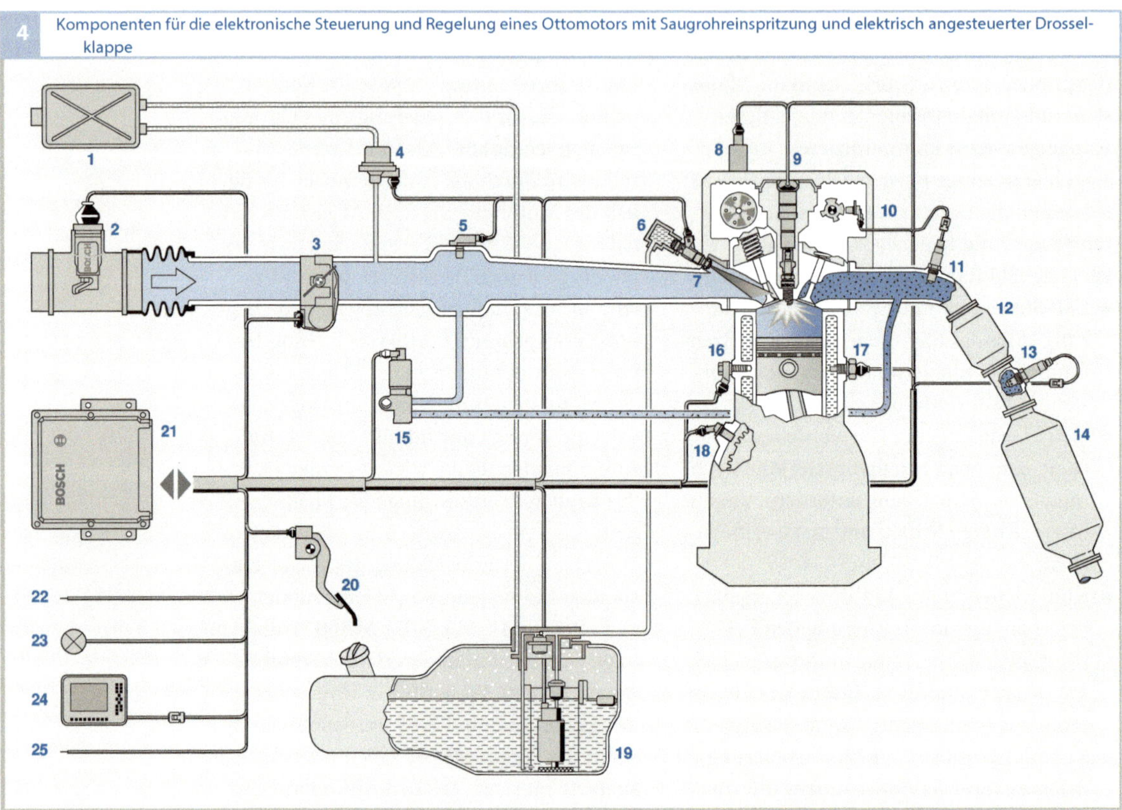

Bild 4

1 Aktivkohlebehälter
2 Heißfilm-Luftmassenmesser
3 elektrisch angesteuerte Drosselklappe
4 Tankentlüftungsventil
5 Saugrohrdrucksensor
6 Kraftstoff-Verteilerrohr
7 Einspritzventil
8 Aktoren und Sensoren für variable
   Nockenwellensteuerung
9 Zündspule mit Zündkerze
10 Nockenwellen-Phasensensor
11 λ-Sonde vor dem Vorkatalysator
12 Vorkatalysator
13 λ-Sonde nach dem Vorkatalysator

14 Hauptkatalysator
15 Abgasrückführventil
16 Klopfsensor
17 Motortemperatursensor
18 Drehzahlsensor
19 Kraftstofffördermodul mit
   Elektrokraftstoffpumpe
20 Fahrpedalmodul
21 Motorsteuergerät
22 CAN-Schnittstelle
23 Motorkontrollleuchte
24 Diagnoseschnittstelle
25 Schnittstelle zur Wegfahrsperre

Über einen Leerlaufsteller (Bypass) kann ein definierter Luftmassenstrom an der Drosselklappe vorbeigeführt werden. Mit dieser Zusatzluft kann im Leerlauf die Drehzahl auf einen konstanten Wert geregelt werden. Das Motorsteuergerät steuert hierzu den Öffnungsquerschnitt des Bypasskanals. Dieses System hat für Neuentwicklungen im europäischen und nordamerikanischen Markt keine Bedeutung mehr, es wurde durch Systeme mit elektrisch angesteuerter Drosselklappe abgelöst.

Motorsteuerung mit elektrisch angesteuerter Drosselklappe

Bei aktuellen Fahrzeugen mit Saugrohreinspritzung erfolgt eine elektronische Motorleistungssteuerung. Zwischen Fahrpedal und

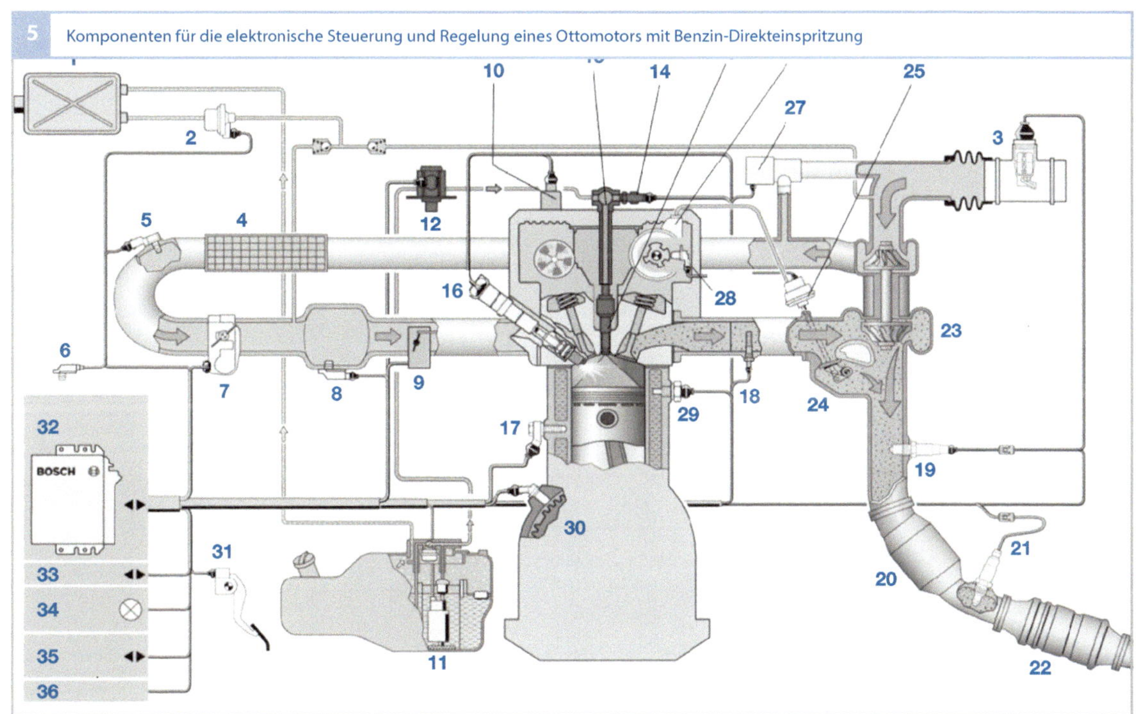

Drosselklappe ist keine mechanische Verbindung mehr vorhanden. Die Stellung des Fahrpedals, d. h. der Fahrerwunsch, wird von einem Potentiometer am Fahrpedal (Pedalwegsensor im Fahrpedalmodul, Bild 4, Pos. 20) erfasst und in Form eines analogen Spannungssignals vom Motorsteuergerät (21) eingelesen. Im Steuergerät werden Signale erzeugt, die den Öffnungsquerschnitt der elektrisch angesteuerten Drosselklappe (3) so einstellen, dass der Verbrennungsmotor das geforderte Drehmoment einstellt.

Motorsteuerung für Benzin-Direkteinspritzung

Mit der Einführung der Direkteinspritzung beim Ottomotor (Benzin-Direkteinspritzung, BDE) wurde ein Steuerungskonzept erforderlich, das verschiedene Betriebsarten in einem Steuergerät koordiniert. Beim Homogenbetrieb wird das Einspritzventil so

Bild 5

1   Aktivkohlebehälter
2   Tankentlüftungsventil
3   Heißfilm-Luftmassenmesser
4   Ladeluftkühler
5   kombinierter Ladedruck- und Ansauglufttemperatursensor
6   Umgebungsdrucksensor
7   Drosselklappe
8   Saugrohrdrucksensor
9   Ladungsbewegungsklappe
10   Nockenwellenversteller
11   Kraftstofffördermodul mit Elektrokraftstoffpumpe
12   Hochdruckpumpe
13   Kraftstoffverteilerrohr
14   Hochdrucksensor
15   Hochdruck-Einspritzventil
16   Zündspule mit Zündkerze
17   Klopfsensor

18   Abgastemperatursensor
19   λ-Sonde
20   Vorkatalysator
21   λ-Sonde
22   Hauptkatalysator
23   Abgasturbolader
24   Waste-Gate
25   Waste-Gate-Steller
26   Vakuumpumpe
27   Schubumluftventil
28   Nockenwellen-Phasensensor
29   Motortemperatursensor
30   Drehzahlsensor
31   Fahrpedalmodul
32   Motorsteuergerät
33   CAN-Schnittstelle
34   Motorkontrollleuchte
35   Diagnoseschnittstelle
36   Schnittstelle zur Wegfahrsperre

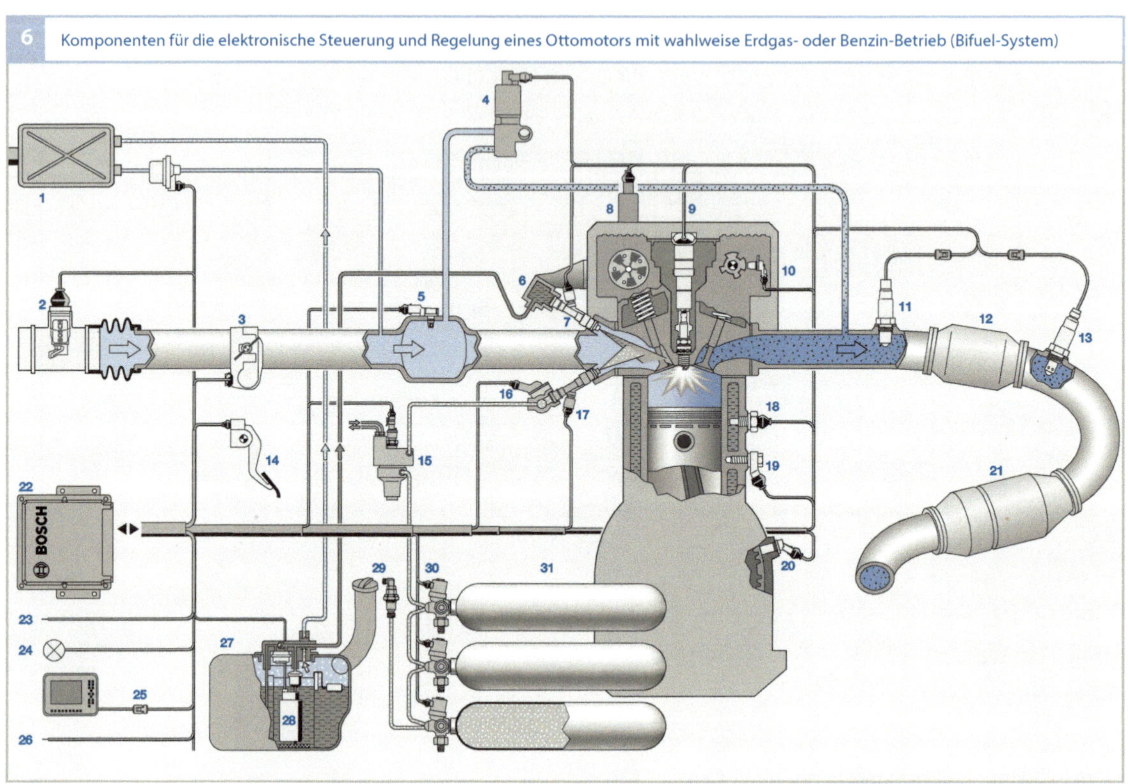

Bild 6

1 Aktivkohlebehälter mit Tankentlüftungsventil
2 Heißfilm-Luftmassenmesser
3 elektrisch angesteuerte Drosselklappe
4 Abgasrückführventil
5 Saugrohrdrucksensor
6 Kraftstoff-Verteilerrohr
7 Benzin-Einspritzventil
8 Aktoren und Sensoren für variable Nockenwellensteuerung
9 Zündspule mit Zündkerze
10 Nockenwellen-Phasensensor
11 λ-Sonde vor dem Vorkatalysator
12 Vorkatalysator
13 λ-Sonde nach dem Vorkatalysator
14 Fahrpedalmodul
15 Erdgas-Druckregler
16 Erdgas-Rail mit Erdgas-Druck- und Temperatursensor

17 Erdgas-Einblasventil
18 Motortemperatursensor
19 Klopfsensor
20 Drehzahlsensor
21 Hauptkatalysator
22 Motorsteuergerät
23 CAN-Schnittstelle
24 Motorkontrollleuchte
25 Diagnoseschnittstelle
26 Schnittstelle zur Wegfahrsperre
27 Kraftstoffbehälter
28 Kraftstoffördermodul mit Elektrokraftstoffpumpe
29 Einfüllstutzen für Benzin und Erdgas
30 Tankabsperrventile
31 Erdgastank

angesteuert, dass sich eine homogene Luft-Kraftstoff-Gemischverteilung im Brennraum ergibt. Dazu wird der Kraftstoff in den Saughub eingespritzt. Beim Schichtbetrieb wird durch eine späte Einspritzung während des Verdichtungshubs, kurz vor der Zündung, eine lokal begrenzte Gemischwolke im Zündkerzenbereich erzeugt.

Seit einigen Jahren finden zunehmend BDE-Konzepte, bei denen der Motor im gesamten Betriebsbereich homogen und stöchiometrisch (mit $\lambda = 1$) betrieben wird, in Verbindung mit Turboaufladung eine immer größere Verbreitung. Bei diesen Konzepten kann der Kraftstoffverbrauch bei vergleichbarer Motorleistung durch eine Verringerung des Hubvolumens (Downsizing) des Motors gesenkt werden.

Beim Schichtbetrieb wird der Motor mit einem mageren Luft-Kraftstoff-Gemisch (bei $\lambda > 1$) betrieben. Hierdurch lässt sich insbesondere im Teillastbereich der Kraftstoffverbrauch verringern. Durch den Magerbetrieb ist bei dieser Betriebsart eine aufwendigere Abgasnachbehandlung zur Reduktion der NO_x-Emissionen notwendig.

Bild 5 zeigt ein Beispiel der Steuerung eines BDE-Systems mit Turboaufladung und stöchiometrischem Homogenbetrieb. Dieses System besitzt ein Hochdruck-Einspritzsystem bestehend aus Hochdruckpumpe mit Mengensteuerventil (12), Kraftstoff-Verteilerrrohr (13) mit Hochdrucksensor (14) und Hochdruck-Einspritzventil (15). Der Kraftstoffdruck wird in Abhängikeit vom Betriebspunkt in Bereichen zwischen 3 und 20 MPa geregelt. Der Ist-Druck wird mit dem Hochdrucksensor erfasst. Die Regelung auf den Sollwert erfolgt durch das Mengensteuerventil.

Motorsteuerung für Erdgas-Systeme

Erdgas, auch CNG (Compressed Natural Gas) genannt, gewinnt aufgrund der günstigen CO_2-Emissionen zunehmend an Bedeutung als Kraftstoffalternative für Ottomotoren. Aufgrund der vergleichsweise geringen Tankstellendichte sind heutige Fahrzeuge überwiegend mit Bifuel-Systemen ausgestattet, die einen Betrieb wahlweise mit Erdgas oder Benzin ermöglichen. Bifuel-Systeme gibt es heute für Motoren mit Saugrohreinspritzung und mit Benzin-Direkteinspritzung.

Die Motorsteuerung für Bifuel-Systeme enthält alle Komponenten für die Saugrohreinspritzung bzw. Benzin-Direkteinspritzung. Zusätzlich enthält diese Motorsteuerung die Komponenten für das Erdgassystem (**Bild 6**). Während bei Nachrüstsystemen die Steuerung des Erdgasbetriebs über eine externe Einheit vorgenommen

wird, ist sie bei der Bifuel-Motorsteuerung integriert. Das Sollmoment des Motors und die den Betriebszustand charakterisierenden Größen werden im Bifuel-Steuergerät nur einmal gebildet. Durch die physikalisch basierten Funktionen der Momentenstruktur ist eine einfache Integration der für den Gasbetrieb spezifischen Parameter möglich.

Umschaltung der Kraftstoffart

Je nach Motorauslegung kann es sinnvoll sein, bei hoher Lastanforderung automatisch in die Kraftstoffart zu wechseln, die die maximale Motorleistung ermöglicht. Weitere automatische Umschaltungen können darüber hinaus sinnvoll sein, um z. B. eine spezifische Abgasstrategie zu realisieren und den Katalysator schneller aufzuheizen oder generell ein Kraftstoffmanagement durchzuführen. Bei automatischen Umschaltungen ist es jedoch wichtig, dass diese momentenneutral umgesetzt werden, d. h. für den Fahrer nicht wahrnehmbar sind.

Die Bifuel-Motorsteuerung erlaubt den Betriebsstoffwechsel auf verschiedene Arten. Eine Möglichkeit ist der direkte Wechsel, vergleichbar mit einem Schalter. Dabei darf keine Einspritzung abgebrochen werden, sonst bestünde im befeuerten Betrieb die Gefahr von Aussetzern. Die plötzliche Gaseinblasung hat gegenüber dem Benzinbetrieb jedoch eine größere Volumenverdrängung zur Folge, sodass der Saugrohrdruck ansteigt und die Zylinderfüllung durch die Umschaltung um ca. 5 % abnimmt. Dieser Effekt muss durch eine größere Drosselklappenöffnung berücksichtigt werden. Um das Motormoment bei der Umschaltung unter Last konstant zu halten, ist ein zusätzlicher Eingriff auf die Zündwinkel notwendig, der eine schnelle Änderung des Drehmoments ermöglicht.

Eine weitere Möglichkeit der Umschaltung ist die Überblendung von Benzin- zu

Gasbetrieb. Zum Wechsel in den Gasbetrieb wird die Benzineinspritzung durch einen Aufteilungsfaktor reduziert und die Gaseinblasung entsprechend erhöht. Dadurch werden Sprünge in der Luftfüllung vermieden. Zusätzlich ergibt sich die Möglichkeit, eine veränderte Gasqualität mit der λ-Regelung während der Umschaltung zu korrigieren. Mit diesem Verfahren ist die Umschaltung auch bei hoher Last ohne merkbare Momentenänderung durchführbar.

Bei Nachrüstsystemen besteht häufig keine Möglichkeit, die Betriebsarten für Benzin und Erdgas koordiniert zu wechseln. Zur Vermeidung von Momentensprüngen wird deshalb bei vielen Systemen die Umschaltung nur während der Schubphasen durchgeführt.

Systemstruktur

Die starke Zunahme der Komplexität von Motorsteuerungs-Systemen aufgrund neuer Funktionalitäten erfordert eine strukturierte Systembeschreibung. Basis für die bei Bosch verwendete Systembeschreibung ist die Drehmomentstruktur. Alle Drehmomentanforderungen an den Motor werden von der Motorsteuerung als Sollwerte entgegengenommen und zentral koordiniert. Das geforderte Drehmoment wird berechnet und über folgende Stellgrößen eingestellt:
- den Winkel der elektrisch ansteuerbaren Drosselklappe,
- den Zündwinkel,
- Einspritzausblendungen,
- Ansteuern des Waste-Gates bei Motoren mit Abgasturboaufladung,
- die eingespritzte Kraftstoffmenge bei Motoren im Magerbetrieb.

Bild 7 zeigt die bei Bosch für Motorsteuerungs-Systeme verwendete Systemstruktur

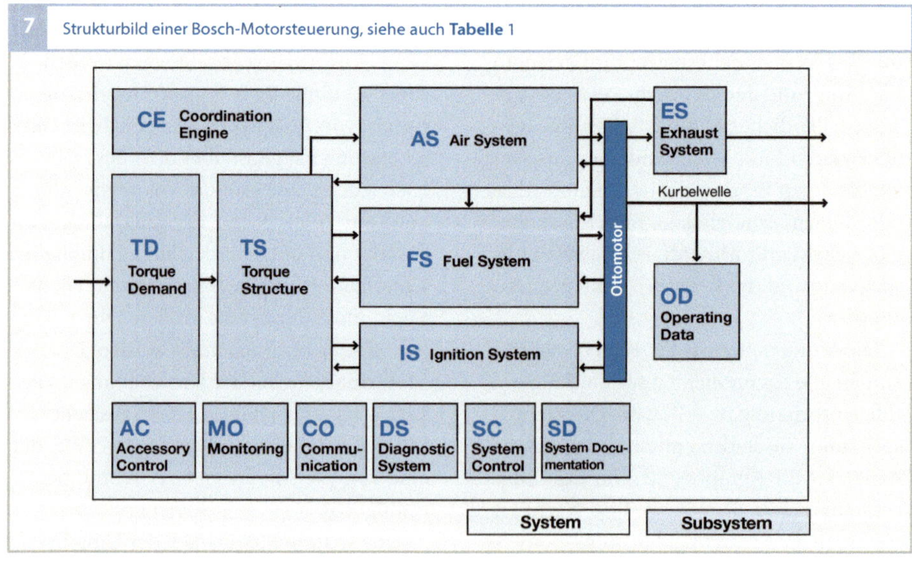

7   Strukturbild einer Bosch-Motorsteuerung, siehe auch **Tabelle** 1

Abkürzung	Englische Bezeichnung	Deutsche Bezeichnung
ABB	Air System Brake Booster	Bremskraftverstärkersteuerung
ABC	Air System Boost Control	Ladedrucksteuerung
AC	Accessory Control	Nebenaggregatesteuerung
ACA	Accessory Control Air Condition	Klimasteuerung
ACE	Accessory Control Electrical Machines	Steuerung elektrische Aggregate
ACF	Accessory Control Fan Control	Lüftersteuerung
ACS	Accessory Control Steering	Ansteuerung Lenkhilfepumpe
ACT	Accessory Control Thermal Management	Thermomanagement
ADC	Air System Determination of Charge	Luftfüllungsberechnung
AEC	Air System Exhaust Gas Recirculation	Abgasrückführungssteuerung
AIC	Air System Intake Manifold Control	Saugrohrsteuerung
AS	Air System	Luftsystem
ATC	Air System Throttle Control	Drosselklappensteuerung
AVC	Air System Valve Control	Ventilsteuerung
CE	Coordination Engine	Koordination Motorbetriebszustände und -arten
CEM	Coordination Engine Operation	Koordination Motorbetriebsarten
CES	Coordination Engine States	Koordination Motorbetriebszustände
CO	Communication	Kommunikation
COS	Communication Security Access	Kommunikation Wegfahrsperre
COU	Communication User-Interface	Kommunikationsschnittstelle
COV	Communication Vehicle Interface	Datenbuskommunikation
DS	Diagnostic System	Diagnosesystem
DSM	Diagnostic System Manager	Diagnosesystemmanager
EAF	Exhaust System Air Fuel Control	λ-Regelung
ECT	Exhaust System Control of Temperature	Abgastemperaturregelung
EDM	Exhaust System Description and Modeling	Beschreibung und Modellierung Abgassystem
ENM	Exhaust System NO_x Main Catalyst	Regelung NO_x-Speicherkatalysator
ES	Exhaust System	Abgassystem
ETF	Exhaust System Three Way Front Catalyst	Regelung Dreiwegevorkatalysator
ETM	Exhaust System Main Catalyst	Regelung Dreiwegehauptkatalysator
FEL	Fuel System Evaporative Leak Detection	Tankleckerkennung
FFC	Fuel System Feed Forward Control	Kraftstoff-Vorsteuerung
FIT	Fuel System Injection Timing	Einspritzausgabe
FMA	Fuel System Mixture Adaptation	Gemischadaption

Abkürzung	Englische Bezeichnung	Deutsche Bezeichnung
FPC	Fuel Purge Control	Tankentlüftung
FS	Fuel System	Kraftstoffsystem
FSS	Fuel Supply System	Kraftstoffversorgungssystem
IGC	Ignition Control	Zündungssteuerung
IKC	Ignition Knock Control	Klopfregelung
IS	Ignition System	Zündsystem
MO	Monitoring	Überwachung
MOC	Microcontroller Monitoring	Rechnerüberwachung
MOF	Function Monitoring	Funktionsüberwachung
MOM	Monitoring Module	Überwachungsmodul
MOX	Extended Monitoring	Erweiterte Funktionsüberwachung
OBV	Operating Data Battery Voltage	Batteriespannungserfassung
OD	Operating Data	Betriebsdaten
OEP	Operating Data Engine Position Management	Erfassung Drehzahl und Winkel
OMI	Misfire Detection	Aussetzererkennung
OTM	Operating Data Temperature Measurement	Temperaturerfassung
OVS	Operating Data Vehicle Speed Control	Fahrgeschwindigkeitserfassung
SC	System Control	Systemsteuerung
SD	System Documentation	Systembeschreibung
SDE	System Documentation Engine Vehicle ECU	Systemdokumentation Motor, Fahrzeug, Motorsteuerung
SDL	System Documentation Libraries	Systemdokumentation Funktionsbibliotheken
SYC	System Control ECU	Systemsteuerung Motorsteuerung
TCD	Torque Coordination	Momentenkoordination
TCV	Torque Conversion	Momentenumsetzung
TD	Torque Demand	Momentenanforderung
TDA	Torque Demand Auxiliary Functions	Momentenanforderung Zusatzfunktionen
TDC	Torque Demand Cruise Control	Momentenanforderung Fahrgeschwindigkeitsregler
TDD	Torque Demand Driver	Fahrerwunschmoment
TDI	Torque Demand Idle Speed Control	Momentenanforderung Leerlaufdrehzahlregelung
TDS	Torque Demand Signal Conditioning	Momentenanforderung Signalaufbereitung
TMO	Torque Modeling	Motordrehmoment-Modell
TS	Torque Structure	Drehmomentenstruktur

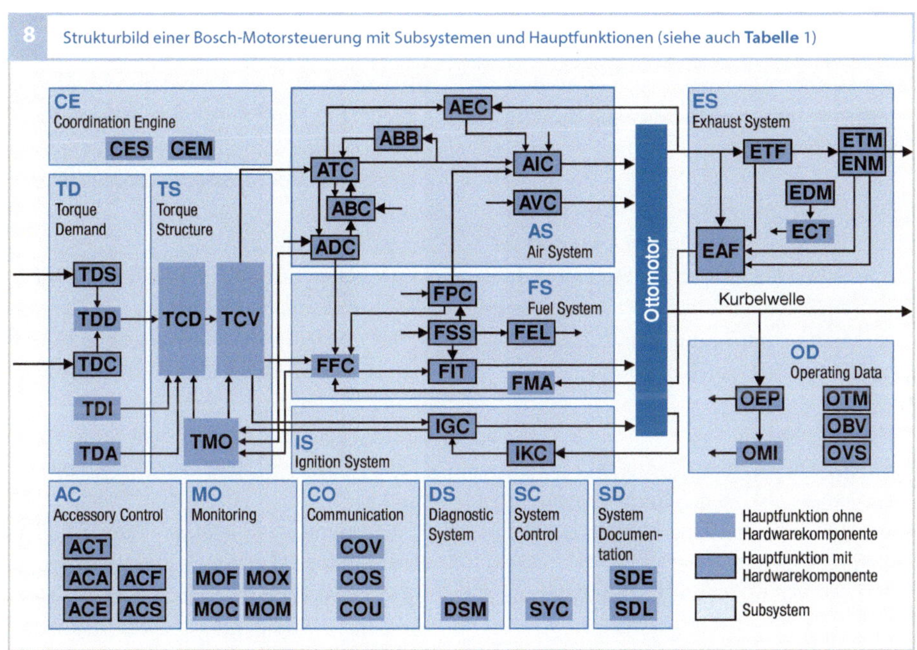

8   Strukturbild einer Bosch-Motorsteuerung mit Subsystemen und Hauptfunktionen (siehe auch **Tabelle** 1)

mit den verschiedenen Subsystemen. Die einzelnen Blöcke und Bezeichnungen (vgl. Tabelle 1) werden im Folgenden näher erläutert.

In Bild 7 ist die Motorsteuerung als System bezeichnet. Als Subsystem werden die verschiedenen Bereiche innerhalb des Systems bezeichnet. Einige Subsysteme sind im Steuergerät rein softwaretechnisch ausgebildet (z. B. die Drehmomentstruktur), andere Subsysteme enthalten auch Hardware-Komponenten (z. B. das Kraftstoffsystem mit den Einspritzventilen). Die Subsysteme sind durch definierte Schnittstellen miteinander verbunden.

Durch die Systemstruktur wird die Motorsteuerung aus der Sicht des funktionalen Ablaufs beschrieben. Das System umfasst das Steuergerät (mit Hardware und Software) sowie externe Komponenten (Aktoren, Sensoren und mechanische Komponenten), die mit dem Steuergerät elektrisch verbunden sein können. Die Systemstruktur (Bild 8)

gliedert dieses System nach funktionalen Kriterien hierarchisch in 14 Subsysteme (z. B. Luftsystem, Kraftstoffsystem), die wiederum in ca. 70 Hauptfunktionen (z. B. Ladedruckregelung, λ-Regelung) unterteilt sind (Tabelle 1).

Seit Einführung der Drehmomentstruktur werden die Drehmomentanforderungen an den Motor in den Subsystemen *Torque Demand* und *Torque Structure* zentral koordiniert. Die Füllungssteuerung durch die elektrisch verstellbare Drosselklappe ermöglicht das Einstellen der vom Fahrer über das Fahrpedal vorgegebenen Drehmomentanforderung (Fahrerwunsch). Gleichzeitig können alle zusätzlichen Drehmomentanforderungen, die sich aus dem Fahrbetrieb ergeben (z. B. beim Zuschalten des Klimakompressors), in der Drehmomentstruktur koordiniert werden. Die Momentenkoordination ist mittlerweile so strukturiert, dass sowohl Benzin- als auch Dieselmotoren damit betrieben werden können.

Subsysteme und Hauptfunktionen

Im Folgenden wird ein Überblick über die wesentlichen Merkmale der in einer Motorsteuerung implementierten Hauptfunktionen gegeben.

System Documentation

Unter *System Documentation* (SD) sind die technischen Unterlagen zur Systembeschreibung zusammengefasst (z. B. Steuergerätebeschreibung, Motor- und Fahrzeugdaten sowie Konfigurationsbeschreibungen).

System Control

Im Subsystem *System Control* (SC, Systemsteuerung) sind die den Rechner steuernden Funktionen zusammengefasst. In der Hauptfunktion *System Control ECU* (SYC, Systemzustandssteuerung), werden die Zustände des Mikrocontrollers beschrieben:
- Initialisierung (Systemhochlauf),
- Running State (Normalzustand, hier werden die Hauptfunktionen abgearbeitet),
- Steuergerätenachlauf (z. B. für Lüfternachlauf oder Hardwaretest).

Coordination Engine

Im Subsystem *Coordination Engine (CE)* werden sowohl der Motorstatus als auch die Motor-Betriebsdaten koordiniert. Dies erfolgt an zentraler Stelle, da abhängig von dieser Koordination viele weitere Funktionalitäten im gesamten System der Motorsteuerung betroffen sind. Die Hauptfunktion *Coordination Engine States* (CES, Koordination Motorstatus), beinhaltet sowohl die verschiedenen Motorzustände wie Start, laufender Betrieb und abgestellter Motor als auch Koordinationsfunktionen für Start-Stopp-Systeme und zur Einspritzaktivierung (Schubabschalten, Wiedereinsetzen).

In der Hauptfunktion *Coordination Engine Operation* (CEM, Koordination Motorbetriebsdaten) werden die Betriebsarten für die Benzin-Direkteinspritzung koordiniert und umgeschaltet. Zur Bestimmung der Soll-Betriebsart werden die Anforderungen unterschiedlicher Funktionalitäten unter Berücksichtigung von festgelegten Prioritäten im Betriebsartenkoordinator koordiniert.

Torque Demand

In der betrachteten Systemstruktur werden alle Drehmomentanforderungen an den Motor konsequent auf Momentenebene koordiniert. Das Subsystem *Torque Demand (TD)* erfasst alle Drehmomentanforderungen und stellt sie dem Subsystem *Torque Structure (TS)* als Eingangsgrößen zur Verfügung (**Bild 8**).

Die Hauptfunktion *Torque Demand Signal Conditioning* (TDS, Momentenanforderung Signalaufbereitung), beinhaltet im Wesentlichen die Erfassung der Fahrpedalstellung. Sie wird mit zwei unabhängigen Winkelsensoren erfasst und in einen normierten Fahrpedalwinkel umgerechnet. Durch verschiedene Plausibilitätsprüfungen wird dabei sichergestellt, dass bei einem Einfachfehler der normierte Fahrpedalwinkel keine höheren Werte annehmen kann, als es der tatsächlichen Fahrpedalstellung entspricht.

Die Hauptfunktion *Torque Demand Driver* (TDD, Fahrerwunsch), berechnet aus der Fahrpedalstellung einen Sollwert für das Motordrehmoment. Darüber hinaus wird die Fahrpedalcharakteristik festgelegt.

Die Hauptfunktion *Torque Demand Cruise Control* (TDC, Fahrgeschwindigkeitsregler) hält die Geschwindigkeit des Fahrzeugs in Abhängigkeit von der über eine Bedieneinrichtung eingestellte Sollgeschwindigkeit bei nicht betätigtem Fahrpedal konstant, sofern dies im Rahmen des einstellbaren Motordrehmoments möglich ist. Zu den wichtigsten Abschaltbedingungen dieser Funktion zählen die Betätigung der „Aus-Taste" an der Bedieneinrichtung, die Betätigung von

Bremse oder Kupplung sowie die Unterschreitung der erforderlichen Minimalgeschwindigkeit.

Die Hauptfunktion *Torque Demand Idle Speed Control* (TDI, Leerlaufdrehzahlregelung) regelt die Drehzahl des Motors bei nicht betätigtem Fahrpedal auf die Leerlaufdrehzahl ein. Der Sollwert der Leerlaufdrehzahl wird so vorgegeben, dass stets ein stabiler und ruhiger Motorlauf gewährleistet ist. Dementsprechend wird der Sollwert bei bestimmten Betriebsbedingungen (z. B. bei kaltem Motor) gegenüber der Nennleerlaufdrehzahl erhöht. Erhöhungen sind auch zur Unterstützung des Katalysator-Heizens, zur Leistungssteigerung des Klimakompressors oder bei ungenügender Ladebilanz der Batterie möglich. Die Hauptfunktion *Torque Demand Auxiliary Functions* (TDA, Drehmomente intern) erzeugt interne Momentenbegrenzungen und -anforderungen (z. B. zur Drehzahlbegrenzung oder zur Dämpfung von Ruckelschwingungen).

Torque Structure

Im Subsystem *Torque Structure* (TS, Drehmomentstruktur, **Bild 8**) werden alle Drehmomentanforderungen koordiniert. Das Drehmoment wird dann vom Luft-, Kraftstoff- und Zündsystem eingestellt. Die Hauptfunktion *Torque Coordination* (TCD, Momentenkoordination) koordiniert alle Drehmomentanforderungen. Die verschiedenen Anforderungen (z. B. vom Fahrer oder von der Drehzahlbegrenzung) werden priorisiert und abhängig von der aktuellen Betriebsart in Drehmoment-Sollwerte für die Steuerpfade umgerechnet.

Die Hauptfunktion *Torque Conversion* (TCV, Momentenumsetzung), berechnet aus den Sollmoment-Eingangsgrößen die Sollwerte für die relative Luftmasse, das Luftverhältnis λ und den Zündwinkel sowie die Einspritzausblendung (z. B. für das Schubabschalten). Der Luftmassensollwert wird so berechnet, dass sich das geforderte Drehmoment des Motors in Abhängigkeit vom applizierten Luftverhältnis λ und dem applizierten Basiszündwinkel einstellt.

Die Hauptfunktion *Torque Modelling* (TMO, Momentenmodell Drehmoment) berechnet aus den aktuellen Werten für Füllung, Luftverhältnis λ, Zündwinkel, Reduzierstufe (bei Zylinderabschaltung) und Drehzahl ein theoretisch optimales indiziertes Drehmoment des Motors. Das indizierte Moment ist dabei das Drehmoment, das sich aufgrund des auf den Kolben wirkenden Gasdrucks ergibt. Das tatsächliche Moment ist aufgrund von Verlusten geringer als das indizierte Moment. Mittels einer Wirkungsgradkette wird ein indiziertes Ist-Drehmoment gebildet. Die Wirkungsgradkette beinhaltet drei verschiedene Wirkungsgrade: den Ausblendwirkungsgrad (proportional zu der Anzahl der befeuerten Zylinder), den Zündwinkelwirkungsgrad (ergibt sich aus der Verschiebung des Ist-Zündwinkels vom optimalen Zündwinkel) und den λ-Wirkungsgrad (ergibt sich aus der Wirkungsgradkennlinie als Funktion des Luftverhältnisses λ).

Air System

Im Subsystem *Air System* (AS, Luftsystem, **Bild 8**) wird die für das umzusetzende Moment benötigte Füllung eingestellt. Darüber hinaus sind Abgasrückführung, Ladedruckregelung, Saugrohrumschaltung, Ladungsbewegungssteuerung und Ventilsteuerung Teil des Luftsystems.

In der Hauptfunktion *Air System Throttle Control* (ATC, Drosselklappensteuerung) wird aus dem Soll-Luftmassenstrom die Sollposition für die Drosselklappe gebildet, die den in das Saugrohr einströmenden Luftmassenstrom bestimmt.

Die Hauptfunktion *Air System Determination of Charge* (ADC, Luftfüllungsberechnung) ermittelt mithilfe der zur Verfügung stehenden Lastsensoren die aus Frischluft und Inertgas bestehende Zylinderfüllung. Aus den Luftmassenströmen werden die Druckverhältnisse im Saugrohr mit einem Saugrohrdruckmodell modelliert.

Die Hauptfunktion *Air System Intake Manifold Control* (AIC, Saugrohrsteuerung) berechnet die Sollstellungen für die Saugrohr- und die Ladungsbewegungsklappe.

Der Unterdruck im Saugrohr ermöglicht die Abgasrückführung, die in der Hauptfunktion *Air System Exhaust Gas Recirculation* (AEC, Abgasrückführungssteuerung) berechnet und eingestellt wird.

Die Hauptfunktion *Air System Valve Control* (AVC, Ventilsteuerung) berechnet die Sollwerte für die Einlass- und die Auslassventilpositionen und stellt oder regelt diese ein. Dadurch kann die Menge des intern zurückgeführten Restgases beeinflusst werden.

Die Hauptfunktion *Air System Boost Control* (ABC, Ladedrucksteuerung) übernimmt die Berechnung des Ladedrucks für Motoren mit Abgasturboaufladung und stellt die Stellglieder für dieses System.

Motoren mit Benzin-Direkteinspritzung werden teilweise im unteren Lastbereich mit Schichtladung ungedrosselt gefahren. Im Saugrohr herrscht damit annähernd Umgebungsdruck. Die Hauptfunktion *Air System Brake Booster* (ABB, Bremskraftverstärkersteuerung) sorgt durch Anforderung einer Androsselung dafür, dass im Bremskraftverstärker immer ausreichend Unterdruck herrscht.

Fuel System

Im Subsystem *Fuel System* (FS, Kraftstoffsystem, **Bild 8**) werden kurbelwellensynchron die Ausgabegrößen für die Einspritzung berechnet, also die Zeitpunkte der Einspritzungen und die Menge des einzuspritzenden Kraftstoffs.

Die Hauptfunktion *Fuel System Feed Forward Control* (FFC, Kraftstoff-Vorsteuerung) berechnet die aus der Soll-Füllung, dem

λ-Sollwert, additiven Korrekturen (z. B. Übergangskompensation) und multiplikativen Korrekturen (z. B. Korrekturen für Start, Warmlauf und Wiedereinsetzen) die Soll-Kraftstoffmasse. Weitere Korrekturen kommen von der λ-Regelung, der Tankentlüftung und der Luft-Kraftstoff-Gemischadaption. Bei Systemen mit Benzin-Direkteinspritzung werden für die Betriebsarten spezifische Werte berechnet (z. B. Einspritzung in den Ansaugtakt oder in den Verdichtungstakt, Mehrfacheinspritzung).

Die Hauptfunktion *Fuel System Injection Timing* (FIT, Einspritzausgabe) berechnet die Einspritzdauer und die Kurbelwinkelposition der Einspritzung und sorgt für die winkelsynchrone Ansteuerung der Einspritzventile. Die Einspritzzeit wird auf der Basis der zuvor berechneten Kraftstoffmasse und Zustandsgrößen (z. B. Saugrohrdruck, Batteriespannung, Raildruck, Brennraumdruck) berechnet.

Die Hauptfunktion *Fuel System Mixture Adaptation* (FMA, Gemischadaption), verbessert die Vorsteuergenauigkeit des λ-Werts durch Adaption längerfristiger Abweichungen des λ-Reglers vom Neutralwert. Bei kleinen Füllungen wird aus der Abweichung des λ-Reglers ein additiver Korrekturterm gebildet, der bei Systemen mit Heißfilm-Luftmassenmesser (HFM) in der Regel kleine Saugrohrleckagen widerspiegelt oder bei Systemen mit Saugrohrdrucksensor den Restgas- und den Offset-Fehler des Drucksensors ausgleicht. Bei größeren Füllungen wird ein multiplikativer Korrekturfaktor ermittelt, der im Wesentlichen Steigungsfehler des Heißfilm-Luftmassenmessers, Abweichungen des Raildruckreglers (bei Systemen mit Direkteinspritzung) und Kennlinien-Steigungsfehler der Einspritzventile repräsentiert.

Die Hauptfunktion *Fuel Supply System* (FSS, Kraftstoffversorgungssystem) hat die Aufgabe, den Kraftstoff aus dem Kraftstoffbehälter in der geforderten Menge und mit dem vorgegebenen Druck in das Kraftstoffverteilerrohr zu fördern. Der Druck kann bei bedarfsgesteuerten Systemen zwischen 200 und 600 kPa geregelt werden, die Rückmeldung des Ist-Werts geschieht über einen Drucksensor. Bei der Benzin-Direkteinspritzung enthält das Kraftstoffversorgungssystem zusätzlich einen Hochdruckkreis mit der Hochdruckpumpe und dem Drucksteuerventil oder der bedarfsgesteuerten Hochdruckpumpe mit Mengensteuerventil. Damit kann im Hochdruckkreis der Druck abhängig vom Betriebspunkt variabel zwischen 3 und 20 MPa geregelt werden. Die Sollwertvorgabe wird betriebspunktabhängig berechnet, der Ist-Druck über einen Hochdrucksensor erfasst.

Die Hauptfunktion *Fuel System Purge Control* (FPC, Tankentlüftung) steuert während des Motorbetriebs die Regeneration des im Tank verdampften und im Aktivkohlebehälter des Kraftstoffverdunstungs-Rückhaltesystems gesammelten Kraftstoffs. Basierend auf dem ausgegebenen Tastverhältnis zur Ansteuerung des Tankentlüftungsventils und den Druckverhältnissen wird ein Istwert für den Gesamt-Massenstrom über das Ventil berechnet, der in der Drosselklappensteuerung (ATC) berücksichtigt wird. Ebenso wird ein Ist-Kraftstoffanteil ausgerechnet, der von der Soll-Kraftstoffmasse subtrahiert wird.

Die Hauptfunktion *Fuel System Evaporation Leakage Detection* (FEL, Tankleckerkennung) prüft die Dichtheit des Tanksystems gemäß der kalifornischen OBD-II-Gesetzgebung.

Ignition System

Im *Subsystem Ignition System* (IS, Zündsystem, **Bild 8**) werden die Ausgabegrößen für die Zündung berechnet und die Zündspulen angesteuert.

Die Hauptfunktion *Ignition Control* (IGC, Zündung) ermittelt aus den Betriebsbedin-

gungen des Motors und unter Berücksichtigung von Eingriffen aus der Momentenstruktur den aktuellen Soll-Zündwinkel und erzeugt zum gewünschten Zeitpunkt einen Zündfunken an der Zündkerze. Der resultierende Zündwinkel wird aus dem Grundzündwinkel und betriebspunktabhängigen Zündwinkelkorrekturen und Anforderungen berechnet. Bei der Bestimmung des drehzahl- und lastabhängigen Grundzündwinkels wird – falls vorhanden – auch der Einfluss einer Nockenwellenverstellung, einer Ladungsbewegungsklappe, einer Zylinderbankaufteilung sowie spezieller BDE-Betriebsarten berücksichtigt. Zur Berechnung des frühest möglichen Zündwinkels wird der Grundzündwinkel mit den Verstellwinkeln für Motorwarmlauf, Klopfregelung und – falls vorhanden – Abgasrückführung korrigiert. Aus dem aktuellen Zündwinkel und der notwendigen Ladezeit der Zündspule wird der Einschaltzeitpunkt der Zündungsendstufe berechnet und entsprechend angesteuert.

Die Hauptfunktion *Ignition System Knock Control* (IKC, Klopfregelung) betreibt den Motor wirkungsgradoptimiert an der Klopfgrenze, verhindert aber motorschädigendes Klopfen. Der Verbrennungsvorgang in allen Zylindern wird mittels Klopfsensoren überwacht. Das erfasste Körperschallsignal der Sensoren wird mit einem Referenzpegel verglichen, der über einen Tiefpass zylinderselektiv aus den letzten Verbrennungen gebildet wird. Der Referenzpegel stellt damit das Hintergrundgeräusch des Motors für den klopffreien Betrieb dar. Aus dem Vergleich lässt sich ableiten, um wie viel lauter die aktuelle Verbrennung gegenüber dem Hintergrundgeräusch war. Ab einer bestimmten Schwelle wird Klopfen erkannt. Sowohl bei der Referenzpegelberechnung als auch bei der Klopferkennung können geänderte Betriebsbedingungen (Motordrehzahl, Drehzahldynamik, Lastdynamik) berücksichtigt werden. Die Klopf-regelung gibt – für jeden einzelnen Zylinder – einen Differenzzündwinkel zur Spätver-stellung aus, der bei der Berechnung des aktuellen Zündwinkels berücksichtigt wird. Bei einer erkannten klopfenden Verbrennung wird dieser Differenzzündwinkel um einen applizierbaren Betrag vergrößert. Die Zünd-winkel-Spätverstellung wird anschließend in kleinen Schritten wieder zurückgenommen, wenn über einen applizierbaren Zeitraum keine klopfende Verbrennung auftritt. Bei einem erkannten Fehler in der Hardware wird eine Sicherheitsmaßnahme (Sicher-heitsspätverstellung) aktiviert.

Exhaust System

Das Subsystem *Exhaust System* (ES, Abgas-system) greift in die Luft-Kraftstoff-Ge-mischbildung ein, stellt dabei das Luftver-hältnis λ ein und steuert den Füllzustand der Katalysatoren.

Die Hauptaufgaben der Hauptfunktion *Exhaust System Description and Modelling* (EDM, Beschreibung und Modellierung des Abgassystems) sind vornehmlich die Model-lierung physikalischer Größen im Abgas-trakt, die Signalauswertung und die Diagno-se der Abgastemperatursensoren (sofern vorhanden) sowie die Bereitstellung von Kenngrößen des Abgassystems für die Tes-terausgabe. Die physikalischen Größen, die modelliert werden, sind Temperatur (z. B. für Bauteileschutz), Druck (primär für Rest-gaserfassung) und Massenstrom (für λ-Regelung und Katalysatordiagnose). Dane-ben wird das Luftverhältnis des Abgases be-stimmt (für NO_x-Speicherkatalysator-Steue-rung und -Diagnose).

Das Ziel der Hauptfunktion *Exhaust Sys-tem Air Fuel Control* (EAF, λ-Regelung) mit der λ-Sonde vor dem Vorkatalysator ist, das λ auf einen vorgegebenen Sollwert zu regeln, um Schadstoffe zu minimieren, Drehmo-mentschwankungen zu vermeiden und die

Magerlaufgrenze einzuhalten. Die Eingangs-signale aus der λ-Sonde hinter dem Haupt-katalysator erlauben eine weitere Minimie-rung der Emissionen.

Die Hauptfunktion *Exhaust System Three-Way Front Catalyst* (ETF, Steuerung und Regelung des Dreiwegevorkatalysators) ver-wendet die λ-Sonde hinter dem Vorkataly-sator (sofern vorhanden). Deren Signal dient als Grundlage für die Führungsregelung und Katalysatordiagnose. Diese Führungsrege-lung kann die Luft-Kraftstoff-Gemischrege-lung wesentlich verbessern und damit ein bestmögliches Konvertierungsverhalten des Katalysators ermöglichen.

Die Hauptfunktion *Exhaust System Three-Way Main Catalyst* (ETM, Steuerung und Regelung des Dreiwegehauptkatalysators) arbeitet im Wesentlichen gleich wie die zu-vor beschriebene Hauptfunktion ETF. Die Führungsregelung wird dabei an die jeweili-ge Katalysatorkonfiguration angepasst.

Die Hauptfunktion *Exhaust System NO_x Main Catalyst* (ENM, Steuerung und Rege-lung des NO_x-Speicherkatalysators) hat bei Systemen mit Magerbetrieb und NO_x-Spei-cherkatalysator die Aufgabe, die NO_x-Emis-sionsvorgaben durch eine an die Erforder-nisse des Speicherkatalysators angepasste Regelung des Luft-Kraftstoff-Gemischs ein-zuhalten.

In Abhängigkeit vom Zustand des Kataly-sators wird die NO_x-Einspeicherphase been-det und in einen Motorbetrieb mit $\lambda < 1$ übergegangen, der den NO_x-Speicher leert und die gespeicherten NO_x-Emissionen zu N_2 umsetzt.

Die Regenerierung des NO_x-Speicherkata-lysators wird in Abhängigkeit vom Sprung-signal der Sonde hinter dem NO_x-Speicher-katalysator beendet. Bei Systemen mit NO_x-Speicherkatalysator sorgt das Umschalten in einen speziellen Modus für die Entschwefe-lung des Katalysators.

Die Hauptfunktion *Exhaust System Con-*

trol of Temperature (ECT, Abgastemperaturregelung) steuert die Temperatur des Abgastrakts mit dem Ziel, das Aufheizen der Katalysatoren nach dem Motorstart zu beschleunigen, das Auskühlen der Katalysatoren im Betrieb zu verhindern, den NO_x-Speicherkatalysator (falls vorhanden) für die Entschwefelung aufzuheizen und eine thermische Schädigung der Komponenten im Abgassystem zu verhindern. Die Temperaturerhöhung wird z. B. durch eine Verstellung des Zündwinkels in Richtung spät vorgenommen. Im Leerlauf kann der Wärmestrom auch durch eine Anhebung der Leerlaufdrehzahl erhöht werden.

Operating Data

Im Subsystem *Operating Data* (OD, Betriebsdaten) werden alle für den Motorbetrieb wichtigen Betriebsparameter erfasst, plausibilisiert und gegebenenfalls Ersatzwerte bereitgestellt.

Die Hauptfunktion *Operating Data Engine Position Management* (OEP, Winkel- und Drehzahlerfassung) berechnet aus den aufbereiteten Eingangssignalen des Kurbelwellen- und Nockenwellensensors die Position der Kurbel- und der Nockenwelle. Aus diesen Informationen wird die Motordrehzahl berechnet. Aufgrund der Bezugsmarke auf dem Kurbelwellengeberrad (zwei fehlende Zähne) und der Charakteristik des Nockenwellensignals erfolgt die Synchronisation zwischen der Motorposition und dem Steuergerät sowie die Überwachung der Synchronisation im laufenden Betrieb. Zur Optimierung der Startzeit wird das Muster des Nockenwellensignals und die Motorabstellposition ausgewertet. Dadurch ist eine schnelle Synchronisation möglich.

Die Hauptfunktion *Operating Data Temperature Measurement* (OTM, Temperaturerfassung) verarbeitet die von Temperatursensoren zur Verfügung gestellten Messsignale, führt eine Plausibilisierung durch und stellt

im Fehlerfall Ersatzwerte bereit. Neben der Motor- und der Ansauglufttemperatur werden optional auch die Umgebungstemperatur und die Motoröltemperatur erfasst. Mit anschließender Kennlinienumrechnung wird den eingelesenen Spannungswerten ein Temperaturmesswert zugewiesen.

Die Hauptfunktion *Operating Data Battery Voltage* (OBV, Batteriespannungserfassung) ist für die Bereitstellung der Versorgungsspannungssignale und deren Diagnose zuständig. Die Erfassung des Rohsignals erfolgt über die Klemme 15 und gegebenenfalls über das Hauptrelais.

Die Hauptfunktion *Misfire Detection Irregular Running* (OMI, Aussetzererkennung) überwacht den Motor auf Zünd- und Verbrennungsaussetzer.

Die Hauptfunktion *Operating Data Vehicle Speed* (OVS, Erfassung Fahrzeuggeschwindigkeit) ist für die Erfassung, Aufbereitung und Diagnose des Fahrgeschwindigkeitssignals zuständig. Diese Größe wird u. a. für die Fahrgeschwindigkeitsregelung, die Geschwindigkeitsbegrenzung und beim Handschalter für die Gangerkennung benötigt. Je nach Konfiguration besteht die Möglichkeit, die vom Kombiinstrument bzw. vom ABS- oder vom ESP-Steuergerät über den CAN gelieferten Größen zu verwenden.

Communication

Im Subsystem *Communication (CO, Kommunikation)* werden sämtliche Motorsteuerungs-Hauptfunktionen zusammengefasst, die mit anderen Systemen kommunizieren.

Die Hauptfunktion *Communication User Interface* (COU, Kommunikationsschnittstelle) stellt die Verbindung mit Diagnose- (z. B. Motortester) und Applikationsgeräten her. Die Kommunikation erfolgt über die CAN-Schnittstelle oder die K-Leitung. Für die verschiedenen Anwendungen stehen unterschiedliche Kommunikationsprotokolle zur Verfügung (z. B. KWP 2000, McMess).

Die Hauptfunktion *Communication Vehicle Interface* (COV, Datenbuskommunikation) stellt die Kommunikation mit anderen Steuergeräten, Sensoren und Aktoren sicher.

Die Hauptfunktion *Communication Security Access (COS, Kommunikation Wegfahrsperre)* baut die Kommunikation mit der Wegfahrsperre auf und ermöglicht – optional – die Zugriffssteuerung für eine Umprogrammierung des Flash-EPROM.

Accessory Control

Das Subsystem *Accessory Control* (AC) steuert die Nebenaggregate.

Die Hauptfunktion *Accessory Control Air Condition* (ACA, Klimasteuerung) regelt die Ansteuerung des Klimakompressors und wertet das Signal des Drucksensors in der Klimaanlage aus. Der Klimakompressor wird eingeschaltet, wenn z. B. über einen Schalter eine Anforderung vom Fahrer oder vom Klimasteuergerät vorliegt. Dieses meldet der Motorsteuerung, dass der Klimakompressor eingeschaltet werden soll. Kurze Zeit danach wird er eingeschaltet und der Leistungsbedarf des Klimakompressors wird durch die Drehmomentstruktur bei der Bestimmung des Soll-Drehmoments des Motors berücksichtigt.

Die Hauptfunktion *Accessory Control Fan Control* (ACF, Lüftersteuerung) steuert den Lüfter bedarfsgerecht an und erkennt Fehler am Lüfter und an der Ansteuerung. Wenn der Motor nicht läuft, kann es bei Bedarf einen Lüfternachlauf geben.

Die Hauptfunktion *Accessory Control Thermal Management* (ACT, Thermomanagement) regelt die Motortemperatur in Abhängigkeit des Betriebszustands des Motors. Die Soll-Motortemperatur wird in Abhängigkeit der Motorleistung, der Fahrgeschwindigkeit, des Betriebszustands des Motors und der Umgebungstemperatur ermittelt, damit der Motor schneller seine Betriebstemperatur erreicht und dann aus-reichend gekühlt wird. In Abhängigkeit des Sollwerts wird der Kühlmittelvolumenstrom durch den Kühler berechnet und z. B. ein Kennfeldthermostat angesteuert.

Die Hauptfunktion *Accessory Control Electrical Machines* (ACE) ist für die Ansteuerung der elektrischen Aggregate (Starter, Generator) zuständig.

Aufgabe der Hauptfunktion *Accessory Control Steering* (ACS) ist die Ansteuerung der Lenkhilfepumpe.

Monitoring

Das Subsystem *Monitoring* (MO) dient zur Überwachung des Motorsteuergeräts.

Die Hauptfunktion *Function Monitoring* (MOF, Funktionsüberwachung) überwacht alle drehmoment- und drehzahlbestimmenden Elemente der Motorsteuerung. Zentraler Bestandteil ist der Momentenvergleich, der das aus dem Fahrerwunsch errechnete zulässige Moment mit dem aus den Motorgrößen berechneten Ist-Moment vergleicht. Bei zu großem Ist-Moment wird durch geeignete Maßnahmen ein beherrschbarer Zustand sichergestellt.

In der Hauptfunktion *Monitoring Module* (MOM, Überwachungsmodul) sind alle Überwachungsfunktionen zusammengefasst, die zur gegenseitigen Überwachung von Funktionsrechner und Überwachungsmodul beitragen oder diese ausführen. Funktionsrechner und Überwachungsmodul sind Bestandteil des Steuergeräts. Ihre gegenseitige Überwachung erfolgt durch eine ständige Frage-und-Antwort-Kommunikation.

In der Hauptfunktion *Microcontroller Monitoring* (MOC, Rechnerüberwachung) sind alle Überwachungsfunktionen zusammengefasst, die einen Defekt oder eine Fehlfunktion des Rechnerkerns mit Peripherie erkennen können. Beispiele hierfür sind:
- Analog-Digital-Wandler-Test,
- Speichertest für RAM und ROM,

- Programmablaufkontrolle,
- Befehlstest.

Die Hauptfunktion *Extended Monitoring* (MOX) beinhaltet Funktionen zur erweiterten Funktionsüberwachung. Diese legen das plausible Maximaldrehmoment fest, das der Motor abgeben kann.

Diagnostic System

Die Komponenten- sowie System-Diagnose wird in den Hauptfunktionen der Subsysteme durchgeführt. Das *Diagnostic System* (DS, Diagnosesystem) übernimmt die Koordination der verschiedenen Diagnoseergebnisse.

Aufgabe des *Diagnostic System Manager* (DSM) ist es,
- die Fehler zusammen mit den Umweltbedingungen zu speichern,
- die Motorkontrollleuchte anzusteuern,
- die Testerkommunikation aufzubauen,
- den Ablauf der verschiedenen Diagnosefunktionen zu koordinieren (Prioritäten und Sperrbedingungen beachten) und Fehler zu bestätigen.

Softwarestruktur

Die funktionalen Anforderungen an die Motorsteuerung werden durch den Einsatz von Elektrik, Elektronik und Software realisiert. Die Software der Motorsteuerung setzt sich aus vielen Programmteilen zusammen. Die Struktur der Programmteile sowie das Zusammenspiel aller Funktionen werden durch die Software-Architektur festgelegt.

Anforderungen an die Software in der Motorsteuerung

Die Anforderungen an die Software in der Motorsteuerung sind sehr vielfältig (Tabelle 2). Viele Funktionen für den Motor

müssen „echtzeitfähig" arbeiten, d.h., die Reaktion der Regelung muss garantiert mit dem physikalischen Prozess Schritt halten. Bei der Regelung sehr schneller physikalischer Prozesse, wie z.B. der Zündung und der Einspritzung muss die Berechnung daher sehr schnell erfolgen. Auch die Anforderungen an die Zuverlässigkeit sind in vielen Bereichen sehr hoch. Besonders gilt dies für sicherheitsrelevante Funktionen wie die elektrische Drosselklappe. Eine komplexe Diagnose überwacht die Software und die Elektronik.

Die Software ist für die entsprechenden Anwendungsfälle der Steuerung und Regelung von Verbrennungsmotoren entwickelt und in das Gesamtsystem eingebunden. Sie wird Embedded Software genannt. Die vielen Funktionen werden oft über einen langen Zeitraum hinweg an vielen Standorten der Welt entwickelt. Da elektronische Steuergeräte als Ersatzteile auch nach dem Produktionsende des Fahrzeugs zur Verfügung stehen müssen, hat die Software im Fahrzeug einen verhältnismäßig langen Lebenszyklus von bis zu 30 Jahren.

Die Software wird über die vielen Varianten eines Motors und Fahrzeugs hinweg eingesetzt. Sie muss dann an das entsprechende Zielsystem anpassbar sein. Dazu enthält sie Applikationsparameter und Kennfelder. Dies können mehrere 1 000 pro Motor sein. Vielfach sind diese Verstellgrößen voneinander abhängig.

Aus Kostengründen kommen in Steuergeräten häufig Mikrocontroller mit begrenzter Rechenleistung und begrenztem Speicherplatz zum Einsatz. Dies erfordert in vielen Fällen Optimierungsmaßnahmen in der Softwareentwicklung, um die erforderlichen Hardware-Ressourcen zu verringern.

Oft wird die Software im Kraftfahrzeug im Entwicklungsverbund entwickelt. Kennzeichnend sind hier die interdisziplinäre Zusammenarbeit (z. B. zwischen der Antriebs- und der Elektronikentwicklung) und die verteilte Entwicklung (z. B. zwischen Zulieferer und Fahrzeughersteller oder an verschiedenen Entwicklungsstandorten). Die aus diesen Anforderungen und Merkmalen resultierende Komplexität gilt es, im Entwicklungsverbund zwischen Fahrzeughersteller und Zulieferer wirtschaftlich zu beherrschen. Dabei muss ein Motorsteuergerät heute oft als vernetztes System im Gesamtfahrzeug betrachtet werden.

Software-Architektur

Eine Software-Architektur beschreibt die Struktur eines oder mehrerer Software-Produkte. Dies umfasst Software-Komponenten, deren nach außen hin sichtbaren Eigenschaften und die Beziehungen zwischen den Software-Komponenten.

Anforderungen an Software-Architekturen

Eine Software-Architektur leitet sich aus den funktionalen Anforderungen und den nicht-funktionalen Anforderungen („Qualities") an die Software-Produkte ab.

Funktionale Anforderungen
Die funktionalen Anforderungen an die Software-Architektur ergeben sich aus dem gewünschten funktionalen Verhalten der Software-Produkte. Dieses Verhalten wird in der Systemstruktur beschrieben und die Software-Architektur kann aus dieser Struktur abgeleitet werden.

Nicht-funktionale Anforderungen
Die nicht-funktionalen Anforderungen ergeben sich aus den gewünschten Eigenschaften der zu erstellenden Software-Produkte. Wesentliche nicht-funktionale Anforderungen sind:
- Wiederverwendbarkeit,
- Hardware-Unabhängigkeit,
- Hardware-Ressourcenverbrauch,
- Erweiterbarkeit,
- Wartbarkeit,
- Testbarkeit,
- Unterstützung von verteilter Entwicklung.

Architektursichten

Da es nicht möglich ist, alle Eigenschaften und Attribute der Software-Architektur in einer Sicht geeignet darzustellen, gibt es in der Software-Architektur den Ansatz, die Software-Architektur in verschiedenen Sichten darzustellen. Die wichtigsten Architektursichten sind:

Anforderungsbereich	Beispiele
Funktionale Anforderungen	Echtzeitfähigkeit durch schnelle Rechenzyklen Übertragung großer Datenmengen Hohe Zuverlässigkeit
Diagnoseanforderungen	Überwachung der sicherheitsrelevanten Funktionen Überwachung der umweltrelevanten Funktionen Diagnosefähigkeit in der Werkstatt
Wirtschaftliche Anforderungen	Wartbarkeit Wiederverwendbarkeit durch Anpassbarkeit Langer Lebenszyklus Speicher- und laufzeitoptimierter Code
Organisatorische Anforderungen	Weltweit verteilte Entwicklung

- statische Sicht (Bild 9),
- dynamische Sicht (Bild 10 und Bild 11),
- funktionale Sicht,
- Verteilungssicht (beschreibt die Verteilung von Software-Komponenten auf Steuergeräte),
- organisatorische Sicht.

Im Folgenden werden die statische und die dynamische Sicht näher beschrieben.

Statische Sicht
Die statische Sicht beinhaltet die Software-Komponenten, deren hierarchische Anordnung und ihre statischen Eigenschaften.

In der Software-Architektur der Motorsteuerung gibt es folgende übergeordnete Software-Komponenten (siehe Bild 9):
- Anwendungssoftware (ASW): Steuerungs- und Regelungsfunktionen,
- Anwendungssupervisor (ASV): überwachende und zentrale Software-Funktionen,

- Device Encapsulation (DE): Software-Funktionen zur Ansteuerung von Sensoren und Aktoren ohne echtzeitkritische Anforderungen,
- Complex Driver (CDrv): echtzeitkritische Software-Funktionen mit exklusivem Hardwarezugriff,
- Basis-Software (BSW): hardwarenahe Software-Funktionen.

Diese übergeordneten Software-Komponenten werden dann immer weiter aufgeteilt. Am Ende der Aufteilung stehen dann nicht mehr weiter aufteilbare Software-Komponenten, die sogenannten Software-Funktionen. Diese beinhalten ausführbaren Code. Die den Software-Funktionen übergeordneten strukturellen Software-Komponenten enthalten dagegen keinen ausführbaren Code und sind nur für den Entwicklungsprozess von Bedeutung.

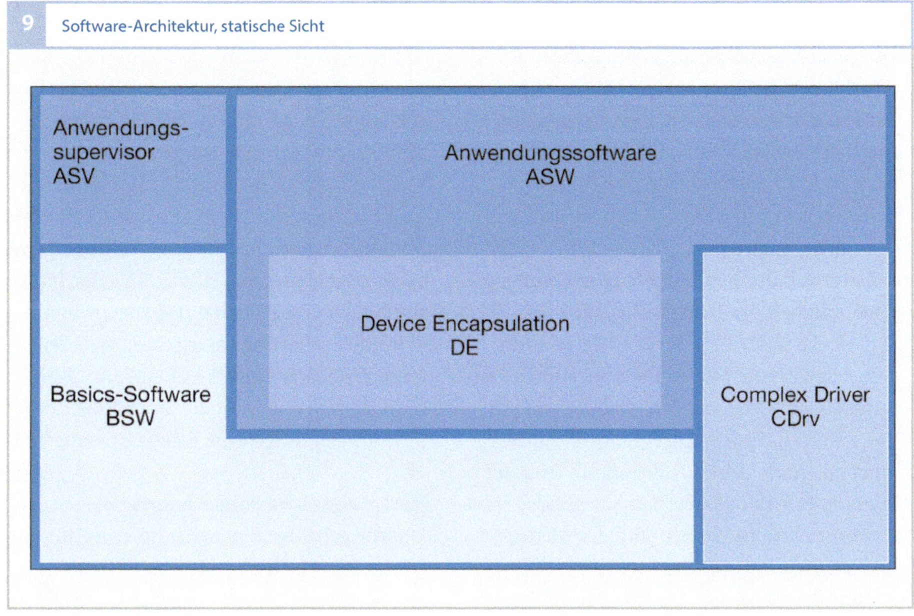

9   Software-Architektur, statische Sicht

Dynamische Sicht

Die dynamische Sicht beschreibt die zeitlichen Abläufe und Abhängigkeiten in der Software. In der Motorsteuerungs-Software hat die dynamische Sicht eine besondere Ausprägung, da es keine fixen Aufrufsequenzen gibt wie in anderen Software Anwendungen.

Viele Regelungen der Motorsteuerung müssen echtzeitfähig sein. Eine echtzeitfähige Regelung muss garantiert innerhalb einer bestimmten Zeitspanne auf eine Anforderung reagieren. Daher müssen einige Steuer- und Regelvorgänge innerhalb kürzester Zeit ausgeführt werden. Zum Beispiel müssen die Einspritz- und Zündvorgänge selbst bei hohen Drehzahlen mit sehr hoher zeitlicher Genauigkeit ausgeführt werden. Bereits kleinste Abweichungen verringern die Motorleistung oder verschlechtern die Geräusch- und Schadstoffemissionen. Um die Echtzeitfähigkeit zu gewährleisten, werden die Programmteile im Steuergerät priorisiert. Sie können sich gegenseitig unterbrechen.

Funktionsprinzip

Der Mikrocontroller im Steuergerät führt einen Befehl nach dem anderen aus. Den Befehlscode holt er sich aus dem Programmspeicher. Die Dauer für das Einlesen des Befehls und die Befehlsausführung hängen vom eingesetzten Mikrocontroller und von der Taktfrequenz ab.

Aufgrund der begrenzten Abarbeitungsgeschwindigkeit des Programms wird eine Softwarestruktur benötigt, die dafür sorgt, dass zeitkritische Funktionen mit hoher Priorität abgearbeitet werden. Dabei kann ein Programm mit niedrigerer Priorität unterbrochen werden. Ist das Programm mit der höheren Priorität abgearbeitet, setzt der Mikrocontroller die Berechnung des niedriger priorisierten Programms fort.

Zum Beispiel muss das Programm der Motorsteuerung auf die Signale des Kurbelwellen-Drehzahlsensors, die in kurzen Abständen kommen, sehr schnell reagieren – je nach Drehzahl im Millisekundenbereich. Diese Signale muss das Steuergeräteprogramm mit hoher Priorität auswerten. Andere Funktionen, wie z. B. das Einlesen der Motortemperatur, haben keine hohe Dringlichkeit, da sich die physikalische Größe nur sehr langsam ändert.

Interruptsteuerung

Sobald ein Ereignis eintritt, auf das eine sehr schnelle Reaktion erforderlich ist, kann das laufende Programm mit der Interruptsteuerung des Mikrocontrollers unterbrochen werden. Das Programm springt daraufhin in die Interruptroutine und arbeitet diese ab. Nach Beendigung dieser Routine fährt das Programm wieder an der Stelle fort, an der es zuvor unterbrochen wurde (Bild 10). Ein Interrupt kann z. B. durch ein Signal von außen ausgelöst werden. Andere Interruptquellen sind im Mikrocontroller integrierte Zeitgeber, mit denen zeitgesteuerte Ausgangssignale erzeugt werden können (z. B. das Zündsignal: der Zündungsausgang des Mikrocontrollers wird zu einem im Voraus berechneten Zeitpunkt geschaltet). Der Zeitgeber kann auch interne Zeitraster generieren. Das Steuergeräteprogramm reagiert auf mehrere solcher Interrupts. Eine Interruptquelle kann somit einen Interrupt anfordern, während eine andere Interruptroutine gerade abgearbeitet wird. Hierzu ist jeder Interruptquelle eine Priorität fest zugeordnet. Die Prioritätssteuerung entscheidet, welcher Interrupt welchen unterbrechen kann. Bild 10 zeigt stark vereinfacht die Verteilung der Berechnungen durch eine Interruptsteuerung.

Kurbelwinkelsynchroner Interrupt

Die Ausgabe der Einspritzung und Zündung erfolgt innerhalb eines Kurbelwellenbereichs, abhängig vom entsprechenden berechneten Ausgabewert. Da die vorgegebe-

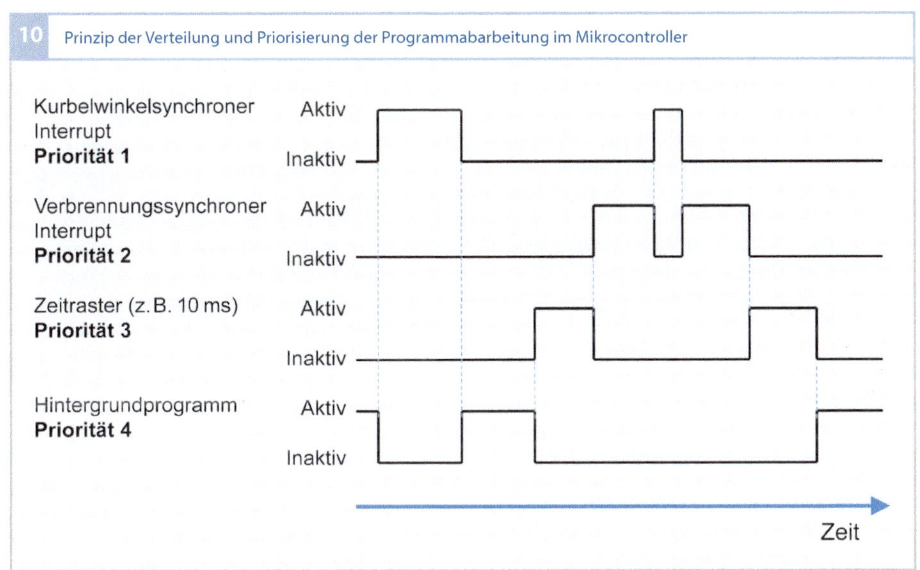

nen Einspritzzeiten und Zündwinkel sehr genau eingehalten werden müssen, wird die Ausgabe von einem Interrupt mit einer sehr hohen Priorität gesteuert.

Verbrennungssynchroner Interrupt
Einige Berechnungen müssen in jedem Verbrennungstakt durchgeführt werden. Zum Beispiel werden Zündwinkel und Einspritzung verbrennungssynchron für jeden Zylinder aktuell berechnet. Hierzu verzweigt das Programm in das „Synchroprogramm". Das Synchroprogramm ist an eine definierte Kurbelwinkelstellung des Motors gebunden und muss mit einer hohen Priorität abgearbeitet werden. Deshalb wird es über einen Interrupt aktiviert, der durch einen Befehl in der kurbelwinkelsynchronen Interruptroutine getriggert wird. Da das Synchroprogramm bei hohen Drehzahlen über mehrere Grad Kurbelwinkel läuft, muss es vom Kurbelwinkelsynchronen Interrupt unterbrochen werden können. Der kurbelwinkelsynchrone Interrupt erhält eine höhere Priorität als das Synchroprogramm.

Zeitraster
Für viele Regelalgorithmen ist es erforderlich, dass sie in einem festen Zeitraster ablaufen. Zum Beispiel muss die λ-Regelung in einem festen Raster (z. B. 10 ms) abgearbeitet werden, damit die Stellgrößen schnell genug berechnet werden.

Hintergrundprogramm
Alle übrigen Aktivitäten, die nicht in einer Interruptroutine oder in einem Zeitraster ablaufen, werden im Hintergrundprogramm abgearbeitet. Bei hohen Drehzahlen wird das Synchroprogramm und der kurbelwinkelsynchrone Interrupt häufig angesprungen, sodass für das Hintergrundprogramm wenig Rechenzeit bleibt. Die Zeitdauer für einen kompletten Durchlauf des Hintergrundprogramms steigt damit mit der Drehzahl stark an. In das Hintergrundprogramm dürfen deshalb nur Funktionen gelegt werden, für die keine hohe Priorität besteht, wie z. B. die Berechnung der Motortemperatur.

Darüber hinaus gibt es Zustandsautomaten in der Motorsteuerung, die z. B. den

Steuergeräte-Hochlauf, die Zustände des
Steuergerätes im Fahrbetrieb und das Her-
unterfahren des Steuergerätes beschreiben.
Bild 11 zeigt beispielhaft die verschiedenen
Systemzustände und Übergänge zwischen
den Zuständen:

- Steuergerät aus:
  Das Steuergerät ist ausgeschaltet. Hard-
  und Software sind inaktiv.
- Hochfahren des Steuergerätes:
  Nach dem Einschalten oder nach einem
  Reset befindet sich das System in der
  Boot-Phase. Hier wird das Steuergerät
  hochgefahren und am Ende das Betriebs-
  system gestartet.
- Initialisierung des Steuergerätes:
  Die Initialisierungs-Phase, d. h. die Initialisierung der Hardware und Software, erfolgt unter der Kontrolle des Betriebssy-
  stems.
- Zyklische Programmausführung:
  Nach der Initialisierungs-Phase beginnt
  die zyklische Programmausführung, d. h.
  der reguläre Ablauf der Steuergerätesoft-
  ware.
- Herunterfahren des Steuergerätes:
  In dieser Phase wird das Steuergerät her-
  untergefahren und nach Abschluss von
  Aufgaben, die von der dann aktiven Steuerung ohne Betriebssystemkontrolle ausgeführt werden, schließlich abgeschaltet.

Funktionale Sicht
Die funktionale Sicht beschreibt die funktionalen Zusammenhänge. Dies erfolgt z. B.
durch die Darstellung der funktionalen
Wirkketten. Eine funktionale Wirkkette beschreibt den Signalfluss eines Eingangssig-
nals, in der Regel von einem Sensorsignal,
dessen Verarbeitung in den verschiedenen
Software-Funktionen bis zu einem oder
mehreren Ausgangssignalen, in der Regel
zur Ansteuerung von Aktoren. Ein Beispiel
ist die Wirkkette der λ-Regelung. Ausgehend
vom Signal der λ-Sonde erfolgt in verschiedenen Funktionen die Signalaufbereitung
des Sondensignals, die λ-Regelung sowie die
Berechnung der resultierenden Korrektur
der Einspritzdauer. Diese Korrektur wird
schließlich bei der Ansteuerdauer der Einspritzventile mit berücksichtigt. Die funktionale Sicht weist eine starke Übereinstim-
mung mit der Systemstruktur auf.

Architekturmechanismen
Architekturmechanismen sind Software-Me-
chanismen oder Muster von übergreifender
Bedeutung. Beispiele für Architekturmechanismen sind:

- Schichtenmodelle,
- Variantenmechanismen,
- Konsistenzsicherung bei Lese- und
  Schreibzugriffen auf den Hauptspeicher,

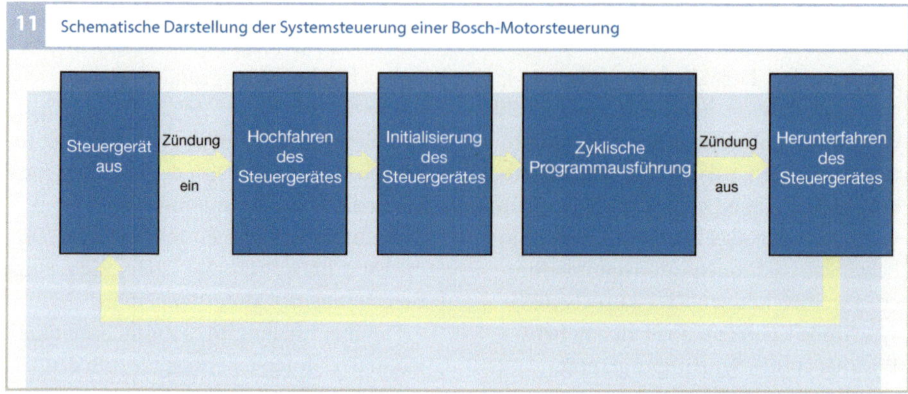

- zentrale Infrastrukturen der Software-Komponenten wie der Diagnose-Manager.

Im Folgenden werden einige dieser Architekturmechanismen näher beschrieben.

Schichtenmodell

Ein Schichtenmodell unterteilt die Software-Architektur in Schichten mit bestimmten Eigenschaften und Aufgaben. In der Motorsteuerung gibt es hierzu die Hardware Encapsulation (HWE), die Device Encapsulation (DE) und die Anwendungssoftware (ASW).

Die Hardware Encapsulation kapselt die Abhängigkeit der Anwendungssoftware von der konkreten Rechner-Hardware und erlaubt den Wechsel der Rechner-Hardware ohne die komplette Software-Architektur zu verändern. Nur die Hardware Encapsulation muss an eine neue Rechner-Hardware angepasst werden.

Die Device Encapsulation beinhaltet Software für Gerätetreiber. Diese kapselt Sensoren und Aktoren und erleichtert damit deren Austausch. In **Bild 12** ist das Entwurfsmuster der Device Encapsulation für Sensoren dargestellt.

Die Anwendungssoftware beinhaltet die funktionale Logik des Software-Produkts und ist unabhängig von den im Software-Produkt verwendeten Sensoren, Aktoren und der Rechner-Hardware. Damit erhöht das Schichtenmodell die Wiederverwendbarkeit von Software-Komponenten in der Anwendungssoftware.

Variantenmechanismen

Variantenmechanismen ermöglichen den Umgang mit funktionalen Varianten in der

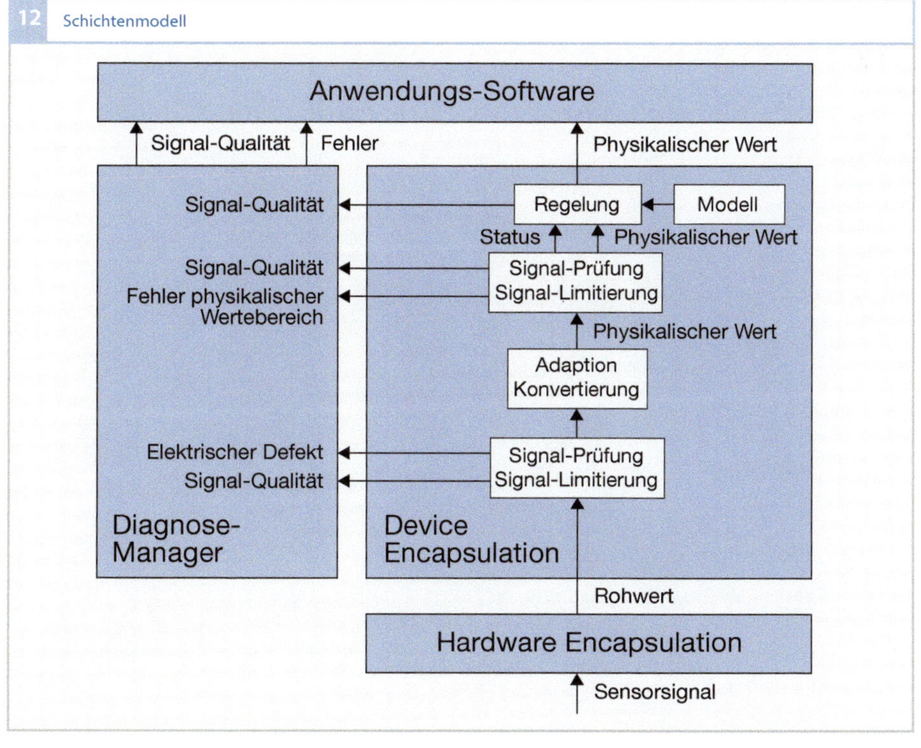

12   Schichtenmodell

Software. Man unterscheidet dabei grundsätzlich die Varianz innerhalb von Software-Komponenten und Varianten von Software-Komponenten. In der Regel werden beide Arten über Schalter abgebildet.

So kann eine Software-Komponente einen internen Schalter besitzen, der es erlaubt, diese Software-Komponente in einem System mit und einem System ohne Turbolader zu verwenden. Oder es gibt zwei verschiedenen Ausprägungen dieser Software-Komponente. Der Schalter sitzt dann außerhalb dieser Software-Komponenten und wählt je nach System die passende Ausprägung der Software-Komponente aus.

Software-Architektur und Entwicklungsprozess

Der Software-Entwicklungsprozess regelt und steuert alle erforderlichen Aktivitäten, Arbeitsprodukte und Rollen, die zur Herstellung von Software-Produkten erforderlich sind.

Es gibt sehr unterschiedliche Darstellungen und Modelle für Software-Entwicklungsprozesse. Ein weitverbreitetes Modell, das auch für die Motorsteuerungs-Software-Entwicklung verwendet wird, ist das V-Modell (siehe Bild 13). Dabei sind auf der linken Seite des „V" die Prozessschritte zur Anforderungsanalyse, zum Entwurf und Design der Software sowie der Implementierung der Software angeordnet. Auf der rechten Seite des V sind die zugehörigen Testaktivitäten zur Validierung abgebildet.

Die Software-Architektur spielt im Software-Entwicklungsprozess eine tragende Rolle. Die Software-Architektur definiert die Menge der zur Verfügung stehenden Software-Komponenten, die Eigenschaften dieser Software-Komponenten wie z. B. deren Schnittstellen und die organisatorischen Zuständigkeiten für Software-Komponenten.

Sie bildet damit die Basis für das Aufteilen der Kundenanforderungen auf Anforderungen für einzelne Software-Funktionen. Au-

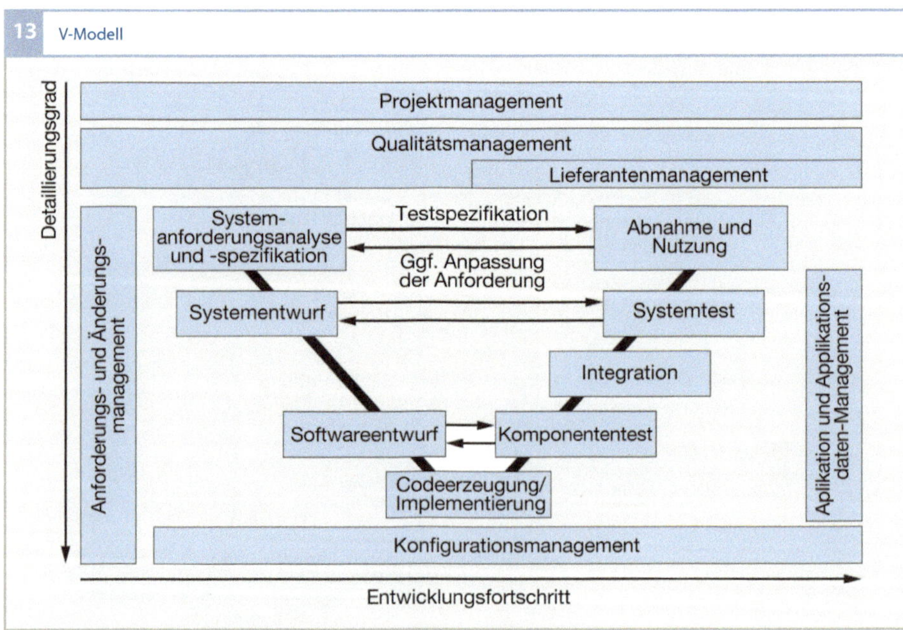

ßerdem stellt sie die Vorgaben für den Software-Entwurf zur Verfügung, z. B. welche Software-Komponenten müssen oder dürfen welche Schnittstellen bereitstellen oder nutzen. Ferner definiert sie, welche Software-Komponenten miteinander getestet werden müssen und gibt vor, in welcher Granularität Teilprodukte an die Produktintegration geliefert werden müssen.

AUTOSAR

Zur Modellierung von Architektursichten empfiehlt sich die Verwendung einer formalen und standardisierten Beschreibungssprache. Im Kraftfahrzeugbereich hat sich hier in den letzten Jahren die Automotive Open System Architecture (AUTOSAR) als Standard herausgebildet. Die AUTOSAR-Standardisierungsaktivität ist ein Zusammenschluss von Fahrzeugherstellern, Steuergeräteherstellern sowie Herstellern von Entwicklungswerkzeugen, Basissoftware (BSW) und Mikrocontrollern. Die wesentlichen

Ziele von AUTOSAR sind:
- effizienter Software-Austausch zwischen Steuergeräten,
- Bereitstellung einer einheitlichen Software-Architektur,
- Definition einer Beschreibungssprache für das Verhalten und die Konfiguration von Softwarekomponenten in Steuergeräten.

Die AUTOSAR-Softwarearchitektur (Bild 14) unterscheidet im Wesentlichen zwischen der steuergeräteunabhängigen Anwendungssoftware (ASW), der steuergerätespezifischen Basissoftware (BSW) und dem AUTOSAR Runtime Environment (RTE). Dieses realisiert einerseits die Kommunikation zwischen den einzelnen Software-Komponenten der Anwendungssoftware und andererseits der Anwendungssoftware und der Basissoftware. Das Runtime Environment wird aus dem sogenannten Virtual Function Bus (VFB) per Konfiguration abgeleitet. Im Virtual Function Bus wird für

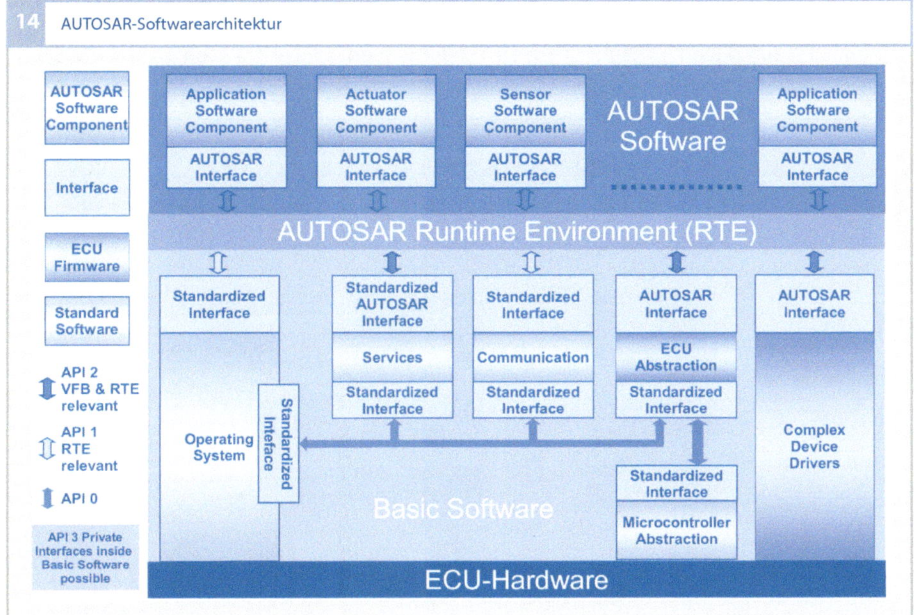

Bild 14
Es wurden die englischen Begriffe verwendet, um konform mit der Spezifikation zu sein.

ECU Steuergerät
API Programmierschnittstelle (Application Programming Interface)

den Steuergeräteverbund im Fahrzeug die Kommunikation zwischen den Software-Komponenten steuergeräteübergreifend modelliert (Bild 15). Basierend auf der Verteilung der Software-Komponenten auf die Steuergeräte wird dann daraus pro Steuergerät ein Runtime Environment generiert. Dieses Runtime Environment realisiert dann für die Software-Komponenten die Kommunikation mit anderen Software-Komponenten unabhängig davon, auf welchem Steuergerät sich diese Komponenten befinden.

Wie in Bild 16 schematisch dargestellt, realisiert das Runtime Environment sowohl die Steuergeräte interne Kommunikation zwischen Software-Komponenten, als auch die externe Kommunikation zwischen Software-Komponenten auf unterschiedlichen Steuergeräten über einen externen Bus (z. B. den CAN).

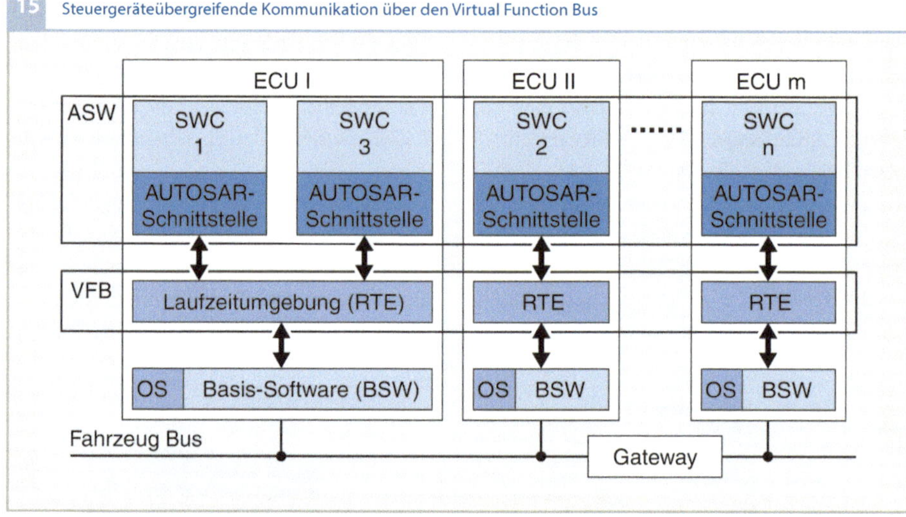

15 Steuergeräteübergreifende Kommunikation über den Virtual Function Bus

Bild 15
ECU   Steuergerät
ASW   Anwendungs-Software
SWC   Software-Komponente
VFB   Virtual Function Bus
RTE   Laufzeitumgebung
BSW   Basis-Software
OS   Betriebssystem

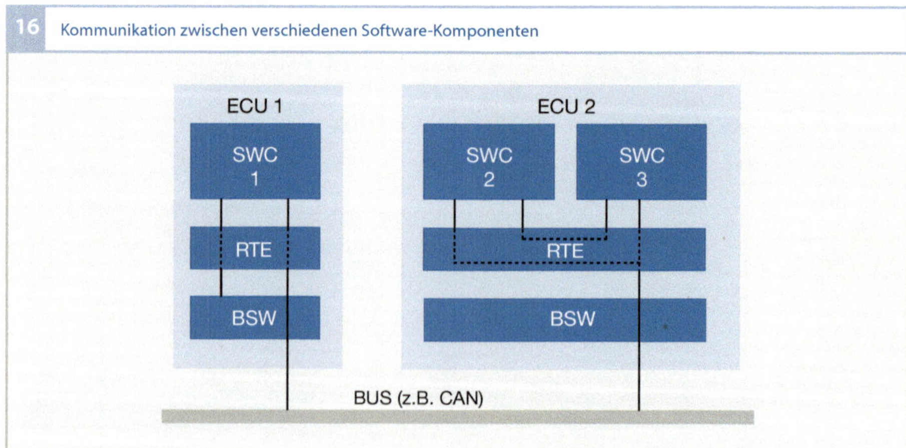

16 Kommunikation zwischen verschiedenen Software-Komponenten

Bild 16
ECU   Steuergerät
SWC   Software-Komponente
BSW   Basis-Software

Steuergeräteapplikation

Die Architektur und die Funktionen der Motorsteuerung erhalten erst durch eine projektspezifisch (auf den jeweiligen Motor oder das jeweilige Fahrzeug) angepasste und optimierte Parametrierung die erforderlichen Eigenschaften zum optimalen Betrieb des Motors und des Fahrzeuges.

Optimal bedeutet in diesem Zusammenhang der beste Kompromiss zwischen minimalen Emissionen, minimalem Kraftstoffverbrauch und maximaler Leistungsfähigkeit unter Berücksichtigung der Betriebsgrenzen von Bauteilen und Komponenten. Dabei gibt es gesetzlich vorgeschriebene Grenzwerte für Schadstoffemissionen, Richtlinien für den Kraftstoffverbrauch sowie Herstellervorgaben für die Leistungsfähigkeit und die zulässige Belastung der Bauteile. Weil diese Ziele häufig durch ein gegensätzliches Verhalten charakterisiert sind, ist die wesentliche Aufgabe der Applikation die Festlegung des besten Kompromisses zwischen den genannten Anforderungen unter Berücksichtigung der jeweiligen Randbedingungen. Das Ergebnis des Parametriervorgangs ist somit ein ganz wesentlicher Bestandteil einer funktionierenden Motorsteuerungs-Software.

Die Gesamtheit von Parametrierung, Validierung dieser Parameter, Datenverwaltung sowie deren Freigabe bezeichnet man als Applikation.

Ablauf der Applikation

Der Arbeitsablauf einer Applikation kann entsprechend der üblichen Bearbeitungsreihenfolge wie folgt unterteilt werden:

- *Basisanpassung:* Grundanpassung von Komponenten, Rechenmodellen, Reglern und Sollwerten im stationären Motorbetrieb. Die Daten hierfür werden überwiegend mit Hilfe von Motorprüfstandsversuchen ermittelt.
- *Instationäranpassung:* Übertragung der im Motorprüfstandsbetrieb ermittelten Daten in das Fahrzeug und Anpassung des transienten Verhaltens, inklusive der Start-, Leerlauf,- Emissions- und Fahrverhaltensparametrierung.
- *Diagnose:* Parametrierung der Motorsteuerungs-Eigendiagnose, insbesondere bezüglich abgasrelevanter Fehler (On-Board-Diagnose, OBD).
- *Überwachung:* Applikation sicherheitsrelevanter Motorsteuerungs-Funktionen.
- *Freigabe:* Freigabe der parametrierten Motorsteuerungs-Software und der projektspezifischen Komponenten des Motorsteuerungs-Systems für den Betrieb im Serieneinsatz.

Überprüft werden die Gesamtheit aller Parameter und deren Zusammenspiel im Rahmen von Erprobungsfahrten, welche die Tauglichkeit des Gesamtsystems auch unter extremen Bedingungen, wie z. B. Hitze, Kälte und Höhe sicherstellen. Die Arbeitsumfänge können teilweise parallel abgearbeitet werden, bestimmte Aufgaben unterliegen jedoch einer definierten Reihenfolge.

Klassifizierung der Parametrierungsaufgaben

Die geeignete Methode für die Ermittlung der Funktions-Parameter hängt von der zu bearbeitenden Aufgabe und den Randbedingungen ab. Dabei können die Aufgabengruppen und die damit verbundenen Möglichkeiten zur Parametrierung wir folgt unterschieden werden, wobei hier kein Anspruch auf Vollständigkeit erhoben wird:

Komponentenparametrierung (Sensoren, Aktoren)

Es gibt einige Parameter, die bereits „am Schreibtisch" ermittelt werden können, bevor das reale System zur Verfügung steht.

Das sind etwa Sensorkennlinien, geometrische Größen oder Komponentendaten. Darunter fallen auch Parameter, die im Lauf der Entwicklung nicht mehr geändert werden dürfen, da sie die Betriebssicherheit bestimmter Komponenten gewährleisten.

Modellparametrierung (z. B. Füllungsmodell, Drehmoment-Modell etc.)

In der Motorsteuerung gibt es physikalisch basierte Modelle, aus denen Zustandsgrößen berechnet werden, die das System beschreiben. Das sind entweder Größen, die man prinzipbedingt nicht messen kann, oder Größen, auf deren Messung man aus wirtschaftlichen Gründen im Serienfahrzeug gern verzichten möchte. Zur Parametrierung dieser Modelle muss das System entsprechend vermessen werden, wobei die Systemantworten bei der Verstellung der Eingangsparameter erfasst werden. Aus diesem Ein-Ausgangs-Verhalten werden dann toolgestützt die Parameter ermittelt, mit denen sich das Modell im Motorsteuergerät möglichst genauso verhält wie das reale System.

Motoreinstellgrößen (Zündwinkel, Einspritzbeginn, Nockenwellenposition etc.)

Dieser Teil befasst sich mit der klassischen Motoroptimierung, d. h. dem Finden der optimalen Kombination aller Stellgrößen des Motors, wie z. B. Nockenwellenposition, Beginn der Einspritzung, Kraftstoffdruck, Zündwinkel etc. In der Vergangenheit konnten die optimalen Parameter durch eine Vollrasterung, d. h. durch Parametervariation in allen Betriebspunkten ermittelt werden. Mit zunehmender Anzahl an Stellparametern ist die Vollrasterung jedoch nicht mehr praktikabel, sodass man sich neuer Ansätze, wie der statistischen Versuchsplanung (Design of Experiments, wird weiter unten noch erklärt), bedient.

Vorsteuer- und Sollwerte (Verlaufsformungen, Startparameter etc.)

Hier sei als Beispiel die Applikation der Startparameter genannt. Der Motorstart ist nach wie vor ein rein gesteuerter Ablauf. Die dazu nötigen Sollwerte wie z. B. Zündwinkel, Drosselklappenwinkel, Kraftstoffmenge usw. werden in Startversuchen ermittelt, bei denen unter anderem Umgebungstemperatur und Luftdruck, aber auch unterschiedliche Kraftstoffqualitäten eingehen. Ziel ist hierbei, einen sicheren Start unter allen Umgebungsbedingungen bei möglichst geringen Schadstoffemissionen zu erreichen.

Reglerparametrierung (z. B. Leerlaufregelung, Ladedruckregelung, Klopfregelung etc.)

Die Anpassung der Reglerparameter für z. B. die Leerlaufregelung erfolgt durch Sprunganregungen, Schwingversuche und klassische Reglerauslegungsmethoden. Viele Regler in der Motorsteuerung stützen sich auf eine Vorsteuerung und regeln die Differenz zwischen dem Ist- und dem Sollwert aus.

Schwellwerte (Diagnoseschwellen, Umschaltungen, Hysteresen etc.)

Schwellwerte gibt es zum Beispiel im Bereich der Diagnosefunktionen. Hier werden während der Parametrierung definierte Grenzmuster oder Fehlerteile eingebaut oder Fehlerfälle simuliert. Die Schwellen werden dann so angepasst, dass ein gerade noch zulässiges Grenzmuster unterhalb der Auslöseschwelle bleibt, während ein fehlerhaftes Teil sicher als defekt erkannt und eingestuft wird.

Die eigentliche Applikationsarbeit wird durch eine Methoden- und Toolentwicklung unterstützt, die folgende Aufgaben verfolgt:
- Verringerung des Parametrieraufwandes,
- Reduktion der Anzahl benötigter Versuchsträger,

- Erhöhung des Systemverständnisses,
- Beherrschung der weiter steigenden Komplexität,
- ständige Verbesserung der Qualität.

Erst durch eine leistungsfähige Methoden- und Toolentwicklung können die Applikationsaufgaben trotz der ständigen Zunahme von Komplexität und Umfang der Motorsteuerungs-Funktionen in einem überschaubaren Zeitrahmen mit einer hohen Qualität bearbeitet werden.

Die Methoden- und Toolentwicklung unterstützt die Applikation mit Hilfsmitteln, welche den Bearbeiter von Routine-Aufgaben entlasten, ihn bei der Auswahl der optimalen Parameter unterstützen oder ihn durch die Verwendung angepasster Algorithmen in die Lage versetzen, komplexe Umfänge effizient bearbeiten zu können.

Neben den klassischen Applikationstools gibt es leistungsfähige Datenbanken zur Verwaltung der Applikationsdaten, mit deren Hilfe z. B. eine Erstbedatung oder eine Datenplausibilisierung erfolgen kann.

Applikationstools

Ein großer Anteil der Applikationsarbeiten erfolgt mit PC-gestützten Applikationstools (Bild 17). Dabei kann man zwei Arten unterscheiden. Es gibt grundlegende Applikationstools, die die Basisfunktionalitäten wie Messen, Verstellen und Vergleichen zur Verfügung stellen und es gibt Applikationstools, die anwendungs- oder funktionsbezogen arbeiten und eigene Algorithmen z. B. für die Optimierung einer Funktion beinhalten.

Für die grundlegenden Basisfunktionalitäten wird bei Bosch das Applikationstool INCA (Integrated Calibration and Acquisition System) verwendet. Es stellt umfassende Mess- und Kalibrierfunktionen sowie Werkzeuge für die Verwaltung von Applikationsparametern, für die Messdatenauswertung und für die Flash-Programmierung des Steuergeräts zur Verfügung. Eine integrierte Datenbank ermöglicht die einfache und schnelle Wiederverwendung von bereits erstellten Konfigurationen und Experimenten bei neuen Steuergeräteprojekten. Über offene Schnittstellen kann das Applikationstool INCA automatisiert und in den Prüfstand, das Hardware-in-the-Loop-Testsystem oder in andere Werkzeugumgebungen integriert werden. Es unterstützt Steuergerätebeschreibungen für Mess- und Kalibriersysteme, Prüfstandsschnittstellen, den Messdatenaustausch und Protokolle für die Kommunikation mit dem Steuergerät konform zu den ASAM-Standards ASAM MCD-2 MC, ASAP3 und ASAM MCD-3 MC, ASAM MDF, CCP und XCP.

Für eine schnelle Kommunikation in hoher Bandbreite wird für Applikationszwecke ein speziell ausgerüstetes Steuergerät verwendet, welches anstelle des Programmspeichers (EPROM) einen Emulator-Tastkopf (ETK, auch als elektronischer Tastkopf bezeichnet) enthält, in dem das Steuergeräte-EPROM und -RAM nachgebildet wird. Der Emulator-Tastkopf bietet eine Schnittstelle für das Applikationstool auf dem PC. Somit hat das Applikationstool einen direkten Zugriff auf den Speicher. Der Emulator-Tastkopf bildet die derzeit leistungsfähigste Schnittstelle des Steuergeräts zur Ankopplung von Applikationsgeräten.

Eine einfachere Ankopplung von Applikationsgeräten (z. B. Laptop) an das Steuergerät erfolgt über die CAN-Bus-Schnittstelle entsprechend dem ASAM-Standard CCP (CAN Calibration Protokoll). Für spezielle Aufgaben gibt es eine Vielzahl spezifischer Applikationstools, die jeweils eine ganz bestimmte Aufgabe bearbeiten können, wie die Parametrierung des Füllungsmodells, des Abgastemperaturmodells oder der Aussetzererkennung.

Nachfolgend wird der typische Arbeitsablauf einer Applikationsaufgabe beschrieben. Man kann grundsätzlich zwischen zwei Applikationsarten unterscheiden. Die eine erfolgt direkt während der Fahrt oder des Betriebes durch laufendes Messen, Beobachten und Verstellen. Man bezeichnet dieses Vorgehen als Online-Applikation. Dagegen werden in der sogenannten Offline-Applikation Messungen nach einem definierten Versuchsplan gemacht und die Reaktionen des Systems werden aufgezeichnet. Auf Basis dieser aufgezeichneten Messungen werden anschließend bestimmte Auswertungen durchgeführt und Kennfelder, Kennlinien und Festwerte parametriert.

Ablauf einer Softwareapplikation

Definieren des gewünschten Verhaltens

Das gewünschte Verhalten einer Funktion wird entsprechend der oben genannten Klassifizierung festgelegt, z. B. für eine erforderliche Modellgenauigkeit oder ein bestimmtes Einregelverhalten. Entsprechend dieser Ziele und der gegebenen Randbedingen gibt es definierte und standardisierte Vorgehensweisen, wie diese Ziele zu erreichen sind. Dazu sind in der Regel immer Versuche und

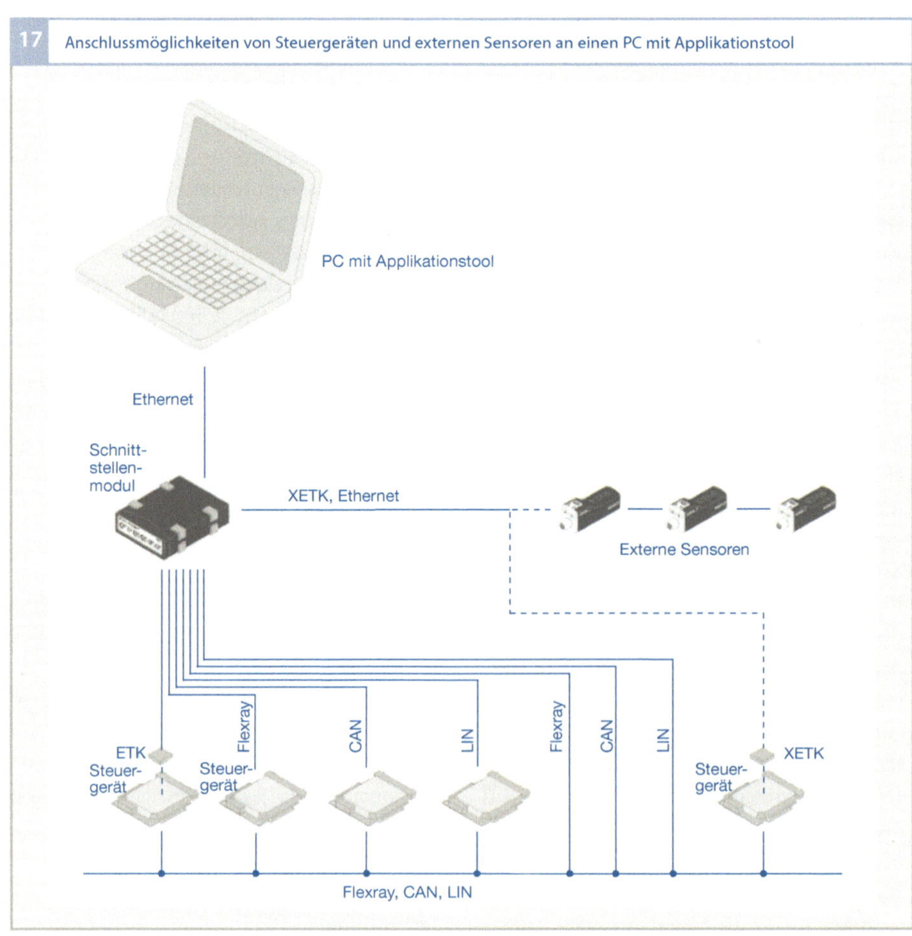

17   Anschlussmöglichkeiten von Steuergeräten und externen Sensoren an einen PC mit Applikationstool

Bild 17
ETK   Emulator-Tastkopf
XETK   Tastkopf mit XCP-
       Protokoll

Messungen im Fahrzeug oder am Motorprüfstand erforderlich.

Vorbereitung

Um alle nötigen Informationen über das System zu erhalten, müssen die relevanten Mess- und Einflussgrößen bestimmt werden. Bei einem neuen oder unbekannten System kann man sich mit Hilfe der Software-Dokumentation ein Bild davon machen, wie die zu applizierende Funktion aufgebaut ist und welche Ein- und Ausgangsgrößen sowie welche Verstellparameter die Funktion hat.

Die zu messenden Größen können sowohl Werte aus der Motorsteuerung sein, die von anderen Funktionen berechnet und zur Verfügung gestellt werden als auch Messwerte von externen Messgeräten und Sensoren. Externe Messgeräte oder Sensoren können über entsprechende Peripheriegeräte (z. B. Schnittstellenmodule) hinzugefügt werden (vgl. **Bild 17**). Für die bekannten Funktionen gibt es im Applikationstool Listen der relevanten Mess- und Verstellgrößen. Abhängig von der Systemkonfiguration müssen gegebenenfalls weitere Größen hinzugefügt werden.

Darüber hinaus ist die Verfügbarkeit, die Einsatzfähigkeit sowie die korrekte und vollständige Ausrüstung des benötigten Versuchsträgers (Motor oder Fahrzeug) sicherzustellen oder der Einbau eventuell benötigter zusätzlicher Messgeräte oder Ausrüstung einzuplanen. Weiterhin sind die benötigten Mess- und Prüfeinrichtungen wie Motorprüfstand, Teststrecke, Klima- oder Abgasrolle, Bremsanhänger usw. terminlich einzuplanen.

Vermessung des tatsächlichen Systemverhaltens

Sind alle Vorbereitungen abgeschlossen, wird der Versuchsträger entsprechend dem Applikationsvorgehen vermessen. Dabei wird der Versuchsträger über das Applikationstool auf verschiedene Arten angeregt und die Reaktionen des Systems werden aufgezeichnet.

Anpassung der Funktionsparameter

Entsprechend der Zielsetzung und der Randbedingungen können bei der Online-Applikation die zu applizierenden Parameter gleich während der Messung verstellt und so das Systemverhalten optimiert werden. Dabei kann der Applikateur das Ergebnis der Verstellung unmittelbar am System erfassen und so lange ändern, bis sich das gewünschte Verhalten einstellt. Bei der Offline-Applikation werden die Funktionsparameter von einem Applikationstool verstellt und im Anschluss optimiert, bis sich das gewünschte Verhalten einstellt.

Dokumentieren der modifizierten Parameter

Werden Funktionsparameter direkt beim Messen verstellt, dient die Messung später auch als Dokumentation der verstellten Größen. Im Falle einer Offline-Applikation wird mit den veränderten Parametern eine Überprüfungsmessung gemacht, um das veränderte Verhalten zu verifizieren und zu dokumentieren.

Statistische Versuchsplanung in der Applikation von Motorsteuergeräten

Die Methode der statistischen Versuchsplanung, (DoE, Design of Experiments) wird verwendet, um einerseits die Anzahl von benötigten Messungen zu reduzieren und andererseits das hochdimensionale, komplexe Verhalten des Verbrennungsmotors schnell und genau modellieren zu können. Die Methode umfasst die Versuchsplanung, die Modellbildung sowie die Modellanalyse.

Kern des Verfahrens ist die Modellbildung. Dabei beruhen die Modelle auf mathematischen Zusammenhängen und beinhalten keinerlei physikalische Strukturen (Black Box Modeling). Die Parameter der Modelle werden aus Messdaten bestimmt.

Mit Hilfe dieses Modells vom Verhalten des Verbrennungsmotors können nun entweder „synthetische" Messdaten erzeugt werden, um damit die Parameter der Steuergerätefunktionen bestimmen zu können, oder es kann direkt auf dem Modell eine Optimierung erfolgen, um optimale Einstellparameter hinsichtlich Emissionen, Kraftstoffverbrauch und Performance zu bestimmen. Man kann diese beiden Schritte auch kombinieren. Das Modell wird als „virtueller" Motor verwendet und alle relevanten „Messungen" können am Modell und damit in sehr kurzer Zeit durchgeführt werden.

Das Verfahren eignet sich besonders, wenn die Modellierung basierend auf physikalischen Grundgleichungen an die Grenzen von Modellierbarkeit, Genauigkeit oder Rechenzeit stößt. Daher findet man diese Art der Modellierung häufig bei allen Fragen rund um die motorische Verbrennung.

Bei den Modellierungsalgorithmen gibt es verschiedene Methoden wie z. B. Polynom-Modelle, Radiale Basisfunktions-Netzwerke (RBF), lokal lineare Modelle, Support Vector Machines, Gaußprozesse, neuronale Netze etc. Jeder dieser Modellierungsansätze hat spezifische Vor- und Nachteile, am weitesten verbreitet ist der Polynom-Ansatz.

Bei der Versuchsplanung werden die Verteilung und die Anzahl der Messdaten so festgelegt, dass sie optimal auf den verwendeten Modellierungsalgorithmus abgestimmt sind. Die Anzahl der benötigten Messdaten soll so gering wie möglich sein, um teure und aufwendige Messungen an Motoren oder Fahrzeugen zu minimieren. Weiterhin muss der verwendete Modellierungsalgorithmus mit Messrauschen umgehen können und eine hohe Flexibilität besitzen, um auch komplexe Verläufe abbilden zu

können. Idealerweise werden die Modellstruktur und die Modellparameter durch einen geeigneten Modellierungsansatz automatisch während des Modelltrainings ohne das Zutun des Anwenders bestimmt. Das Programm ASCMO der Firma ETAS verwendet beispielsweise Gaußprozesse im Modellierungskern.

Modellbasierte Applikation

Da die Anforderungen und die Komplexität immer weiter steigen und gleichzeitig die Anzahl der zur Verfügung stehenden Versuchsträger abnimmt, werden verschiedene Teile des Applikationsprozesses mit Hilfe von modellbasierten Ansätzen wie z. B. DoE bearbeitet, um die auf Fahrzeugmessungen basierenden Applikationsschritte zu reduzieren. Dabei muss das Systemverhalten durch Modelle genau genug beschrieben werden, wobei der Aufwand für deren Parametrierung aber so gering wie möglich sein muss. Da für viele Aufgaben das Zusammenspiel zwischen Motor bzw. Fahrzeug und der Steuergerätefunktionalität mit den Parametrierdaten abgebildet werden muss, erfolgt die modellbasierte Applikation an einem HIL-Simulator (Hardware in the Loop). Kleinere Anteile können auch durch einen Software-Freischnitt bearbeitet werden. Dabei wird ein kleiner Teil der Funktionssoftware als Programm auf einem PC zusammen mit einem parametrierten Streckenmodell betrieben und optimiert.

Applikationsbeispiel
Optimierung des Zündwinkels

Der Zündwinkel spielt beim Ottomotor eine zentrale Rolle. Mit Hilfe des Zündwinkels kann über die Lage des Verbrennungsschwerpunktes der Wirkungsgrad des Motors beeinflusst werden.

Um den Motor mit seinem maximalen Wirkungsgrad zu betreiben, also einen geringen Kraftstoffverbrauch zu erreichen und ein optimales Drehmoment zur Verfügung zu stellen, wird der Zündwinkel abhängig von folgenden Größen eingestellt:

- Motordrehzahl,
- Zylinderluftfüllung (Motorlast),
- Restgasgehalt im Zylinder,
- Position der Ladungsbewegungsklappe (falls vorhanden),
- Betriebsart (Homogen- oder Schichtladungsbetrieb),
- Luft-Kraftstoff-Gemischverhältnis,
- Motortemperatur,
- Ansauglufttemperatur,
- Kraftstoffsorte,
- Kraftstoffqualität.

Dazu werden automatisierte Messungen am Motorprüfstand gefahren, bei denen die oben genannten Einflussparameter verstellt werden (soweit das möglich ist). Am Schreibtisch werden dann mit Hilfe von Applikationstools die optimalen Werte aus den Messungen ermittelt und in eine Struktur von Kennfeldern und Kennlinien, die die Steuergerätefunktion darstellt, abgelegt. Die Einflüsse, die am Motorprüfstand nicht untersucht wurden, werden auf Versuchsfahrten parametriert.

Bei höheren Lasten und Drehzahlen ist die Zündwinkel-Verstellung beim Ottomotor durch klopfende Verbrennung begrenzt. Der Motor kann dann aus Bauteilschutzgründen nicht mehr mit dem optimalen Zündwinkel betrieben werden. Die Sollwerte für diesen Bereich werden zusammen mit der Klopfregelung appliziert, um einerseits einen sicheren Motorbetrieb zu gewährleisten, andererseits aber möglichst wenig Einbußen bei Drehmoment und Kraftstoffverbrauch zu haben.

Auch der spätest mögliche Zündwinkel muss ermittelt werden, bei dem das Luft-Kraftstoff-Gemisch noch sicher entflammt

wird, der Motor aber möglichst wenig Drehmoment abgibt. Diese Bereiche dienen der Begrenzung der Zündwinkelverstellung, welche von anderen Funktionen zur kurzeitigen Drehmomentreduktion angefordert wird, wie Katalysator-Heizen, Schaltvorgänge von Automatik-Getrieben, Fahrverhaltensfunktion etc. Die Abstimmung des spätest möglichen Zündwinkels erfolgt direkt am Motorprüfstand, da eine Spätverstellung des Zündwinkels mit einer deutlichen Erhöhung der Abgastemperatur einhergeht, die sehr schnell über die zulässigen Grenzen gehen kann und somit Bauteile gefährdet werden.

Diese Erhöhung der Abgastemperatur macht man sich zur schnelleren Aufheizung des Katalysators nach einem Kaltstart zu Nutze. Der Wirkungsgrad des Motors wird absichtlich verschlechtert, d.h. der Zündzeitpunkt und damit die Verbrennungsschwerpunktlage werden nach spät verschoben, um eine Erhöhung der Abgastemperatur zu erreichen. Damit der Motor jedoch trotz des verschlechterten Wirkungsgrades noch genügend Drehmoment liefert, wird die Luftmasse im Zylinder (und über die stöchiometrische Bedingung auch die Kraftstoffmasse) erhöht, was zu einem erhöhten Kraftstoffverbrauch führt. Deswegen wird die Phase des Katalysator-Heizens so kurz wie möglich gehalten.

Weitere Anpassungen
Adaptionen
Im Rahmen einer Serienfertigung unterliegen sowohl Motoren als auch Sensoren und Aktoren herstellungsbedingten Schwankungen. Zusätzlich ändert sich das Systemverhalten im Laufe der Zeit durch Verschmutzung, Abnutzung und Alterung. In der Motorsteuerung gibt es Funktionen, die diese Schwankungen ausgleichen. Über Plausibilisierung von verschiedenen berechneten oder gemessen Signalen werden Korrektur-

werte berechnet, die dann in die Berechnung der Sollwerte einbezogen werden. Damit ist über die Streuungen in der Produktion sowie über die Alterung des Fahrzeuges sichergestellt, dass die Abgasgrenzwerte sowohl im Neuzustand als auch nach mehr als 100 000 km sicher eingehalten werden.

Sicherheitsanpassungen

Neben den für Emission, Verbrauch und Leistungsfähigkeit maßgebenden Funktionen sind auch zahlreiche Sicherheitsfunktionen anzupassen, um ein definiertes Verhalten des Systems z. B. bei Ausfall eines Sensors oder eines Stellgliedes zu gewährleisten. Die Sicherheitsfunktionen dienen in erster Linie dazu, das Fahrzeug in einen für den Fahrer unkritischen Zustand zu halten und die Betriebssicherheit des Motors und seiner Komponenten zu gewährleisten (z. B. zur Vermeidung von Motorschäden oder Schäden am Abgasnachbehandlungssystem).

Kommunikation

Das Motorsteuergerät ist in der Regel in einen Verbund mehrerer elektronischer Steuergeräte eingebunden. Der Datenaustausch zwischen Fahrzeug-, Getriebe- und sonstigen Steuergeräten erfolgt über einen Datenbus (meist der CAN). Das korrekte Zusammenwirken der beteiligten Steuergeräte wird mit dem Originaleinbau im Fahrzeug überprüft und optimiert.

Ein typisches Beispiel für das Zusammenspiel zweier Steuergeräte im Fahrzeug ist der Ablauf eines Schaltvorgangs mit automatisiertem Getriebe. Das Getriebesteuergerät fordert zum optimalen Zeitpunkt des Gangwechsels über den Datenbus eine Reduzierung des Drehmoments an. Das Motorsteuergerät ergreift dann ohne Beteiligung des Fahrers Maßnahmen, die das abgegebene Drehmoment zurücknehmen und so einen weichen und ruckfreien Gangwechsel ermöglichen. Die Daten, die zu dieser Drehmomentreduzierung führen, müssen appliziert werden.

Diagnose

Aufgrund gesetzlicher Bestimmungen ist es nötig, die Einhaltung von Abgasgrenzwerten während der gesamten Lebensdauer eines Fahrzeuges sicherzustellen. Dazu sind im Motorsteuergerät Funktionen zur Eigendiagnose (On-Board-Diagnose, OBD) enthalten, die Fahrzeugkomponenten mit Abgaseinfluss auf Ihre Funktionsfähigkeit hin überwachen. Dazu gehört die Überwachung von Sensoren, Stellgliedern und des Katalysators sowie die Überwachung des Motors auf Verbrennungsaussetzer.

Das Motorsteuergerät überprüft verschiedene Signale auf Über- oder Unterschreitung von Bereichsgrenzen, auf Wackelkontakte, Kurzschlüsse und Plausibilität mit anderen Signalen. Die Bereichs- und Plausibilitätsgrenzen muss der Applikateur festlegen. Diese werden so gewählt, dass auch bei Extrembedingungen (Sommer, Winter, Höhe) keine Fehldiagnosen erfolgen. Andererseits muss aber die Empfindlichkeit für wirkliche Fehler noch groß genug sein und eine ausreichende Prüfhäufigkeit (In-Use Monitor Performance Ratio, IUMPR) gewährleistet sein. Außerdem muss festgelegt werden, wie der Motor bei Vorliegen eines Fehlers weiterbetrieben werden darf. Schließlich wird der Fehler noch im Fehlerspeicher abgelegt, um der Service-Werkstatt ein schnelles Auffinden und Beheben des Fehlers zu ermöglichen.

Applikation unter extremen klimatischen Bedingungen

Bei Erprobungen werden Versuche unter klimatisch extremen Bedingungen durchgeführt, die in der Regel nur in Ausnahmefällen während der Lebensdauer eines Fahrzeugs auftreten. Die Bedingungen, die auf einer Erprobung auftreten, lassen sich nur begrenzt auf einem Prüfstand simulieren, da hier auch das subjektive Empfinden des Testfahrers und dessen Erfahrung eine wichtige Rolle spielen. Die Temperatur alleine wäre auf einem Prüfstand problemlos simulierbar, das Abfahrverhalten z. B. auf einem Rollenprüfstand ist aber im Vergleich zum realen Fahrbetrieb nur sehr schwer einschätzbar.

Darüber hinaus wird bei einer Erprobung zumeist eine größere Fahrstrecke mit mehreren Fahrzeugen zurückgelegt; dies ermöglicht eine Überprüfung der Applikationsparameter über die Serienstreuung der verschiedenen Versuchsfahrzeuge. Das ermöglicht es dem Applikateur, zu bewerten, wie sich verschiedene Fahrzeuge mit den eingestellten Parametern verhalten.

Ein weiterer wesentlicher Aspekt ist der Einfluss der Kraftstoffqualität in den verschiedenen Regionen der Welt. Hauptsächlich wirkt sich die unterschiedliche Kraftstoffqualität auf das Startverhalten und den Warmlauf des Motors aus. Die Fahrzeughersteller treiben einen hohen Aufwand, um sicherzustellen, dass sich ein Fahrzeug mit allen auf dem Markt befindlichen Kraftstoffen ohne Beanstandungen betreiben lässt.

Wintererprobung

Bei der Wintererprobung wird der klimatische Bereich von ca. −30 °C bis 0 °C abgedeckt. In erster Linie werden Startmessungen durchgeführt und das Abfahrverhalten (Take Off) beurteilt.

Beim Start wird jede einzelne Verbrennung ausgewertet und bei Bedarf die entsprechenden Parameter optimiert. Die korrekte Parametrierung jeder einzelnen Einspritzung ist ausschlaggebend für die Startzeit und den stetigen Hochlauf des Motors von Starterdrehzahl bis auf Leerlauf-

drehzahl. Bereits eine einzige unvollständige Verbrennung mit reduziertem Drehmomentaufbau während des Hochlaufs wird vom Endkunden als störend empfunden.

Sommererprobung

Bei der Sommererprobung wird der klimatische Bereich von ca. +15 °C bis +40 °C abgedeckt. Diese Erprobungen werden z. B. in Südfrankreich, Spanien, Italien, USA, Südafrika und Australien durchgeführt. Südafrika und Australien sind trotz der großen Entfernung und des immensen Aufwands für den Materialtransport von Interesse, da dort während unserer Wintermonate die für eine Sommererprobung notwendigen Temperaturen auftreten. Aufgrund der immer kürzeren Entwicklungszeiten muss auch auf solche Möglichkeiten zurückgegriffen werden. Bei der Sommererprobung werden z. B der Heißstart, die Tankentlüftung, die Tankleckerkennung, die Klopfregelung und viele Diagnosefunktionen überprüft.

Höhenerprobung

Bei der Höhenerprobung wird ein Bereich zwischen 0 und ca. 4 000 m abgedeckt. Es ist nicht nur die absolute Höhe ausschlaggebend, für manche Versuche ist es auch notwendig, in kurzer Zeit eine möglichst große Höhendifferenz zu erzielen. Die Höhenerprobung wird meistens in Kombination mit der Winter- oder Sommererprobung durchgeführt. Auch hier spielt wiederum der Start eine große Rolle. Untersucht werden außerdem z. B. Gemischadaption, Tankentlüftung, Klopfregelung und viele Diagnosefunktionen.

Verständnisfragen

Die Verständnisfragen dienen dazu, den Wissensstand zu überprüfen. Die Antworten zu den Fragen finden sich in den Abschnitten, auf die sich die jeweilige Frage bezieht. Daher wird hier auf eine explizite „Musterlösung" verzichtet. Nach dem Durcharbeiten des vorliegenden Teils des Fachlehrgangs sollte man dazu in der Lage sein, alle Fragen zu beantworten. Sollte die Beantwortung der Fragen schwer fallen, so wird die Wiederholung der entsprechenden Abschnitte empfohlen.

1. Wie erfolgt die Kraftstoffförderung bei der Saugrohreinspritzung? Welche verschiedenen Systeme dafür gibt es und wie funktionieren sie?

2. Wie erfolgt die Kraftstoffförderung bei der Benzin-Direkteinspritzung?

3. Welche Ottokraftstoffe gibt es? Durch welche Eigenschaften werden diese charakterisiert?

4. Welche gasförmigen Kraftstoffe gibt es?

5. Wie funktioniert eine Saugrohreinspritzung?

6. Welche Phasen während eines Startvorgangs gibt es? Wodurch sind diese charakterisiert?

7. Welche Möglichkeiten der Einspritzlage gibt es und wodurch sind sie charakterisiert?

8. Wie erfolgt die Gemischbildung?

9. Wie erfolgt die Benzin-Direkteinspritzung? Welche Brennverfahren und Betriebsarten gibt es? Wie sind diese charakterisiert?

10. Welche Arten der Zündung im Ottomotor gibt es? Wodurch sind diese charakterisiert?

11. Wie ist eine induktive Zündanlage aufgebaut und wie funktioniert sie?

12. Welche Betriebsdaten werden erfasst und wie werden sie verarbeitet?

13. Was ist eine Drehmomentstruktur und wie funktioniert sie?

14. Wie wird die Motorsteuerung überwacht und diagnostiziert?

15. Wie funktioniert eine Motorsteuerung mit elektrischer angesteuerter Drosselklappe?

16. Wie funktioniert eine Motorsteuerung für Benzin-Direkteinspritzung?

17. Wie funktioniert eine Motorsteuerung für Erdgas-Systeme?

18. Wie ist das Strukturbild einer Motorsteuerung aufgebaut? Welche Subsysteme gibt es und wie funktionieren sie?

Abkürzungsverzeichnis

A

ABB	Air System Brake Booster, Bremskraftverstärkersteuerung
ABC	Air System Boost Control, Ladedrucksteuerung
ABS	Antiblockiersystem
AC	Accessory Control, Neben-aggregatesteuerung
ACA	Accessory Control Air Condition, Klimasteuerung
ACC	Adaptive Cruise Control, Adaptive Fahrgeschwindigkeitsregelung
ACE	Accessory Control Electrical Machines, Steuerung elektrische Aggregate
ACF	Accessory Control Fan Control, Lüftersteuerung
ACS	Accessory Control Steering, Ansteuerung Lenkhilfepumpe
ACT	Accessory Control Thermal Management, Thermomanagement
ADC	Air System Determination of Charge, Luftfüllungsberechnung
ADC	Analog Digital Converter, Analog-Digital-Wandler
AEC	Air System Exhaust Gas Recirculation, Abgasrückführungssteuerung
AGR	Abgasrückführung
AIC	Air System Intake Manifold Control, Saugrohrsteuerung
AKB	Aktivkohlebehälter
AKF	Aktivkohlefalle (activated carbon canister)
AKF	Aktivkohlefilter
A_K	Lichte Kolbenfläche
α	Drosselklappenwinkel
Al_2O_3	Aluminiumoxid

AMR	Anisotrop Magneto Resistive
AÖ	Auslassventil Öffnen
APE	Äußere-Pumpen-Elektrode
AS	Air System, Luftsystem
AS	Auslassventil Schließen
ASAM	Association of Standardization of Automation and Measuring, Verein zur Förderung der internationalen Standardisierung von Automatisierungs- und Messsystemen
ASIC	Application Specific Integrated Circuit, anwendungsspezifische integrierte Schaltung
ASR	Antriebsschlupfregelung
ASV	Application Supervisor, Anwendungssupervisor
ASW	Application Software, Anwendungssoftware
ATC	Air System Throttle Control, Drosselklappensteuerung
ATL	Abgasturbolader
AUTOSAR	Automotive Open System Architecture, Entwicklungspartnerschaft zur Standardisierung der Software Architektur im Fahrzeug
AVC	Air System Valve Control, Ventilsteuerung

B

BDE	Benzin Direkteinspritzung
b_e	spezifischer Kraftstoffverbrauch
BMD	Bag Mini Diluter
BSW	Basic Software, Basissoftware

C

| C/H | Verhältnis Kohlenstoff zu Wasserstoff im Molekül |
| C_2 | Sekundärkapazität |

C_6H_{14}	Hexan
CAFE	Corporate Average Fuel Economy
CAN	Controller Area Network
CARB	California Air Resources Board
CCP	CAN Calibration Protocol, CAN-Kalibrierprotokoll
CDrv	Complex Driver, Treibersoftware mit exklusivem Hardware Zugriff
CE	Coordination Engine, Koordination Motorbetriebszustände und -arten
CEM	Coordination Engine Operation, Koordination Motorbetriebsarten
CES	Coordination Engine States, Koordination Motorbetriebszustände
CFD	Computational Fluid Dynamics
CFV	Critical Flow Venturi
CH_4	Methan
CIFI	Zylinderindividuelle Einspritzung, Cylinder Individual Fuel Injection
CLD	Chemilumineszenz-Detektor
CNG	Compressed Natural Gas, Erdgas
CO	Communication, Kommunikation
CO	Kohlenmonoxid
CO_2	Kohlendioxid
COP	Coil On Plug
COS	Communication Security Access, Kommunikation Wegfahrsperre
COU	Communication User Interface, Kommunikationsschnittstelle
COV	Communication Vehicle Interface, Datenbuskommunikation
cov	Variationskoeffizient
CPC	Condensation Particulate Counter
CPU	Central Processing Unit, Zentraleinheit
CTL	Coal to Liquid
CVS	Constant Volume Sampling
CVT	Continuously Variable Transmission

D

DB	Diffusionsbarriere
DC	direct current, Gleichstrom
DE	Device Encapsulation, Treibersoftware für Sensoren und Aktoren
DFV	Dampf-Flüssigkeits-Verhältnis
DI	Direct Injection, Direkteinspritzung
DMS	Differential Mobility Spectrometer
DoE	Design of Experiments, statistische Versuchsplanung
DR	Druckregler
3D	dreidimensional
DS	Diagnostic System, Diagnosesystem
DSM	Diagnostic System Manager, Diagnosesystemmanager
DV, E	Drosselvorrichtung, elektrisch

E

E0	Benzin ohne Ethanol-Beimischung
E10	Benzin mit bis zu 10 % Ethanol-Beimischung
E100	reines Ethanol mit ca. 93 % Ethanol und 7 % Wasser
E24	Benzin mit ca. 24 % Ethanol-Beimischung
E5	Benzin mit bis zu 5 % Ethanol-Beimischung
E85	Benzin mit bis zu 85 % Ethanol-Beimischung
EA	Elektrodenabstand
EAF	Exhaust System Air Fuel Control, λ-Regelung
ECE	Economic Commission for Europe

ECT	Exhaust System Control of Temperature, Abgastemperaturregelung
ECU	Electronic Control Unit, elektronisches Steuergerät
ECU	Electronic Control Unit, Motorsteuergerät
eCVT	electrical Continuously Variable Transmission
EDM	Exhaust System Description and Modeling, Beschreibung und Modellierung Abgassystem
EEPROM	Electrically Erasable Programmable Read Only Memory, löschbarer programmierbarer Nur-Lese-Speicher
E_F	Funkenenergie
EFU	Einschaltfunkenunterdrückung
EGAS	Elektronisches Gaspedal
1D	eindimensional
EKP	Elektrische Kraftstoffpumpe
ELPI	Electrical Low Pressure Impactor
EMV	Elektromagnetische Verträglichkeit
ENM	Exhaust System NO_x Main Catalyst, Regelung NO_x-Speicherkatalysator
EÖ	Einlassventil Öffnen
EOBD	European On Board Diagnosis – Europäische On-Board-Diagnose
EOL	End of Line, Bandende
EPA	US Environmental Protection Agency
EPC	Electronic Pump Controller, Pumpensteuergerät
EPROM	Erasable Programmable Read Only Memory, löschbarer und programmierbarer Festwertspeicher
ε	Verdichtungsverhältnis
ES	Exhaust System, Abgassystem
ES	Einlass Schließen
ESP	Elektronisches Stabilitäts-Programm
η_{th}	Thermischer Wirkungsgrad
ETBE	Ethyltertiärbutylether
ETF	Exhaust System Three Way Front Catalyst, Regelung Drei-Wege-Vorkatalysator
ETK	Emulator Tastkopf
ETM	Exhaust System Main Catalyst, Regelung Drei-Wege-Hauptkatalysator
EU	Europäische Union
(E)UDC	(extra) Urban Driving Cycle
EV	Einspritzventil
Exy	Ethanolhaltiger Ottokraftstoff mit xy % Ethanol
EZ	Elektronische Zündung

F

FEL	Fuel System Evaporative Leak Detection, Tankleckerkennung
FEM	Finite Elemente Methode
FF	Flexfuel
FFC	Fuel System Feed Forward Control, Kraftstoff-Vorsteuerung
FFV	Flexible Fuel Vehicles
FGR	Fahrgeschwindigkeitsregelung
FID	Flammenionisations-Detektor
FIT	Fuel System Injection Timing, Einspritzausgabe
FLO	Fast-Light-Off
FMA	Fuel System Mixture Adaptation, Gemischadaption
FPC	Fuel Purge Control, Tankentlüftung
FS	Fuel System, Kraftstoffsystem
FSS	Fuel Supply System, Kraftstoffversorgungssystem
FT	Resultierende Kraft
FTIR	Fourier-Transform-Infrarot
FTP	Federal Test Procedure
FTP	US Federal Test Procedure
F_z	Kolbenkraft des Zylinders

G

GC	Gaschromatographie
g/kWh	Gramm pro Kilowattstunde
°KW	Grad Kurbelwelle

H

H_2O	Wasser, Wasserdampf
HC	Hydrocarbons, Kohlenwasserstoffe
HCCI	Homogeneous Charge Compression Ignition
HD	Hochdruck
HDEV	Hochdruck Einspritzventil
HDP	Hochdruckpumpe
HEV	Hybrid Electric Vehicle
HFM	Heißfilm-Luftmassenmesser
HIL	Hardware in the Loop, Hardware-Simulator
HLM	Hitzdraht-Luftmassenmesser
H_o	spezifischer Brennwert
H_u	spezifischer Heizwert
HV	high voltage
HVO	Hydro-treated-vegetable oil
HWE	Hardware Encapsulation, Hardware Kapselung

I

i_1	Primärstrom
IC	Integrated Circuit, integrierter Schaltkreis
i_F	Funken(anfangs)strom
IGC	Ignition Control, Zündungssteuerung
IKC	Ignition Knock Control, Klopfregelung
i_N	Nennstrom
IPE	Innere Pumpen Elektrode
IR	Infrarot
IS	Ignition System, Zündsystem
ISO	International Organisation for Standardization, Internationale Organisation für Normung
IUMPR	In Use Monitor Performance Ratio, Diagnosequote im Fahrzeugbetrieb
IUPR	In Use Performance Ratio
IZP	Innenzahnradpumpe

J

JC08	Japan Cycle 2008

K

κ	Polytropenexponent
Kfz	Kraftfahrzeug
kW	Kilowatt

L

λ	Luftzahl oder Luftverhältnis
L_1	Primärinduktivität
L_2	Sekundärinduktivität
LDT	Light Duty Truck, leichtes Nfz
LDV	Light Duty Vehicle, Pkw
LEV	Low Emission Vehicle
LIN	Local Interconnect Network
l_l	Schubstangenverhältnis (Verhältnis von Kurbelradius r zu Pleuellänge l)
LPG	Liquified Petroleum Gas, Flüssiggas
LPV	Low Price Vehicle
LSF	λ-Sonde flach
LSH	λ-Sonde mit Heizung
LSU	Breitband-λ-Sonde
LV	Low Voltage

M

(M)NEFZ	(modifizierter) Neuer Europäischer Fahrzyklus
M100	Reines Methanol
M15	Benzin mit Methanolgehalt von max. 15 %
MCAL	Microcontroller Abstraction Layer
M_d	Das effektive Drehmoment an der Kurbelwelle
ME	Motronic mit integriertem EGAS
Mi	Innerer Drehmoment
Mk	Kupplungsmoment

m_K	Kraftstoffmasse
m_L	Luftmasse
MMT	Methylcyclopentadienyl-Mangan-Tricarbonyl
MO	Monitoring, Überwachung
MOC	Microcontroller Monitoring, Rechnerüberwachung
MOF	Function Monitoring, Funktionsüberwachung
MOM	Monitoring Module, Überwachungsmodul
MOSFET	Metal Oxide Semiconductor Field Effect Transistor, Metall-Oxid-Halbleiter, Feldeffekttransistor
MOX	Extended Monitoring, Erweiterte Funktionsüberwachung
MOZ	Motor-Oktanzahl
MPI	Multiple Point Injection
MRAM	Magnetic Random Access Memory, magnetischer Schreib-Lese-Speicher mit wahlfreiem Zugriff
MSV	Mengensteuerventil
MTBE	Methyltertiärbutylether

N

n	Motordrehzahl
N_2	Stickstoff
N_2O	Lachgas
ND	Niederdruck
NDIR	Nicht-dispersives Infrarot
NE	Nernst-Elektrode
NEFZ	Neuer europäischer Fahrzyklus
Nfz	Nutzfahrzeug
NGI	Natural Gas Injector
NHTSA	US National Transport and Highway Safety Administration
NMHC	Kohlenwasserstoffe außer Methan
NMOG	Nonmethane Organic Gas, Kohlenwasserstoffe außer Methan
NO	Stickstoffmonoxid
NO_2	Stickstoffdioxid
NOCE	NO_x-Gegenelektrode
NOE	NO_x-Pumpelektrode
NO_x	Sammelbegriff für Stickoxide
NSC	NO_x Storage Catalyst
NTC	Temperatursensor mit negativem Temperaturkoeffizient
NYCC	New York City Cycle
NZ	Nernstzelle

O

OBD	On-Board-Diagnose
OBV	Operating Data Battery Voltage, Batteriespannungserfassung
OD	Operating Data, Betriebsdaten
OEP	Operating Data Engine Position Management, Erfassung Drehzahl und Winkel
OMI	Misfire Detection, Aussetzererkennung
ORVR	On Board Refueling Vapor Recovery
OS	Operating System, Betriebssystem
OSC	Oxygen Storage Capacity
OT	oberer Totpunkt des Kolbens
OTM	Operating Data Temperature Measurement, Temperaturerfassung
OVS	Operating Data Vehicle Speed Control, Fahrgeschwindigkeitserfassung

P

p	Die effektiv vom Motor abgegebene Leistung
p-V-Diagram	Druck-Volumen-Diagramm, auch Arbeitsdiagramm
PC	Passenger Car, Pkw
PC	Personal Computer
PCM	Phase Change Memory, Phasenwechselspeicher
PDP	Positive Displacement Pump
PFI	Port Fuel Injection

Pkw	Personenkraftwagen
PM	Partikelmasse
PMD	Paramagnetischer Detektor
p_{me}	Effektiver Mitteldruck
p_{mi}	mittlerer indizierter Druck
PN	Partikelanzahl (Particle Number)
PP	Peripheralpumpe
ppm	parts per million, Teile pro Million
PRV	Pressure Relief Valve
PSI	Peripheral Sensor Interface, Schnittstelle zu peripheren Sensoren
Pt	Platin
PWM	Puls-Weiten-Modulation
PZ	Pumpzelle
P_Z	Leistung am Zylinder

R

r	Hebelarm (Kurbelradius)
R_1	Primärwiderstand
R_2	Sekundärwiderstand
RAM	Random Access Memory, Schreib-Lese-Speicher mit wahlfreiem Zugriff
RDE	Real Driving Emission
RE	Referenz Electrode
RLFS	Returnless Fuel System
ROM	Read Only Memory, Nur-Lese-Speicher
ROZ	Research-Oktanzahl
RTE	Runtime Environment, Laufzeitumgebung
RZP	Rollenzellenpumpe

S

s	Hubfunktion
σ	Standardabweichung
SC	System Control, Systemsteuerung
SCR	selektive katalytische Reduktion
SCU	Sensor Control Unit
SD	System Documentation, Systembeschreibung
SDE	System Documentation Engine Vehicle ECU, Systemdokumentation Motor, Fahrzeug, Motorsteuerung
SDL	System Documentation Libraries, Systemdokumentation Funktionsbibliotheken
SEFI	Sequential Fuel Injection, Sequentielle Kraftstoffeinspritzung
SENT	Single Edge Nibble Transmission, digitale Schnittstelle für die Kommunikation von Sensoren und Steuergeräten
SFTP	US Supplemental Federal Test Procedures
SHED	Sealed Housing for Evaporative Emissions Determination
SMD	Surface Mounted Device, oberflächenmontiertes Bauelement
SMPS	Scanning Mobility Particle Sizer
SO_2	Schwefeldioxid
SO_3	Schwefeltrioxid
SRE	Saugrohreinspritzung
SULEV	Super Ultra Low Emission Vehicle
SWC	Software Component, Software Komponente
SYC	System Control ECU, Systemsteuerung Motorsteuerung
SZ	Spulenzündung

T

TCD	Torque Coordination, Momentenkoordination
TCV	Torque Conversion, Momentenumsetzung
TD	Torque Demand, Momentenanforderung
TDA	Torque Demand Auxiliary Functions, Momentenanforderung Zusatzfunktionen

TDC	Torque Demand Cruise Control, Fahrgeschwindigkeitsregler
TDD	Torque Demand Driver, Fahrerwunschmoment
TDI	Torque Demand Idle Speed Control, Leerlaufdrehzahlregelung
TDS	Torque Demand Signal Conditioning, Momentenanforderung Signalaufbereitung
TE	Tankentlüftung
TEV	Tankentlüftungsventil
t_F	Funkendauer
THG	Treibhausgase, u. a. CO_2, CH_4, N_2O
t_i	Einspritzzeit
TIM	Twist Intensive Mounting
TMO	Torque Modeling, Motordrehmoment-Modell
TPO	True Power On
TS	Torque Structure, Drehmomentstruktur
t_s	Schließzeit
TSP	Thermal Shock Protection
TSZ	Transistorzündung
TSZ, h	Transistorzündung mit Hallgeber
TSZ, i	Transistorzündung mit Induktionsgeber
TSZ, k	kontaktgesteuerte Transistorzündung

U

U/min	Umdrehungen pro Minute
U_F	Brennspannung
ULEV	Ultra Low Emission Vehicle
UN ECE	Vereinte Nationen Economic Commission for Europe
U_P	Pumpspannung
UT	Unterer Totpunkt
UV	Ultraviolett
U_Z	Zündspannung

V

V_c	Kompressionsvolumen
VFB	Virtual Function Bus, Virtuelles Funktionsbussystem
V_h	Hubvolumen
VLI	Vapour Lock Index
VST	Variable Schieberturbine
VT	Ventiltrieb
VTG	Variable Turbinengeometrie
VZ	Vollelektronische Zündung

W

W_F	Funkenenergie
WLTC	Worldwide Harmonized Light Vehicles Test Cycle
WLTP	Worldwide Harmonized Light Vehicles Test Procedure

X

| XCP | Universal Measurement and Calibration Protocol – universelles Mess- und Kalibrierprotokoll |

Z

ZEV	Zero Emission Vehicle
ZOT	Oberer Totpunkt, an dem die Zündung erfolgt
ZrO_2	Zirconiumoxid
ZZP	Zündzeitpunkt